风力发电机叶片结构设计与动力学

郑玉巧　张　岩　魏　泰　著

华中科技大学出版社
中国·武汉

内容简介

叶片是风力发电机组能量吸收关键部件，本书以河西地区风况下工作的大型风力发电机柔性叶片为研究对象，开展复杂风况下柔性叶片动力学设计方面难题的研究，构建区域风况下的载荷模型，提高叶片运行过程稳定性，解决区域化叶片优化设计问题。全书共分为15章，主要涉及叶片的结构设计、结构优化、结构稳健性，以及叶片的动力学建模研究等方面的内容。

本书可作为高等学校、研究院所、企业单位等科研人员的参考书，对机械、风力发电机等领域的相关研究人员均有参考价值。

图书在版编目(CIP)数据

风力发电机叶片结构设计与动力学/郑玉巧，张岩，魏泰著.—武汉：华中科技大学出版社，2022.6
ISBN 978-7-5680-8152-8

Ⅰ.①风… Ⅱ.①郑… ②张… ③魏… Ⅲ.①风力发电机-叶片-结构设计-研究 ②风力发电机-动力学-研究 Ⅳ.①TM315

中国版本图书馆CIP数据核字(2022)第085613号

风力发电机叶片结构设计与动力学
Fengli Fadianji Yepian Jiegou Sheji yu Donglixue

郑玉巧 张 岩 魏 泰 **著**

策划编辑：俞道凯 胡周昊
责任编辑：罗 雪
封面设计：廖亚萍
责任监印：周治超
出版发行：华中科技大学出版社(中国·武汉) 电话：(027)81321913
武汉市东湖新技术开发区华工科技园 邮编：430223
录 排：武汉市洪山区佳年华文印部
印 刷：武汉科源印刷设计有限公司
开 本：710mm×1000mm 1/16
印 张：13.5
字 数：288千字
版 次：2022年6月第1版第1次印刷
定 价：88.00元

前　言

风能是一种丰富洁净的可再生能源，风电产业正在迅猛发展，而叶片是风力发电机组能量吸收关键部件。影响风力发电机叶片稳定性能的因素包括多个方面。其中，风资源特性、叶片的非定长空气动力学性能、各向异性复合材料叶片的弯扭耦合特性及其气动与结构间的耦合关系等，是决定风力发电机叶片是否可实现稳定、长寿命、高效、可靠运行的关键性因素。

本书内容涵盖近几年本课题组针对这些问题进行研究的部分科研成果，共分为15章。第1章介绍西部风资源特点，包括风资源评估、风况及风特性等；第2章通过案例介绍微观选址；第3章介绍几种风速模型；第4章介绍风力发电机叶片载荷模型，载荷来源包括空气动力载荷、重力载荷、离心力载荷；第5章介绍叶片气动外形计算模型；第6章介绍叶片有限元建模，对叶片进行有限元模型构建并对其做强度校核研究；第7章介绍叶片尾缘结构设计，提出结构优化设计方案；第8章介绍叶片的结构优化，结合多目标遗传算法对叶片进行气动与结构耦合优化设计，使其整体性能达到最佳；第9章介绍叶片模态参数提取及灵敏度，将叶片离散化为块区域，采用遗传算法对叶片结构进行优化；第10章介绍叶片结构稳健性，在进行叶片铺层材料单层厚度尺寸优化时，提出一种稳健性优化方法；第11章介绍准三维结冰叶片有限元建模方法；第12章介绍覆冰对叶片气动性能的影响，对结冰翼型气动特性进行深入分析；第13章介绍风力发电机叶片流固耦合分析及稳定性分析；第14章介绍风力发电机叶片振动响应分析；第15章重点研究叶片截面各自由度的刚度及阻尼参数的确定方法、截面扭转运动及外形变化的几何模型。

本书的相关研究内容以及本书的出版得到国家自然科学基金项目（河西地区风况下风力发电机叶片的刚柔耦合颤振动力学问题研究，项目编号51565028；西北典型风资源环境下变刚度风力发电机叶片结构性能退化机理研究，项目编号51965034）和兰州理工大学红柳一流学科建设（机械工程）项目的资助。本书也是国家自然科学基金项目结题成果。

在本书的编撰过程中，郑玉巧、张岩、魏泰负责全书的统筹、编撰和校稿。其中，郑玉巧负责第5章、第7章、第8章、第9章、第10章、第11章；张岩负责第1章、第2章、第3章、第4章、第6章；魏泰负责第12章、第13章、第14章、第15章。此外，课题组研究生（童晓磊、李浩、刘玉涵、卢秉喜、何正文等）协助文字和图形的整理工作，在此对辛勤付出的研究生们表示感谢。另外，本书部分内容选自课题组已毕业研究生曹永勇、马辉东等人在校期间的相关工作，在此一并表示感谢。

本书的出版也离不开甘肃重通成飞新材料有限公司张政总经理、韩旭东工程师的指导和帮助，以及兰州理工大学机电工程学院领导的大力支持，在此表示诚挚的感谢。

限于作者水平，书中难免有疏漏和不妥之处，诚请读者提出宝贵意见！

郑玉巧

2021 年 12 月

于兰州理工大学

目　　录

第1章 西部风资源特点

风资源在时间和空间上分布不均。风切变是指在大气边界层中，受地表因素影响，平均风速随地面高度发生变化，是风资源在空间上分布不均的反映。风力发电机柔性叶片从来流风中获取风能，来流风中存有风切变影响，大多叶片失效主要由风切变在叶片上产生的诱导载荷引起。风资源评估方法主要包括统计分析法及数值模拟法两类，主要通过气象站历史观测资料进行统计和数值模拟仿真。气象站测风高度只有10 m，而风力发电机组轮毂高度为50～70 m，近地层风速受地形、地表条件、大气稳定度等影响。轮毂高度风速模型并未得到正确建立。因此，准确、普适性强的风力发电机组风速模型构建及其与风力发电机组间的相互作用关系仍然是学者的研究重点和追求目标；改善目前轮毂高度风速模型所涉及相关问题，亦是叶片结构设计研究重点内容。

1.1 风资源评估

风资源的形成受多种自然因素的复杂影响，其中地形和海陆对风资源的形成有着至关重要的影响。风资源在时间和空间分布上存在着较强的地域性和时间性。中国风资源丰富及较丰富的地区主要分布在北部和沿海及岛屿，在一些特殊地形或湖岸地区呈孤岛式分布。

1.1.1 测风塔实际选点具体要求

（1）保证微观选址的准确性及对风资源的合理评价，测风塔的安装数量一般不少于2座。若条件许可，在地形相对复杂的地区测风塔应增至4～8座。

（2）对拟选风电场场址有代表性的影响因素为测风塔地形地貌条件。必须在空旷地区测风，避免测风塔与高大树木和建筑物靠近，充分考虑地形和障碍物的影响。在必要情况下，在障碍物附近设立测风塔时，必须考虑在不小于该障碍物高度的10倍的水平距离且在主风向的下风处安置；在树木密集的地方设立测风塔时，测风塔高度应至少高出树木顶端10 m。

（3）为得到不同高度可靠的风速值，根据风的剪切效应，在测风塔不同的高度处安装测风仪。可根据地形确定测风塔上测风仪的数量。除此之外，测风塔上还需要安装气压和温度传感器，一般安装一套即可，其塔上安装高度为2～3 m。

(4) 测风设备的安装和管理应严格按照气象测量标准进行。测量内容为风速(m/s)、风向(°)、气压(kPa)和温度(℃)。

(5) 测风仪应安装在10 m高度和风力发电机组轮毂高度(30～70 m)处;若测风的目的是对风电场进行长期风况测量及对风电场风力发电机进行产量测算,则应长期测量有关数据,采用设立不同的高度测量的方式,测风仪应安装在10 m、30 m、50 m、70 m高度甚至更高处。

1.1.2 风向

风向常用16个方位表示,即北东北(NNE)、东北(NE)、东东北(ENE)、东(E)、东东南(ESE)、东南(SE)、南东南(SSE)、南(S)、南西南(SSW)、西南(SW)、西西南(WSW)、西(W)、西西北(WNW)、西北(NW)、北西北(NNW)、北(N)。静风记为C。风向可用角度描述,以正北为基准,沿顺时针方向旋转,东风为90°,南风为180°,西风为270°,北风为360°。各种风向的出现频率用风玫瑰图表示。风玫瑰图是在极坐标系中标出某年或某月各种风向出现的频率的图形。

1.1.3 风速

风速是单位时间内空气在水平方向上移动的距离。风速的测量仪器有旋转式风速计、散热式风速计、超声波风速计、风廓线仪等。各国使用的风速单位不尽相同,如m/s、n mile/h、mile/h、km/h、ft/s等。各种单位间的换算见表1-1。

表1-1 风速单位换算

单位	m/s	n mile/h	mile/h	km/h	ft/s
m/s	1	1.944	3.600	3.281	2.237
n mile/h	0.514	1	1.852	1.688	1.151
mile/h	0.278	0.540	1	0.911	0.621
km/h	0.305	0.592	1.097	1	0.682
ft/s	0.447	0.869	1.609	1.467	1

风电场工程特性分析与微观选址软件WMS旨在为风电场微观选址提供完善解决方案。其主要考虑经济性和安全性。安全性是指计算整个风电场及各初选风力发电机湍流强度和50年一遇最大风速,经济性是指优化布置风力发电机,使风电场发电量最大化,首先要考虑环境限制和地形限制。

1.2 风资源评估基础理论

风速概率分布分为短、中和长周期,是表征风资源禀赋特性的关键指标。以中长周期数据为基点进行风速研究，采用数学统计模型实现对风速的数学刻画，中长周期风速分布常近似为正偏态分布。目前常用风速概率分布拟合模型有威布尔(Weibull)分布模型、瑞利(Rayleigh)分布模型等。

1.2.1　威布尔分布模型

威布尔分布模型具有形式简单、计算方便等优点，能较好地描述风速分布，适应不同形状频率分布。此种模型以威布尔分布形状参数 k 和尺度参数 c 表述曲线。其概率密度函数为

$$f(v)=\frac{k}{c}\left(\frac{v}{c}\right)^{k-1}\exp\left[-\left(\frac{v}{c}\right)^{k}\right] \tag{1-1}$$

式中：v——实测风速；

$f(v)$——风速 v 出现概率；

k——威布尔分布形状参数，它可反映分布曲线峰值情况；

c——尺度参数，反映风场平均风速。

依据风场平均风速和标准差使得分布参数效果最佳，其数学期望和方差分别为

$$\mu=c\Gamma\left(1+\frac{1}{k}\right) \tag{1-2}$$

$$\sigma^2=c^2\Gamma\left(1+\frac{2}{k}\right)-\mu^2 \tag{1-3}$$

式中：μ——数学期望；

σ^2——方差。

根据风速威布尔分布模型，风速小于来流风速 V 的累积概率函数为

$$F(V)=1-\exp\left[-\left(\frac{V}{c}\right)^{k}\right] \tag{1-4}$$

1.2.2　瑞利分布模型

瑞利分布模型是威布尔分布模型的特例，用于拟合风速。获取某一风场长时间段内风速数据，可描述该区域风速分布情况，其描述精度主要取决于风速平均值。威布尔分布模型分析风况的精度取决于式(1-1)中的参数值，关键在于在较短采样时间区间内是否采集到充分数据。已知某间隔时间内平均风速，当威布尔分布形状参数 $k=2$ 时，威布尔分布变为瑞利分布，瑞利分布概率密度函数为

$$F(V)=1-\exp\left(-\frac{V^2}{2c^2}\right)\sigma^2 \tag{1-5}$$

式中：V——来流风速；

c——尺度参数，其数学期望 μ 和方差 σ^2 分别为

$$\mu=c\sqrt{\frac{\pi}{2}}\approx 1.253c \tag{1-6}$$

$$\sigma^2=c^2\left(2-\frac{\pi}{2}\right)\approx 0.429c^2 \tag{1-7}$$

瑞利分布的累积分布函数为

$$F(V)=1-\exp\left(-\frac{V^2}{2c^2}\right) \tag{1-8}$$

结合风速平均值可求得风速概率密度分布函数和累积分布函数。通过对比瑞利分布产生的风速分布和长期现场数据结果，已证实瑞利分布在风能分析时的有效性。

1.2.3 参数估计法

分布函数可完整描述“风频”这一随机变量的统计特性。风速分布离散性常用于分析试验数据，从而得到风速分布经验性估计，在一定程度上可真实反映该区域风速分布特点。风速一般呈现连续分布。因此，用风频威布尔分布对此经验分布进行数据拟合。确定风频威布尔分布模型中参数 k 和 c 的计算方法有：最小二乘(least square，LS)法、极大似然估计(maximum likelihood estimation，MLE)法、矩法、卡方法等。本书拟分别采用最小二乘法、极大似然估计法计算威布尔分布模型中形状参数 k 和尺度参数 c，以估计某关注区域风速分布情况。

1.2.4 最小二乘法

从总体中抽样实测风速值与总体平均值存在差异，这种差异属于抽样误差。要使计算风速接近实际风速，使其误差平方和保持最小，必须通过求解误差平方并对待估参数进行偏导数求解，然后令其值为 0，进而求参数估计值。

在风能工程领域，常采用威布尔分布函数来描述风频分布概率密度函数。概率密度函数 $f(v)$ 可用于描述平均风速的概率分布；累积分布函数 $F(v)$ 可用于描述平均风速的累积分布。

$$f(v)=\frac{\mathrm{d}F(v)}{\mathrm{d}v} \tag{1-9}$$

$$1-F(v)=\exp\left[-\left(\frac{v}{c}\right)^k\right] \tag{1-10}$$

对式(1-10)构造对数似然函数：

$$\ln\{-\ln[1-\mathrm{F}(v)]\}=k\ln v-k\ln c \tag{1-11}$$

则参数 k、c 可通过最小二乘法求解。其求解过程如下。

将观测风速数据划分为 n 个风速区间，即 $0\sim v_1, v_1\sim v_2, \cdots, v_{n-1}\sim v_n$。统计落在每个风速区间内风速观测值出现的频率 $f_1, f_2, \cdots, f_n$ 及累积频率 $p_1=f_1, p_2=p_1+f_2, \cdots, p_n=p_{n-1}+f_n$。

令

$$x_i=\ln v_i \tag{1-12}$$

$$p_i = F(v_i) \tag{1-13}$$

$$y_i = \ln[-\ln(1-p_i)] \tag{1-14}$$

$$\begin{cases} a = k \\ b = -k\ln c \end{cases} \tag{1-15}$$

式(1-15)可简化为

$$y = ax + b \tag{1-16}$$

k 和 c 估计值为

$$\begin{cases} k = a \\ c = \exp\left(-\dfrac{b}{a}\right) \end{cases} \tag{1-17}$$

则有

$$a = \frac{\sum_{i=1}^{n}(x_i - \bar{x})(y_i - \bar{y})}{\sum_{i=1}^{n}(x_i - \bar{x})^2} \tag{1-18}$$

$$b = \frac{\sum_{i=1}^{n}x_i^2 \sum_{i=1}^{n}y_i - \sum_{i=1}^{n}x_i \sum_{i=1}^{n}x_i y_i}{\sum_{i=1}^{n}(x_i - \bar{x})^2} \tag{1-19}$$

式中：$\bar{x}$——x_i 的平均值；

$\bar{y}$——y_i 的平均值。

式(1-18)、式(1-19)求解 a、b 最小二乘估计值计算比较方便、简单，易于实现，但计算精度不高。

1.2.5　极大似然估计法

极大似然估计法是以样本观测值出现概率最大为原则，估计总体中未知参数的值。样本容量足够大时，极大似然法估计结果大多具有无偏性、有效性和相关性等特点。依据最小二乘法划分风速区间，逐个计算风频、频率，结合风速威布尔分布，构造极大似然函数：

$$L(k,c) = \prod_{i=1}^{n} f(v_i) = \prod_{i=1}^{n} \frac{k}{c}\left(\frac{v_i}{c}\right)^{k-1} \exp\left[-\left(\frac{v_i}{c}\right)^k\right] \tag{1-20}$$

对式(1-20)两边分别取自然对数，得

$$H(k,c) = \ln[L(k,c)] = \sum_{i=1}^{n}\left[(k-1)\ln v_i - \left(\frac{v_i}{c}\right)^k + \ln k - k\ln c\right] \tag{1-21}$$

极大似然估计法虽具有渐近无偏性、一致性、渐近有效性、计算精度高等优点，但式(1-21)为超越方程，求解极为复杂，须利用迭代法经编程求解，其结果对初值十分敏感。

1.2.6 风速拟合相关系数

采用的风速分布模型不同，参数估计方法也不尽相同。研究中常采用相关系数(correlation coefficient，用 R^2 表示)、卡方(Chi-square)、均方根误差(root mean square error，RMSE)、残差平方和(residual sum of squares，RSS)等系数对拟合结果进行分析评价。

本书采用风速拟合相关系数、均方根误差及残差平方和作为评判标准。

$$R^2 = \frac{\sum_{i=1}^{n} (y_i - \bar{y})^2 - \sum_{i=1}^{n} (y_i - \hat{y}_i)^2}{\sum_{i=1}^{n} (y_i - \bar{y})^2} \tag{1-22}$$

$$\text{RMSE} = \left[\frac{1}{n} \sum_{i=1}^{n} (y_i - \hat{y}_i)^2 \right]^{1/2} \tag{1-23}$$

$$\text{RSS} = \sum_{i=1}^{n} (y_i - \hat{y}_i)^2 \tag{1-24}$$

式中：y_i——第 i 次观测值；

$\hat{y}_i$——y_i 的估计值(或实验值)；

$\bar{y}$——y_i 的平均值。

统计学原理表明：$R^2 \leqslant 1$。如 R 值越大，则拟合曲线愈接近实际；RMSE 和 RSS 越小，即误差越小，这意味着对应方法更为有效，拟合结果和实际更相符。

1.2.7 平均风能密度和有效风能密度

风场风资源潜力研究可为叶片外形优化数学模型的建立提供理论依据，其与该区域常年平均风能密度大小密切相关。风能是指在某单位时间范围内以一定速度自由流动在某一定面积上的气流中所获取的能量。对风力发电机而言，风能密度是指叶轮扫过单位面积的风能，即

$$\overline{W} = \frac{1}{2} \rho \int_0^{\infty} V^3 f(V) \mathrm{d}V \tag{1-25}$$

式中：$\overline{W}$——平均风能密度($\mathrm{W/m^2}$)；

ρ——空气密度($\mathrm{kg/m^3}$)；

V——来流风速(m/s)。

对于某确定区域，当其他因素确定(面积一定、密度为常数)时，风能大小主要取决于风速，但在实际测量中，很难直接测量气流通过面积，而是以该区域风能密度作为评估和测量对象。风能密度为气流垂直流经单位面积的风能，被视为风电场潜在风能评估指标。

风能密度计算方法有两种：一种是根据实测风速数据直接计算；另一种是根据风速分布统计结果间接获取。由于风能大小与平均风速有关，求解风电场风能大小时

可结合风力发电机组的有效工作风速。平均风能密度 $\overline{W}$ 表达式也可如下：

$$\overline{W}=\frac{1}{T}\int_{0}^{x}\frac{1}{2}\rho V^{3}\mathrm{d}t \tag{1-26}$$

式中：$\overline{W}$——平均风能密度（W/m^2）；

T——总时间（h）。

在工程计算时，常用式（1-27）计算某风场年（月）平均风能密度，即

$$W_{y(m)}=\frac{W_1t_1+W_2t_2+\cdots+W_nt_n}{t_1+t_2+\cdots t_n} \tag{1-27}$$

式中：$W_{y(m)}$——年（月）平均风能密度（W/m^2）；

$W_1,W_2,\cdots,W_n$——各等级风速下平均风能密度（W/m^2）；

$t_1,t_2,\cdots,t_n$——各等级风速在每年（月）出现的时间（h）。

采用式（1-27）计算平均风能密度时，需要风场区域完整逐时风速资料。

风力发电机能否利用风能或者有效风能取决于切入风速与切出风速之间的工作风速段。该范围内平均风能密度也称为有效风能密度，其计算表达式为

$$\overline{W}_e=\int_{v_1}^{v_2}\frac{1}{2}\rho v^3P'(v)\mathrm{d}v \tag{1-28}$$

式中：v_1——切入风速；

v_2——切出风速；

$P'(v)$——有效风速范围内风速条件概率分布密度函数，其表达式为

$$P'(v)=\frac{P(v)}{P(v_1\leqslant v\leqslant v_2)}=\frac{P(v)}{P(v\leqslant v_2)-P(v\leqslant v_1)} \tag{1-29}$$

反映风电场风能及其可用度的主要指标有平均风速 $\bar{v}$（m/s）、平均风能密度 $\overline{W}$（W/m^2）、风力发电机组可利用率（A）等。其中：

$$A=\frac{T_A}{T}=\frac{S_A}{S} \tag{1-30}$$

式中：T_A——风能可利用时间；

T——测度总时间（h）；

S_A——切入风速和切出风速之间风频总数。

S——风力发电机组风频总数。

1.2.8　风能参数实验指标值计算

依据风速概率分布模型及关键参数估计结果，风能参数实验指标值系列计算公式如下。

（1）平均风速。

$$\bar{v}=E(v)=\int_{0}^{\infty}vf(v)\mathrm{d}v=c\Gamma\left(1+\frac{1}{k}\right) \tag{1-31}$$

(2) 平均风能密度。

$$\overline{W}=\frac{1}{2}\rho E(v^3)=\frac{1}{2}\rho\int_0^{\infty}v^3f(v)\mathrm{d}v=\frac{1}{2}\rho c^3\Gamma\left(1+\frac{3}{k}\right) \tag{1-32}$$

1.3 风况及风特性分析

依据 IEC 61400-1:2019 标准,风况包括正常风况和极端风况。其中正常风况是指风力发电机组在正常运行过程中频繁出现的情况;极端风况通常指 1 年一遇或 50 年一遇风况。风况模型描述是风力发电机组叶片载荷计算的前提条件。

1.3.1 玫瑰图

每个区域的风向变化情况可由玫瑰图描述,玫瑰图主要包括风玫瑰图和能量密度玫瑰图。风玫瑰图表示各方位出现的风频率及风速,最常见的风玫瑰图被表征为圆,从圆上引出 16 条射线,分别代表 16 种不同方向,每条射线长度与该方向风频率成正比,静风频率处于中间位置。如图 1-1 所示,一年内该方向风时间百分数用每条射线长度表示,该方向风速平均值用每条直线端点数字表示。计算 16 个方向风速立方,再分别取平均值,得能量密度玫瑰图,如图 1-2 所示。

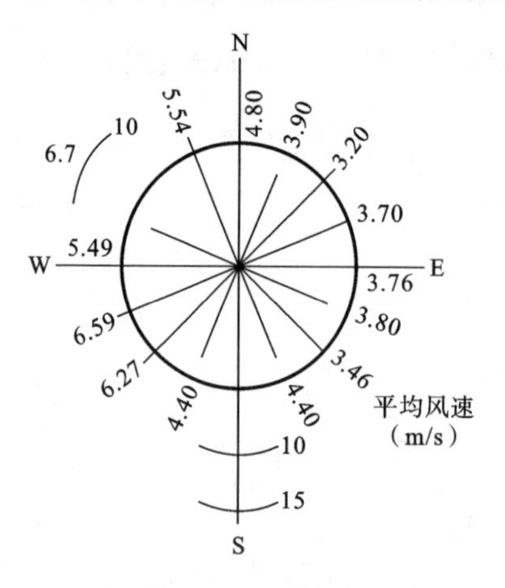

图 1-1 风玫瑰图

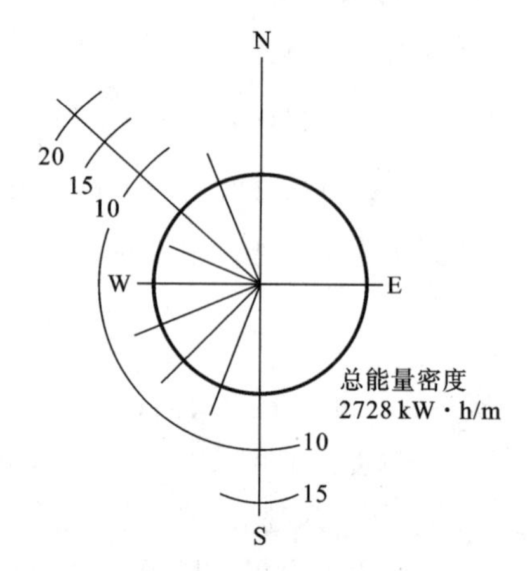

图 1-2 能量密度玫瑰图

1.3.2 垂直风切变及其分析方法

由于近地层地面摩擦效应,风速随高度变化极其明显,风向和风速沿垂直距离变化,这一现象称为垂直风切变。当大气层结为中性时,紊流将完全依赖动力因素产生,此时风速随高度变化规律服从普朗特紊流公式:

$$v=\frac{\mu_*}{K}\ln\left(\frac{Z}{Z_0}\right) \tag{1-33}$$

$$\mu_* = \sqrt{\tau_0/\rho} \tag{1-34}$$

式中：v——高度 Z 处的风速；

K——卡门常数，$K \approx 0.4$；

μ_*——摩擦速度；

ρ——空气密度（kg/m³）；

τ_0——表面剪切应力；

Z_0——粗糙度参数。

不同地表状态下的 Z_0 值见表 1-2。

表 1-2　不同地面类型对应的地面粗糙度（Z_0）

地 面 类 型	Z_0/m
平静的水面	0.0001～0.001
开阔的耕地	0.03
乔木、灌木较少的荒漠、高原	0.1
森林	0.3～1.6
建筑物较多的郊区	1.5
城市中心	2.0

已知地面粗糙度 Z_0，若以两个高度风速之间的关系表达，则式(1-33)为

$$\frac{v_n}{v_*} = \frac{1}{K}\ln\left(\frac{Z_n}{Z_0}\right) \tag{1-35}$$

$$\frac{v_m}{v_*} = \frac{1}{K}\ln\left(\frac{Z_m}{Z_0}\right) \tag{1-36}$$

式中：v_n，v_m——高度 Z_n 与 Z_m 对应的风速（m/s）。消去 v_* 和 K，得

$$v_n = v_m \frac{\ln Z_n - \ln Z_0}{\ln Z_m - \ln Z_0} \tag{1-37}$$

式(1-37)为风速在中性平衡时随高度变化的对数律公式。

工程科学数据库(ESDU)给出了一个适合于离地高度 $Z=300$ m 内的风轮廓线：

$$V(Z) = \frac{\mu_*}{K}\left[\ln\left(\frac{Z}{Z_0}\right) + \frac{34.5fZ}{\mu_*}\right] \tag{1-38}$$

式(1-38)中，$f=2\Omega\sin\Phi$（其中 Ω 为地球自转角速度，$\Omega=7.27\times10^{-5}$ rad/s，Φ 为地理纬度），一般情况下，取 $f=10^{-1}\ \text{s}^{-1}$。

指数分布律，又称赫尔曼指数公式，用于计算风切变时比较简单，表达式为

$$\frac{v_m}{v_n} = \left(\frac{Z_m}{Z_n}\right)^{\alpha} \tag{1-39}$$

式中：α——风切变指数。

由式(1-39)知，风速垂直变化取决于参数 α。其值与地面粗糙度有关。在我国风电标准风力发电机载荷规范中，地貌分为 A、B、C、D 四类：A 类指近海海面、湖岸

及沙漠地区，取 $\alpha_A=0.12$；B 类为丛林、乡村、丘陵及房屋比较稀疏的区域，取 $\alpha_B=0.16$；C 类包括密集建筑群城市区域，取 $\alpha_C=0.20$；D 类包括密集建筑群、建筑物较高的城市市区，取 $\alpha_D=0.30$。在实际计算中，取 $\alpha=1/7$。垂直风切变将造成高度不同风力状况变异现象，严重影响风力发电机组输出功率。查证已有相关气象资料，评估甘肃省河西地区风资源，取 $\alpha=0.156$。

1.3.3 风速估计参数设计求解流程

式(1-15)中 k 和 c 的极大似然估计值可通过求解如下方程(1-40)和方程(1-41)得到：

$$H_1=\frac{\partial H(k,c)}{\partial k}=\sum_{i=1}^{n}\left[\frac{1}{k}+\ln v_i-\ln c-\left(\frac{v_i}{k}\right)k\ln\left(\frac{v_i}{c}\right)\right]=0 \tag{1-40}$$

$$H_2=\frac{\partial H(k,c)}{\partial c}=\sum_{i=1}^{n}\left[\frac{k}{c}\left(\frac{v_i}{k}\right)k-\left(\frac{k}{c}\right)\right]=0 \tag{1-41}$$

通过上述方程式可将 k 和 c 表示为

$$k=\left(\frac{\sum_{i=1}^{n}v_i^k\ln v_i}{\sum_{i=1}^{n}v_i^k}-\frac{\sum_{i=1}^{n}\ln v_i}{n}\right)^{-1} \tag{1-42}$$

$$c=\left(\frac{1}{n}\sum_{i=1}^{n}v_i^k\right)^{\frac{1}{k}} \tag{1-43}$$

$$\begin{bmatrix}H_1(k,c)\\H_2(k,c)\end{bmatrix}+\boldsymbol{J}(k,c)\begin{bmatrix}\Delta k\\\Delta c\end{bmatrix}=\begin{bmatrix}0\\0\end{bmatrix} \tag{1-44}$$

式(1-44)中，$\boldsymbol{J}(k,c)$ 为雅可比矩阵，其表达式为

$$\boldsymbol{J}(k,c)=\begin{bmatrix}\frac{\partial H_1(k,c)}{\partial k}&\frac{\partial H_1(k,c)}{\partial c}\\\frac{\partial H_2(k,c)}{\partial k}&\frac{\partial H_2(k,c)}{\partial c}\end{bmatrix} \tag{1-45}$$

式(1-45)为超越方程式，多数方程不存在求根公式，因此，求其精确解极为困难，本小节采用牛顿-拉夫逊(Newton-Raphson)算法以预估其有效风速值，该算法特点是把非线性方程求解过程变为反复的相对应线性方程求解过程，具体求解流程如图 1-3 所示。

步骤 1：取风速数据 $\{v_1, v_2, \cdots, v_n\}$。

步骤 2：选择迭代初值 $k^{(0)}$、$c^{(0)}$。其值可以通过经验公式获得。

步骤 3：计算 H_1、H_2 和雅可比矩阵 $\boldsymbol{J}(k,c)$。

步骤 4：通过式(1-44)求 Δk、Δc。

步骤 5：判断收敛性，$\max\{|H_1^{(r)}|,|H_2^{(r)}|\}<\varepsilon_1$ 或 $\max\{|\Delta k^{(r)}|,|\Delta c^{(r)}|\}<\varepsilon_2$，其中 ε_1 和 ε_2 为最大允许误差。

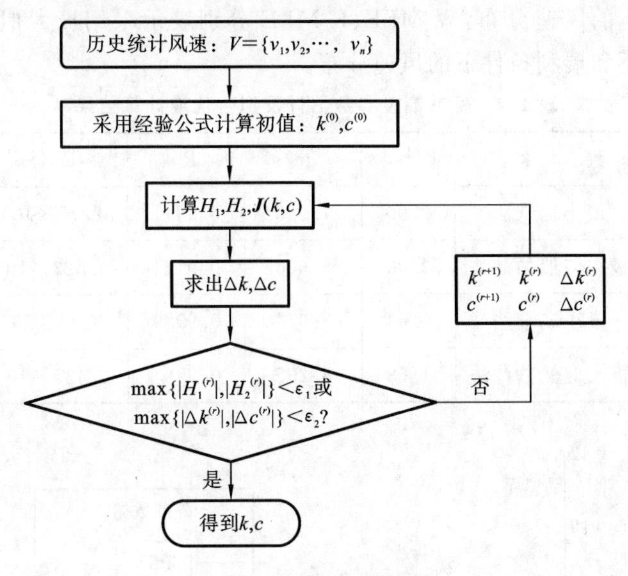

图 1-3　迭代法求解流程

步骤 6：如果不满足收敛性条件，则可以将 k 和 c 分别增加分量 $\Delta k^{(r)}$ 和 $\Delta c^{(r)}$ 作为新初值返回步骤 3。如果满足收敛性条件，则得到 k、c。

1.3.4　风速分布参数估计实例

实例分析选用酒泉千瓦级风电场玉门北大桥 14＃测风塔记录的实测风速数据，测风时间为 2013 年 1 月 1 日至 2014 年 11 月 30 日，平均风速以 7～8 m/s 为主，平均风速在标准高度处主要集中在 5～7 m/s 之间，其中，东风和西风为主导风向，最大风速 $v_{\max}=23.3$ m/s 出现在 2013 年 5 月 22 日 9：09。采用最小二乘法与极大似然估计法，分别对每月及整年数据进行统计计算。对不同模型与方法得到结果进行拟合优度分析，风力发电机组相关参数见表 1-3。

表 1-3　风力发电机组相关参数

参　数	额定功率	切入风速	额定转速	轮毂高度	平均风速	额定风速
值	1500 kW	3 m/s	17.2 r/min	60 m	8.5 m/s	10 m/s

1.3.5　标准高度处风速分布

针对在 14＃测风塔收集到的标准高度风速序列，分别应用最小二乘法、极大似然估计法估计模型参数 k，c，然后对不同风速模型参数估计结果进行拟合优度分析，结果分别如表 1-4、图 1-4 所示。

图 1-4 中 W-LS、R-LS 分别表示用最小二乘法参数估计方法计算在威布尔条件

下和瑞利条件下的风速分布，W-MLE、R-MLE 分别表示采用极大似然估计法计算在威布尔条件下和瑞利条件下的风速分布。

表 1-4 标准高度参数估计及拟合优度计算结果

参　数		k	c/(m/s)	R^2	RMSE	RSS
瑞利分布	最小二乘法	2.00	7.943	0.9411	2.75×10^{-3}	0.0094
	极大似然估计法	2.00	8.665	0.9124	3.523×10^{-3}	0.01066
威布尔分布	最小二乘法	1.63	8.079	0.9989	3.88×10^{-5}	0.0011
	极大似然估计法	1.68	8.265	0.9933	2.435×10^{-4}	0.0028

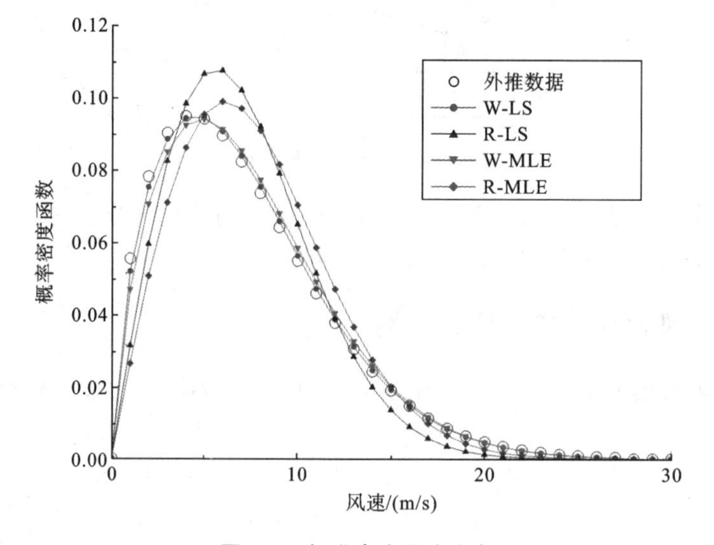

图 1-4 标准高度风速分布

由表 1-4 及图 1-4 可得以下结论：

(1) 实测区域化风速分布与双参数威布尔分布趋势大致相同，相同分布条件下，进行参数估计时，极大似然估计法参数估计误差较小，相关性较高；用威布尔分布拟合同高度风速时，最小二乘法求解结果优于极大似然估计法求解结果。

(2) 采用最小二乘法和极大似然估计法对标准高度威布尔分布风速拟合分析，其结果非常接近，说明最小二乘法在低风速时有更好的拟合精度，而极大似然估计法在高风速时有较好的拟合精度。这说明在风速分布整体偏低时，因威布尔分布为两参数因素，应用弹性较大，故选择威布尔分布更为恰当，并可在标准高度处获取高精度拟合结果。

图 1-5 为轮毂高度(60 m)处风速概率密度曲线，模拟结果表明：在轮毂高度处瑞利分布和威布尔分布拟合结果非常接近，说明在高度较高位置地形因素影响有所

减小,而轮毂高度处最大风速概率密度相对标准高度处的有增大趋势。

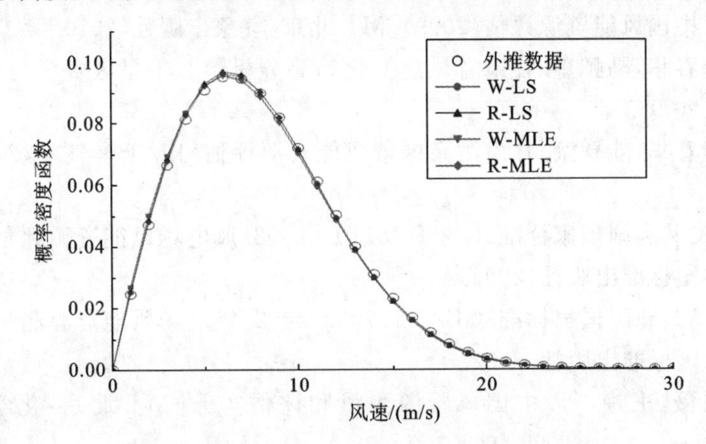

图1-5　轮毂高度处的风速概率密度曲线

轮毂高度处的参数估计结果如表1-5所示。

表1-5　轮毂高度处参数估计结果

参数		k	c/(m/s)	R^2	RMSE	RSS
瑞利分布	最小二乘法	2.00	8.848	0.99907	3.56×10^{-5}	0.00107
	极大似然估计法	2.00	8.907	0.9996	1.34×10^{-5}	0.00065
威布尔分布	最小二乘法	1.97	8.859	0.9987	4.95×10^{-5}	0.00126
	极大似然估计法	1.96	8.870	0.9986	5.25×10^{-5}	0.00130

该实例分析中,瑞利分布拟合结果与威布尔分布拟合结果差异不明显,但因瑞利分布中k值固定,故其应用比较受限,仅适用于高层风速参数拟合分析。由于威布尔分布中两参数均可调,函数本身柔性更大,因此其更加适用于高层风况分析或风能密度较低情况下的分析,并具有良好的拟合效果。

本章参考文献

[1] 李军向,薛忠民,王继辉,等.大型风轮叶片设计技术的现状与发展趋势[J].玻璃钢/复合材料,2008,12(1):48-52.

[2] ISLAM M R, MEKHILEF S, SAIDUR R. Progress and recent trends of wind energy technology[J]. Renewable and Sustainable Energy Reviews, 2013, 21(1):456-468.

[3] MANUEL L, VEERS P S, WINTERSTEIN S R. Parametric models for estimating wind turbine fatigue loads for design[J]. Journal of Solar Energy

Engineering,2001,123(4):346-355.
[4] 肖子牛.中国风能资源评估(2009)[M].北京:气象出版社,2010.
[5] 朱飙,李春华,马鹏里.甘肃省风速变化趋势分析[J].干旱区资源与环境,2013,26(12):90-96.
[6] 朱飙,李春华,陆登荣.甘肃酒泉区域风能资源评估[J].干旱气象,2009,27(2):152-156.
[7] 中华人民共和国国家标准.GB/T 18710—2002.风电场风能资源评估方法[M].北京:中国标准出版社,2002.
[8] 中华人民共和国国家标准.GB/T 18709—2002.风电场风能资源测量方法[M].北京:中国标准出版社,2002.
[9] 高虎,刘薇,王艳,等.中国风资源测量和评估实务[M].北京:化学工业出版社,2009.
[10] 李泽椿,朱蓉,何晓凤,等.风能资源评估技术方法研究[J].气象学报,2007,65(5):708-717.
[11] 靳全,苏春.基于幂律过程和改进参数估计方法的风电场风能评估[J].中国电机工程学报,2010,30(35):107-111.

第 2 章　微观选址案例分析

2.1　测风塔概况

2.1.1　测风塔代表性分析

根据《风电场风能资源评估方法》(GB/T 18710—2018)及《风电场风能资源测量》(GB/T 18709—2018)，收集拟建风场附近长期测站的测风数据，获取风速、风向、气温、气压和标准偏差的实测时间序列数据，以及极大风速及其风向。拟建风电场场区设有 4 座 80 m 高的测风塔，采用 NRG 测风仪进行测风工作。本小节选取北部范围内设立的一座测风塔(编号为 T0001)的数据，如表 2-1 所示。

表 2-1　拟建风电场场区测风塔概况

测风塔编号	位置地理坐标		海拔/m	风速观测高度/m	风向观测高度/m	气压观测高度/m	温度观测高度/m
	北纬	东经					
T0001	37°18′5.10″	106°0′13.26″	1449	10/40/60/70/80	10/70	7	10

2.1.2　测风塔代表年选择

T0001 测风塔观测项目为：10 m、40 m、60 m、70 m 和 80 m 高度的风速，10 m 和 70 m 高度的风向。根据《风电场风能资源评估方法》要求，经过初步的筛选和分析，本阶段拟选择数据完整率较好的代表年数据。

2.2　数 据 检 验

数据检验包括完整性检验和合理性检验。其中完整性检验的主要目的是检验原始数据应测时次中所缺测的时次；合理性检验的主要目的是检验实测数据中不符合合理范围、合理相关性和合理变化趋势的无效数据。最终经过分析、处理，将实测数据整理为一套真实、可靠的风电场测风数据。

2.2.1 完整性检验

对测风塔各个高度层数据进行数据完整性检验，检验结果见表 2-2。

表 2-2 场区内 T0001 测风塔数据完整率统计表

高　度/m	项　　目	数据完整率
10.0	风速	94.8%
40.0	风速	94.8%
60.0	风速	94.8%
70.0	风速	94.8%
80.0	风速	94.8%
10.0	风向	94.8%
70.0	风向	94.8%

由表 2-2 可知，T0001 测风塔测风数据（风向及风速）在不同高度的完整率均超过 90%，满足风资源数据基础数据要求。

2.2.2 合理性检验

按照《风电场风能资源评估方法》的要求，合理性检验包括范围检验、合理相关性检验和合理变化趋势检验。检出的不合理数据见表 2-3。

表 2-3 场区内 T0001 测风塔不合理数据统计表

编　号	检 验 项 目		不合理数据比例/（%）
1	范围检验	80 m 小时平均风速＜0 m/s，或＞40 m/s	0
2		70 m 小时平均风速＜0 m/s，或＞40 m/s	0
3		60 m 小时平均风速＜0 m/s，或＞40 m/s	0
4		40 m 小时平均风速＜0 m/s，或＞40 m/s	0
5		10 m 小时平均风速＜0 m/s，或＞40 m/s	0
6		70 m 小时平均风向＜0°，或＞360°	0
7		10 m 小时平均风向＜0°，或＞360°	0
8		小时平均气压＜940 hPa，或＞1060 hPa	0
9	相关性检验	60 m 与 40 m 小时平均风速差值≥2 m/s	0.073
10	变化趋势检验	80 m 小时平均风速变化≥6 m/s	0.426
		70 m 小时平均风速变化≥6 m/s	0.412
		60 m 小时平均风速变化≥6 m/s	0.417
		40 m 小时平均风速变化≥6 m/s	0.308
11		1 小时平均温度变化≥5 ℃	0
12		1 小时平均气压变化≥1 kPa	0

由表 2-3 可知，T0001 测风塔测风数据均为合理数值，其不同高度的风速有一定的变化，趋势较为明显。

2.3 不合理数据和缺测数据处理

2.3.1 缺测数据的处理

由于缺测数据均为测风塔各高度层同时缺测，因此需要利用其他测风塔同期各个高度层数据进行插补订正。

2.3.2 不合理数据的处理

(1) 合理范围检验：各个高度层风速数据在合理范围内。

(2) 相关性检验：《风电场风能资源评估方法》中给出的参考高度为 50 m 与 30 m、50 m 与 10 m，而场区测风塔未设立 50 m 高度，故采用 60 m 高度代替，60 m 与 40 m 小时平均风速差在合理参数范围附近。

(3) 变化趋势检验：经过变化趋势检验，各个高度层的数据均有小部分超出标准范围。

数据检验结论：经过分析、整理，场区 4 座测风塔各个高度有效数据完整率均达到 90%以上，符合规范要求，可以用于该区域风资源评估工作。

2.4 风电场北部区域轮毂高度处风资源分析

2.4.1 平均风速和风功率密度

1. 年平均风速和风功率密度

风电场北部区域轮毂高度(90 m)处年平均风速为 5.72 m/s，年平均风功率密度为 273.52 W/m^2。

2. 月平均风速和风功率密度

T0001 测风塔月平均风速度和风功率密度如表 2-4 和图 2-1 所示。

由表 2-4 和图 2-1 可知，风电场 T0001 测风塔轮毂高度(90 m)处最大平均风速和最大平均风功率密度都出现在 8 月，分别为 7.35 m/s 和 474.98 W/m^2，最小平均风速和最小平均风功率密度都出现在 1 月，分别为 3.39 m/s 和 82.03 W/m^2。

表 2-4　T0001 测风塔轮毂高度(90 m)处月平均风速和风功率密度

月　　份	风速/(m/s)	风功率密度/(W/m²)
2 月	3.93	108.70
4 月	6.63	320.85
6 月	7.08	398.10
8 月	7.35	474.98
10 月	5.35	222.22
12 月	5.60	257.95
平均值	5.72	273.52
最大值	7.35	474.98
最小值	3.39	82.03

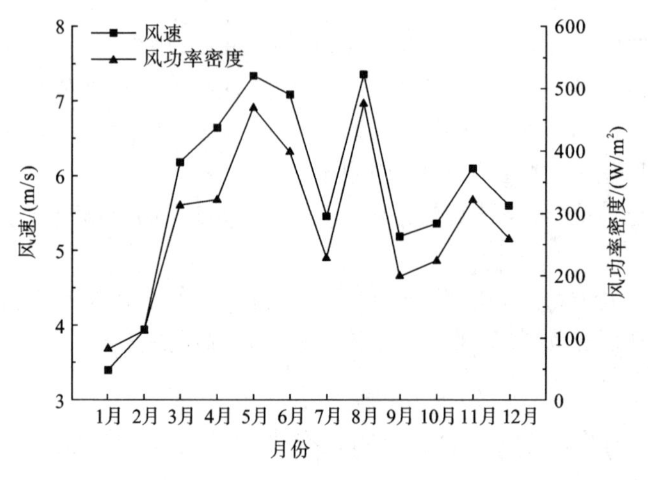

图 2-1　T0001 测风塔轮毂高度(90 m)处代表年各月平均风速和风功率密度变化曲线

3. 风速和风功率密度日变化

T0001 测风塔轮毂高度(90 m)处风速和风功率密度日变化如表 2-5 和图 2-2 所示。

表 2-5　T0001 测风塔轮毂高度(90 m)处风速和风功率密度日变化

时刻/h	0	1	2	3	4	5	6	7
风速/(m/s)	8.12	8.20	8.12	8.09	7.86	7.67	7.55	7.46
风功率密度/(W/m²)	561.7	562.5	544.0	551.0	507.2	481.9	455.0	449.7
时刻/h	8	9	10	11	12	13	14	15
风速/(m/s)	7.08	6.75	6.47	6.32	6.13	6.01	5.96	6.01
风功率密度/(W/m²)	402.1	350.7	313.8	286.2	250.9	233.3	222.5	240.9

续表

时刻/h	16	17	18	19	20	21	22	23
风速/(m/s)	6.06	6.03	6.31	6.64	6.97	7.26	7.71	8.02
风功率密度/(W/m²)	246.3	239.4	260.1	294.7	353.0	419.0	495.7	551.0

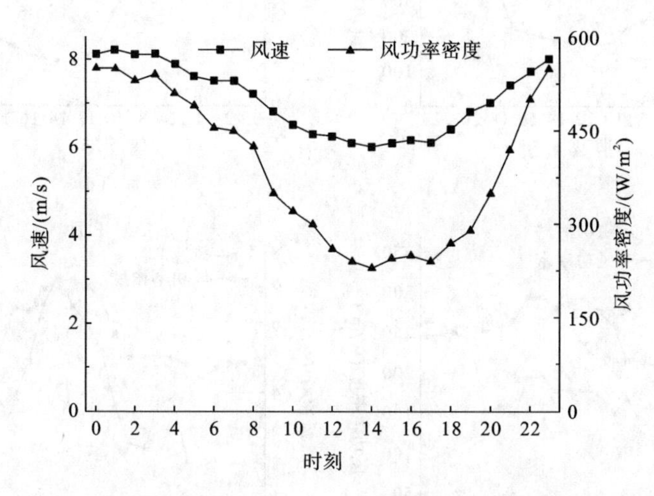

图 2-2　T0001 **测风塔轮毂高度**(90 m)**处代表年风速和风功率密度日变化曲线**

由图 2-2 可知，风电场 T0001 测风塔轮毂高度(90 m)处代表年风速和风功率密度日变化曲线呈两端高、中间低形状，代表年风速和风功率密度日变化趋势呈一致状态；全天最大风速和风功率密度出现的时间是 1 时，分别为 8.20 m/s 和562.5 W/m²，全天最小风速和风功率密度出现的时间是 14 时，分别为 5.96 m/s 和 222.5 W/m²。

T0001 测风塔逐月风速和风功率密度日变化曲线见图 2-3。

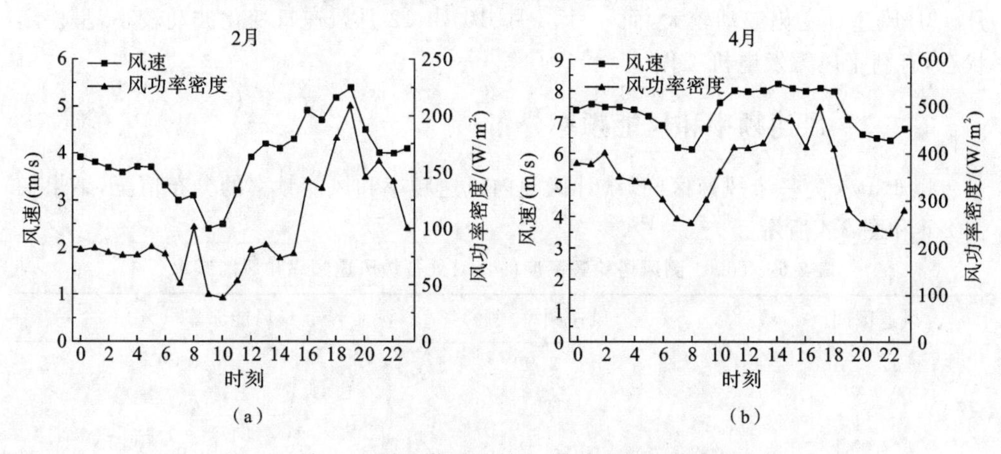

图 2-3　T0001 **测风塔逐月风速、风功率密度日变化曲线**

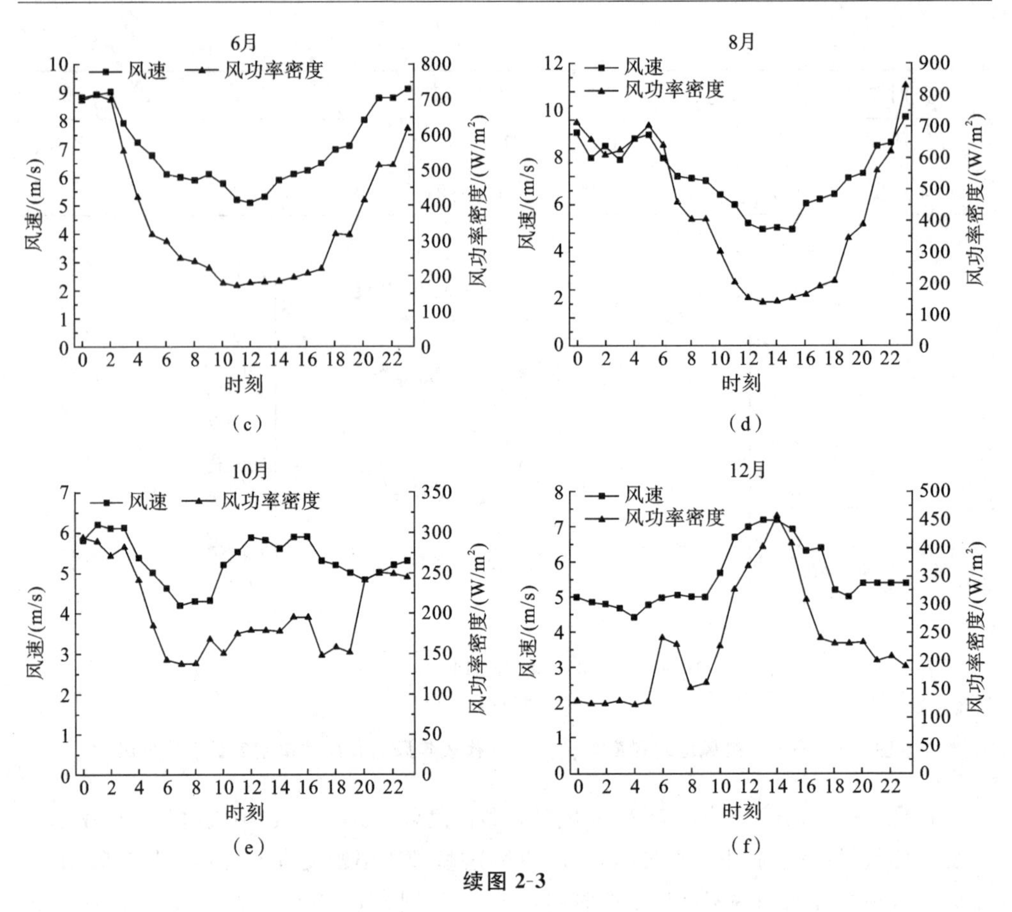

续图 2-3

由图 2-3 可知，T0001 测风塔风功率密度日变化与风速变化趋势呈一致状态，风速发生细微变化时，风功率密度以风速变化的三次方呈积分关系放大变化，其中 2 月、4 月风速日变化波动较大，而 6 月、8 月、10 月、12 月风速日变化波动较小，呈稳定状态，有利于风力发电机工作。

2.4.2　风速频率和风能频率分布

以 1 m/s 为一个风速区间，统计区间内风速频率和风能频率的分布情况，结果如表 2-6 和图 2-4 所示。

表 2-6　T0001 测风塔轮毂高度(90 m)处各级风速频率和风能频率

风速区间/(m/s)	风速频率/(%)	风能频率/(%)
0	2.99	0.00
2	12.45	0.22
4	11.26	1.56
6	8.18	3.85

续表

风速区间/(m/s)	风速频率/(%)	风能频率/(%)
8	5.46	6.10
10	3.86	8.46
12	2.33	8.77
14	1.39	8.34
16	0.68	6.13
18	0.33	4.19
20	0.08	1.36
22	0.01	0.24
≥24	0.00	0.10

由表 2-6 和图 2-4 可知，T0001 测风塔风速主要集中在 0～12 m/s 风速区间，所占比例约为 46.53%，相应的风能比例为 47.62%；风能主要集中在 4～18 m/s 风速区间，所占比例约为 47.46%，相应的风速所占比例为 33.49%。

2.4.3　风向频率及风能密度频率分布

1. 风向频率分布

T0001 测风塔轮毂高度(90 m)处全年风向玫瑰图见图 2-5，逐月风向玫瑰图见图 2-6。

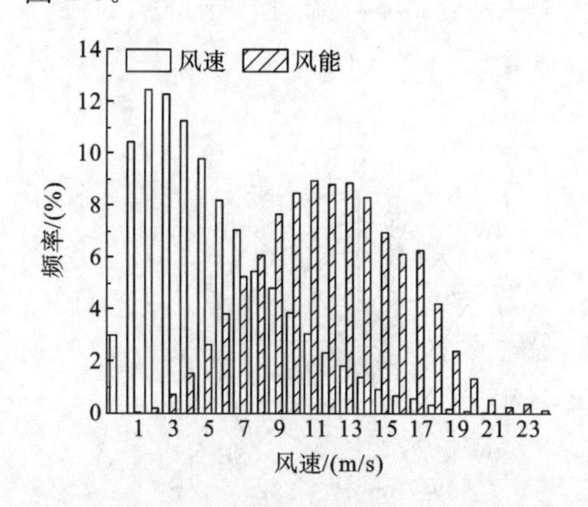

图 2-4　T0001 测风塔轮毂高度(90 m)处各级风速频率和风能频率直方图

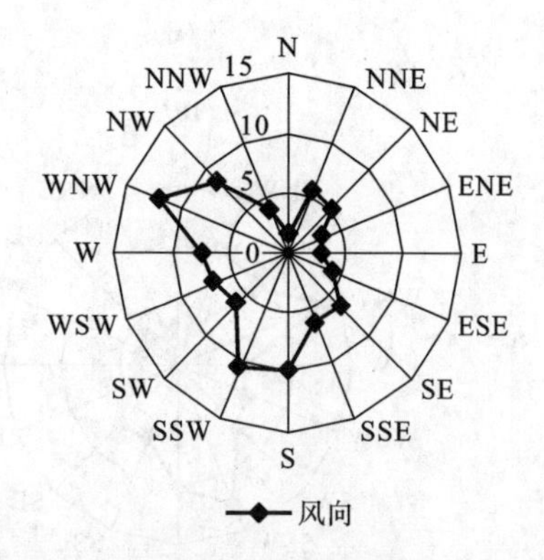

图 2-5　T0001 测风塔轮毂高度(90 m)处全年风向玫瑰图

由图 2-5 可知，T0001 测风塔轮毂高度(90 m)处全年风向主要集中在 WNW、SSW～S 方位之间，相应风向频率分别为 12%、11%、10%，主导风向为 WNW 方位。

由图 2-6 可知，T0001 测风塔轮毂高度(90 m)处逐月风向玫瑰图中，2 月、4 月主

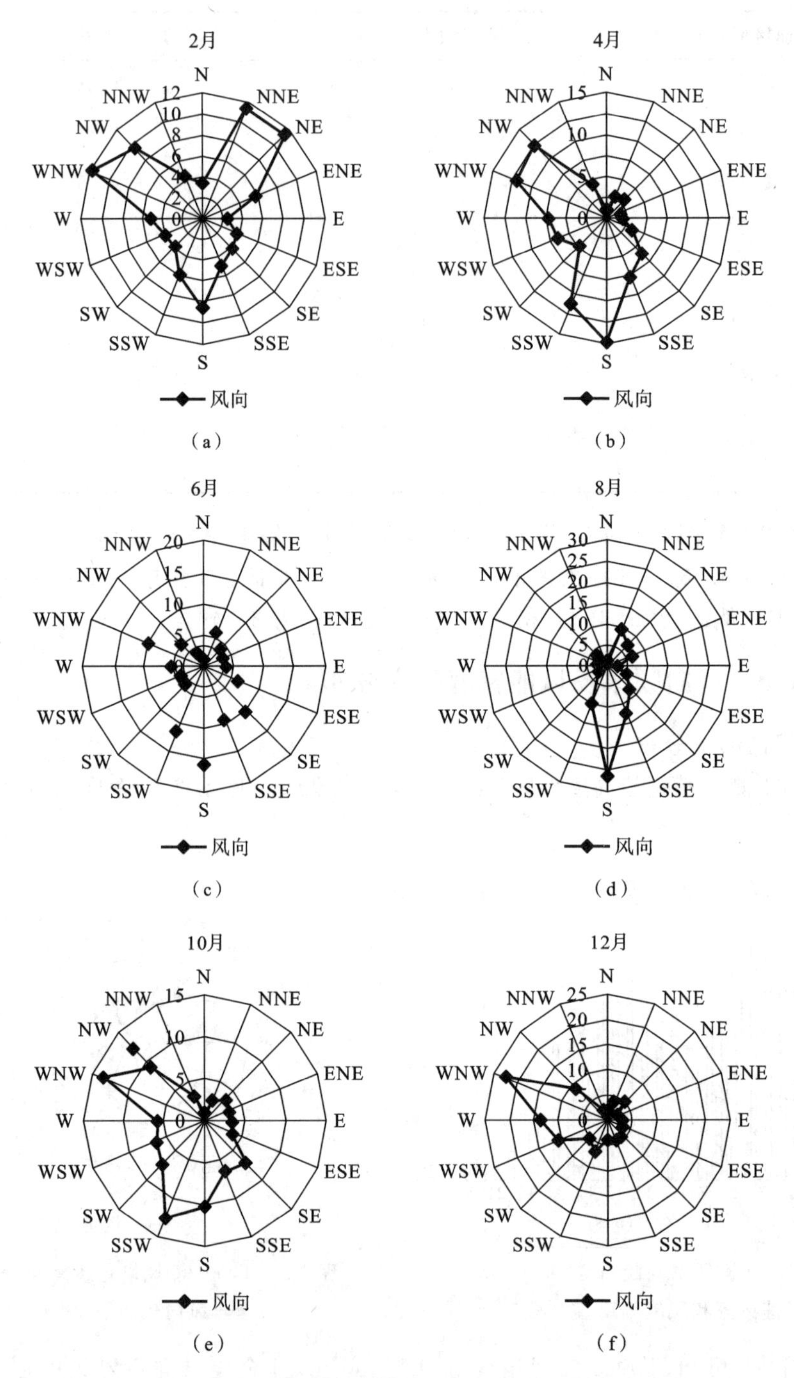

图 2-6 T0001 **测风塔轮毂高度(**90 m**)处逐月风向玫瑰图**

导风向不唯一：2 月主导风向为 WNW、NEE、NE 方位，相应风向频率分别为 12%、12%、12%；4 月主导风向为 S，相应风向频率为 15%，但 WNW、NW 方位风向频率也高达 13%。6 月、8 月、10 月、12 月主导风向分别为 S、S、WNW、WNW 方位，相应风向频率分别为 16%、27%、14%、24%，主导风向唯一且风向频率较高。

2. 风能密度频率分布

T0001 测风塔轮毂高度(90 m)处全年风能玫瑰图见图 2-7，逐月风能玫瑰图见图 2-8。

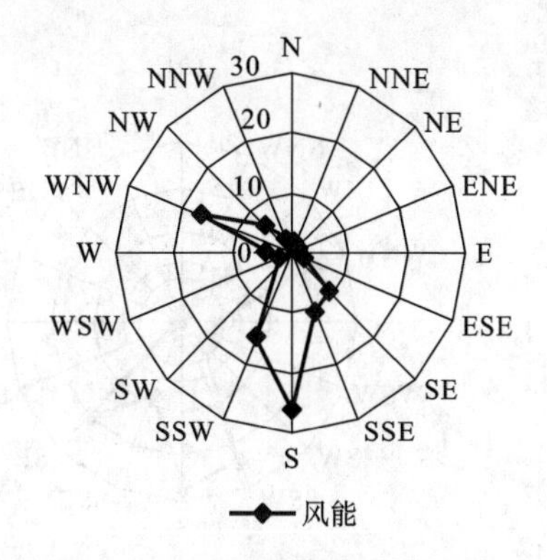

图 2-7　T0001 测风塔轮毂高度(90 m)处全年风能玫瑰图

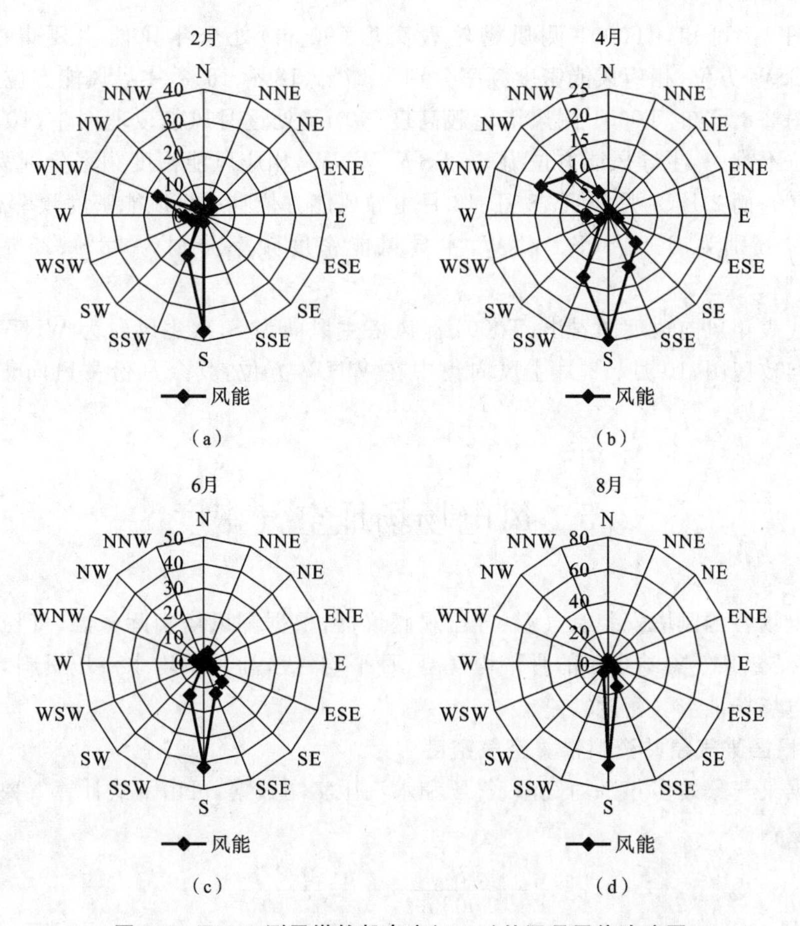

图 2-8　T0001 测风塔轮毂高度(90 m)处逐月风能玫瑰图

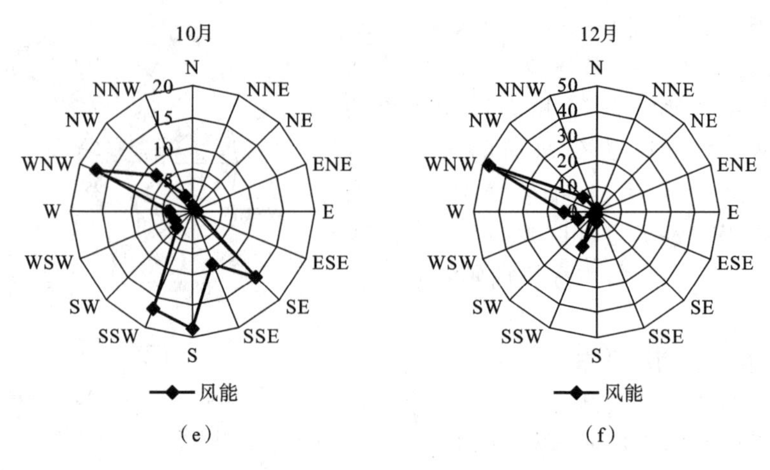

续图 2-8

由图 2-7 可知，T0001 测风塔轮毂高度(90 m)处全年风能主要集中在 S、WNW、SSW 方位，相应风能密度频率分别为 27%、18%、16%，主导风能方位为 S。

由图 2-8 可知，T0001 测风塔轮毂高度(90 m)处逐月风能玫瑰图中，10 月主导风能方位不唯一，主导风能方位为 S～SSW、WNW，相应风能密度频率分别为 19%、18%、17%；而 2 月、4 月、6 月、8 月、12 月主导风能方位唯一且风能密度频率高，主导风能方位分别为 S、S、S、S、WNW，主导风能密度频率分别为 38%、25%、43%、65%、49%。

从代表年风向玫瑰图看出，T0001 测风塔主风向为 S，次主风向为 WNW。分析逐月风向玫瑰图，10 月、12 月主风向集中在 WNW 方位，其余月份主风向集中在 S 方位。

2.5 风电场场址空气密度

风电场各测风塔安装有气温、气压观测仪器，根据测风塔实际气温、气压观测资料，同时结合某气象站多年的月平均气温、月平均气压和月平均水汽压资料，可综合估算风电场场址空气密度。

1. 根据某气象站资料推算空气密度

根据某气象站多年平均气温、气压和水汽压实测数据，可由下式计算气象站平均空气密度：

$$\rho=\frac{1.276}{1+0.00366t}\times\left(\frac{p-0.378e}{1000}\right) \tag{2-1}$$

式中：t——平均气温(℃)；

p——平均气压(hPa)；

ρ——空气密度(kg/m^3)；

e——平均水汽压(hPa)；

根据某气象站累年平均气温、气压、水汽压资料，$t=9.0$ ℃，$p=862.3$ hPa，$e=6.6$ hPa，采用以上公式计算得到某气象站累年平均空气密度为 1.062 kg/m^3。

2. 根据气象站资料推算风电场场址空气密度

风电场场址与气象站周围地形环境相似，可移用某气象站累年平均气温(9.0 ℃)；而考虑海拔升高等因素，气象站与风电场场址海拔相差较大，风电场场址累年平均气温比气象站累年平均气温小。依据《风电场风能资源评估方法》，根据气温、海拔高度估算空气密度的公式如下：

$$\rho=\frac{353.05}{T}e^{-0.034(z/T)} \tag{2-2}$$

式中：z——风电场场址海拔高度(m)；

ρ——空气密度(kg/m^3)；

T——年平均空气温度(K)，$T=t+273$。

经计算，风电场场址年平均空气密度为 0.97 kg/m^3。

3. 根据测风塔实测气温、气压计算风电场场址空气密度

根据测风塔实测气温、气压统计数据，按 $\rho=P/RT$(其中：P 为年平均气压，单位为 Pa；R 为气体常数，取 287 J/(kg・K)；T 为年平均空气温度，单位为 K，$T=t+273$)计算风电场场址空气密度 ρ。由 T0001 测风塔实测平均气温、平均气压计算得到的空气密度为 1.046 kg/m。各测风塔实测各月平均空气密度如表 2-7 所示。

表 2-7　风电场场址各测风塔实测各月平均空气密度

月　份	平均空气密度/(kg/m^3)			
	T0001	T0002	T0003	T0004
1 月	1.113	1.097	1.071	1.074
2 月	1.101	1.064	1.044	1.073
3 月	1.065	1.065	1.046	1.000
4 月	1.032	1.020	1.004	1.002
5 月	1.015	1.008	0.989	0.988
6 月	0.996	0.981	0.967	0.963
7 月	0.991	0.979	0.964	0.965
8 月	1.000	0.984	0.969	0.968
9 月	1.027	1.015	0.999	0.998
10 月	1.044	1.031	1.013	1.012
11 月	1.079	1.053	1.033	1.320
12 月	1.100	1.090	1.068	1.067

考虑到测风塔位于风电场场区,可代表拟建风电场场区的真实气象情况,还需要综合考虑场区地势变化、各测风塔周围实际情况和测风塔数据完整性及有效性。分析不同风电场区域时,应采用其各自测风塔实测平均空气密度。

2.6 风电场区50年一遇最大风速计算

1. 利用气象站数据推算50年一遇最大风速

为求出风电场区50年一遇最大风速,必须将由气象站计算得到的50年一遇最大风速按一定比例(即增大系数)推算到风电场区。大风和小风状况下两地的风速比值明显不同,而抗风计算主要关注大风。采用测风塔的日最大风速与某气象站同期日最大风速为样本,分别计算气象站日最大10 min平均风速分别大于6 m/s、5 m/s、4 m/s情况下两地日最大风速的相关性及比值。

由于以日最大风速为样本进行研究,时间间距较短,随着风速阈值的增大,两地日最大风速的相关系数也明显减小,因此,分别采用测风塔月、旬及5日最大风速与气象站相应最大风速为样本,计算两地最大风速的相关性及比值,两地最大风速相关性极显著,可用此方法将气象站50年一遇最大风速推算到风电场区。由风速订正系数及某气象站50年一遇最大风速,推算风电场区80 m高度处50年一遇最大风速为35.7 m/s,极大风速为49.98 m/s。

测风塔实测一年一遇最大风速见表2-8。

表2-8 测风塔T0001实测一年一遇最大风速

测风塔	高度层/m	80	70	60	40	10
T0001	实测最大风速/(m/s)	22.5	22.6	22.3	22.1	20.9
	实测极大风速/(m/s)	30.8	30.8	29.3	29.4	30.8

2. 采用经验公式估算50年一遇最大风速

$$V_{ref}=V_{ave}\times C \tag{2-3}$$

式中:V_{ref}——50年一遇的最大10 min平均风速;

V_{ave}——订正后的代表年年平均风速;

C——经验系数,取5。

风电场50年一遇的极大平均风速一般是最大10 min平均风速的1.4倍,T0001测风塔80 m处的50年一遇最大风速为28.65 m/s,极大风速为40.11 m/s。

3. 根据极端风速模型(EWM)推算50年一遇最大风速

依据测风塔一年一遇最大风速,参考国际电工协会IEC 61400-1标准中极端风速模型(EWM)中的一年一遇最大风速与50年一遇最大风速的关系,以及风切变、极大风速和最大风速关系，可知一年一遇最大风速为 50 年一遇最大风速的 0.75 倍。在设计最大风速时，风切变指数取 0.11，极大风速为最大风速的 1.4 倍。测风塔 T0001 实测一年一遇最大风速见表 2-9。

表 2-9　测风塔 T0001 实测一年一遇最大风速

测风塔	高度层/m	80	70	60	40	10
T0001	实测最大风速/(m/s)	30	30.14	29.74	29.47	27.87
	极大风速/(m/s)	42	42.19	41.63	41.26	39.02

综合上述结果，结合工程实际情况，推算出风电场区 80 m 处 50 年一遇最大风速为 36.2 m/s，极大风速为 50.68 m/s。推算风电场区轮毂高度(90 m)处 50 年一遇最大风速为 36.7 m/s，极大风速为 51.38 m/s。根据 IEC 标准判定本风电场安全等级为 IECⅢ类，在风力发电机组选型时需选择适合 IECⅢ类及以上风场的风力发电机组。

本章参考文献

[1] 李军向，薛忠民，王继辉，等. 大型风轮叶片设计技术的现状与发展趋势[J]. 玻璃钢/复合材料，2008，12(1)：48-52.

[2] 杨勇，周钦宾，李颖瑾. 风电场设计中机组选型与布置分析[J]. 山东建筑大学学报，2012，27(2)：246-249.

[3] 许昌，杨建川，李辰奇，等. 复杂地形风电场微观选址优化[J]. 中国电机工程学报，2013，31：58-64.

[4] 许昌，杨建川，韩星星，等. 基于 CFD 和 NCPSO 的复杂地形风电场微观选址优化[J]. 太阳能学报，2015，36(12)：2844-2851.

[5] 乔歆慧，张延迟，解大. 风电场的选址及布局优化仿真[J]. 华东电力，2010，38(6)：934-636.

[6] 张升，孙江平. 复杂地形条件下的风电场风机机位布置研究[J]. 山东电力技术，2010，4：23-26.

[7] MONTOYA F G，MANZANO-AGUGLIARO F，LOPEZ-MARQUEZ S，et al. Wind turbine selection for wind farm layout using multi-objective evolutionary algorithms[J]. Expert Systems with Applications，2014，41：6585-6595.

[8] BURLANDO M. Field data analysis and weather scenario of downburst event in Livorno，Italy，on 1 October 2012[J]. Monthly Weather Review，2017，145(9)：3507-3527.

[9] 肖书敏,李小倩.微观选址对低风速山地风电场收益影响分析[J].风能,2018(12):46-49.
[10] 潘沛.上海某风力发电场发电能力后评价研究[J].人民长江,2017,48(13):95-99.

第3章 风速模型

风能是目前最具发展前景的可再生绿色能源之一，为最大限度地捕获风能，现代风力发电机叶片逐渐趋向于大型化态势，风轮直径、塔筒高度随之增加，从而使得湍流、风剪切等因素对风力发电机组性能影响也越发明显，导致风力发电机组各叶片之间所受载荷相差巨大，最终造成风力发电机组输出功率减小、叶片疲劳和稳定性能衰退。显然，建立风速模型对进一步设计区域化叶片和叶片结构强度校核具有一定理论参考价值。建立风速模型是计算不同自然环境条件下，叶片所受稳态和动态载荷的关键性基础工作，直接影响到叶片运行工况、结构优化设计及稳定性等特性。因此，如何建立精确风速模型一直是研究叶片在不同环境条件下运行时所受载荷的焦点问题。

3.1 叶片风载荷数学评价方法及其与风力发电机组间的相互作用关系

由复杂多变的工作环境引起的风力发电机组叶片载荷波动是导致其关键部件疲劳损伤的主要因素。风力发电机组运行稳定性依赖于其各个重要零部件的强度，而零部件强度设计与风力发电机载荷变化直接相关，因此，风速模型的科学建立是研究并提高风力发电机组运行稳定性的关键。依据 IEC61400-1：2019 规范，评估某区域风资源，要求至少连续测量当地风力发电机组轮毂高度处 1 年的 10 min 平均风速，同时参考距地面 10 m 高度处的风速值。由于对拟建风场风资源评估和风速分布很难用精准模型描述，多年来，许多学者对风速模型计算方法进行了广泛而深入的研究，并取得很多学术成果，但对区域风况下轮毂高度处风速模型建立的认识仍不够清晰。

风切变不仅会引发并加剧叶片挥舞和摆振，从而直接影响风力发电机组输出功率，而且剧烈风切变将导致风力发电机组在强烈振动下发生故障而停机。对风切变影响叶片气动性能的研究鲜见。为此，研究轮毂高度处不同轮毂风速和风速廓线指数下风切变对风力发电机组气动性能影响规律，探索高精度数值分析模型，对区域化柔性叶片结构设计具有一定指导作用。

风力发电机组载荷模型建立大都依据 IEC 或 GL 规范，然而我国风力发电机组运行环境尤其是风资源特点与国外的在很大程度上不同，这将直接导致风载荷输入源与其相关软件输入要求不匹配,使传统载荷模型预测精确性和实时性难以得到保证。为深入研究风力发电机组叶片载荷分布,现存商业软件很难满足高性能叶片结构设计需求。河西区域风能主要来源于西风带大气运动动能,特殊地形狭管效应直接导致近地面风速增大,在如此独特的地理环境下,形成中国乃至世界奇有的风能资源聚集带,蕴藏着极为丰富的风能资源。因此,深入研究西北区域风资源及其与服役环境特点,进而研究叶片风载荷数学评价方法及其与风力发电机组间的相互作用,对解决超大结构叶片潜在稳定性问题具有一定参考价值。

3.2 风速模型

3.2.1 Kaimal 湍流模型

一段时间 T 内的平均风速为

$$V = \frac{1}{T}\int_0^T v(t)\,\mathrm{d}t \tag{3-1}$$

其均方值(方差)为

$$\sigma^2 = \frac{1}{T}\int_0^T [v(t)-V]^2\,\mathrm{d}t \tag{3-2}$$

均方值是风速波动程度的度量。

湍流强度 I 定义为脉动风速均方根值与平均风速之比:

$$I=\frac{\sigma}{V} \tag{3-3}$$

式(3-3)中:V——平均风速,一般指 10 min(即 600 s)内的平均风速。由于不同平均时间会影响湍流均方值,所以使用时要说明平均风速与均方值是由多长平均时间得到的。

平均风速方向定义为风速的纵向。在水平面内与纵向分量垂直的分量称为横向分量;而将垂直方向分量称为竖向分量。由定义可知,三个分量的湍流强度分别为:

$$I_u=\frac{\sigma_u}{V},\quad I_v=\frac{\sigma_v}{V},\quad I_w=\frac{\sigma_w}{V} \tag{3-4}$$

式中:u——纵向;

v——横向;

w——竖向。

在大气附面层的地表层中(离地面高度 $z\leqslant100$ m 范围),三个风速分量的湍流标准偏差不同。通常$\sigma_u>\sigma_v>\sigma_w$。风资源评估重点依据$\sigma_u$,其他两个分量的湍流标准偏差以纵向分量$\sigma_u$的百分数形式给出。

湍流强度主要衡量风速相对于10 min内平均值随机变化情况。湍流模型反映风源谱随机变化特性，通常用由风速轮廓线模型定义平均风速、湍流标准偏差、尺度参数及功率谱加以表征。对于标准风力发电机组等级，湍流标准偏差由式(3-5)确定。

$$\sigma_1 = I_{\text{ref}}(0.75 v_{\text{hub}} + b) \tag{3-5}$$

式中：I_{ref}——15 m/s时湍流强度特性值；

v_{hub}——轮毂处风速；

$b=5.6$ m/s。

湍流是风力发电机组叶片承受动载荷的主要来源，其强度用于衡量风速随时间和空间随机变化情况。湍流强度越大，表明气流随机性越大，越易发生波动。此外，还应考虑风速、风剪切及风向等因素对湍流的影响。求解叶片动态载荷时应考虑湍流影响。其中，湍流风载荷由Kaimal湍流谱产生，式(3-6)给出了纵向功率谱密度函数：

$$\frac{f S_k(f)}{\sigma_k^2} = \frac{4 f L_k / v_{\text{hub}}}{(1 + 6 f L_k / v_{\text{hub}})^{5/3}} \tag{3-6}$$

式中：f——频率(Hz)；

S_k——速度分量谱；

L_k——速度分量积分尺度参数(m)；

k——速度分量方向($k=1$表示纵向，$k=2$表示横向，$k=3$表示竖向)；

σ_k^2——速度分量方差，由式(3-7)确定。

$$\sigma_k^2 = \int_0^\infty S_k(f)\,\mathrm{d}f \tag{3-7}$$

速度分量空间相关性构造由式(3-8)确定：

$$\mathrm{Coh}(r,f) = \exp[-12((fr/v_{\text{hub}})^2 + (0.12r/L_c)^2)^{0.5}] \tag{3-8}$$

式中：r——两点之间分离矢量在垂直于平均风向平面的投影值；

L_c——相干尺度参数。

Kaimal湍流谱模型参数见表3-1。

表3-1　Kaimal湍流谱模型参数(IEC2005标准)

参数	L_k/m			L_c/m	H
	1	2	3		
值	340.2	113.4	27.72	340.2	12

图3-1所示为湍流风场在x、y、z方向风速分布情况，该湍流风场平均风速为8 m/s，轮毂高度为65 m，风剪切系数为0.16，x方向湍流强度为16%，y方向湍流强度为12%，z方向湍流强度为8.9%。

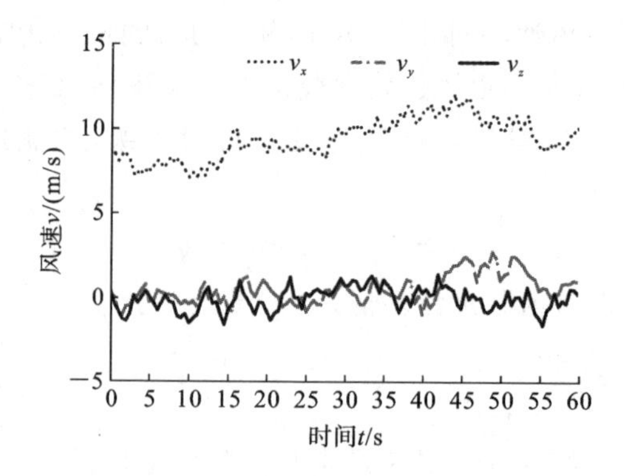

图 3-1　空转工况下湍流风速

3.2.2　风剪切模型

自然风吹过地表时，地表不光滑致使风能损失进而造成风速减小，而风速减小幅度随离地高度不断升高而降低，这一现象被称作为风剪切现象。通常情况下风剪切现象可产生周期性 1P 攻角变化。风速轮廓线表征在空间位置上风速随高度变化分布规律，用于确定垂直穿过风轮扫掠面的平均风速，通常借助指数模型或对数模型描述。这里采用指数模型：

$$v(z)=v_{\text{hub}}\left(\frac{z}{z_{\text{hub}}}\right)^{\alpha} \tag{3-9}$$

式中：v_{hub}——轮毂高度处 10 min 平均风速(m/s)；

z_{hub}——轮毂高度(m)，取 65 m。

风剪切效应使得风速在整个风轮扫掠面分布不同。针对三叶片风向水平轴风力发电机组，三叶片在空间位置上彼此相差 120°，随着风轮旋转方位角变化，风剪切效应对风速影响程度也不同，导致叶片在扫掠面所受空气动力载荷周期性变化。这种周期性气动载荷作用进而引发叶片动响应效应，使得叶片振动稳定性和疲劳等问题逐渐凸显且不容忽视。根据叶片方位角分布，三叶片风向水平轴风力发电机组可简化为如图 3-2 所示基本结构。

由于叶片方位角和叶片微元到叶轮中心距离不同，因此风剪切模型也可写成半径距离 r 和方位角 θ 的函数：

$$v(z)=v_{\text{hub}}\left(\frac{r\cos\theta+z_{\text{hub}}}{z_{\text{hub}}}\right)^{\alpha}=v_{\text{hub}}\left(1+\frac{r\cos\theta}{z_{\text{hub}}}\right)^{\alpha} \tag{3-10}$$

$\frac{r\cos\theta}{z_{\text{hub}}}$是风剪切效应对风速产生的扰动变化，故采用四阶泰勒级数将$\left(1+\frac{r\cos\theta}{z_{\text{hub}}}\right)^{\alpha}$展开，有

$$\left(1+\frac{r\cos\theta}{z_{\text{hub}}}\right)^{\alpha}\approx 1+\alpha\left(\frac{r}{z_{\text{hub}}}\right)\cos\theta+\frac{\alpha(\alpha-1)}{2}\left(\frac{r}{z_{\text{hub}}}\right)^{2}\cos^{2}\theta+\frac{\alpha(\alpha-1)(\alpha-2)}{6}\left(\frac{r}{z_{\text{hub}}}\right)^{3}\cos^{3}\theta \tag{3-11}$$

由式(3-11)可得,叶轮上半部分扫掠面真实风速大于叶轮中心设计风速,因此在设计时,以叶轮中心风速计算得到的风功率值小于以真实风速计算得到的风功率值。

本书选用河西地区某风场风资源数据,进行统计分析,得到风切变指数 α 为 0.16,结合式(3-9)编程计算垂直风剪切风速轮廓线,如图 3-3 所示。

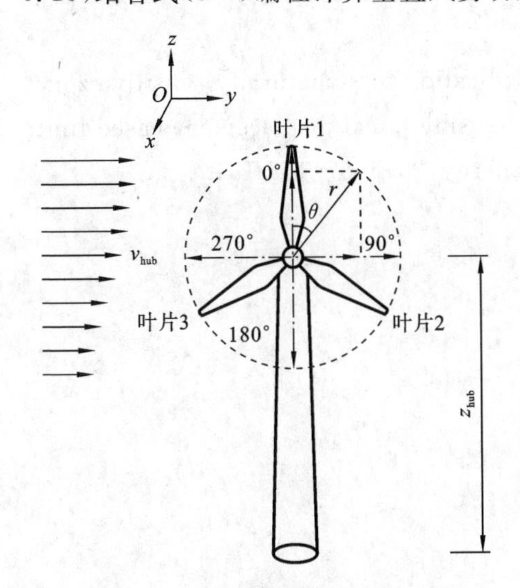

图 3-2　三叶片风向水平轴风力发电机组简化基本结构

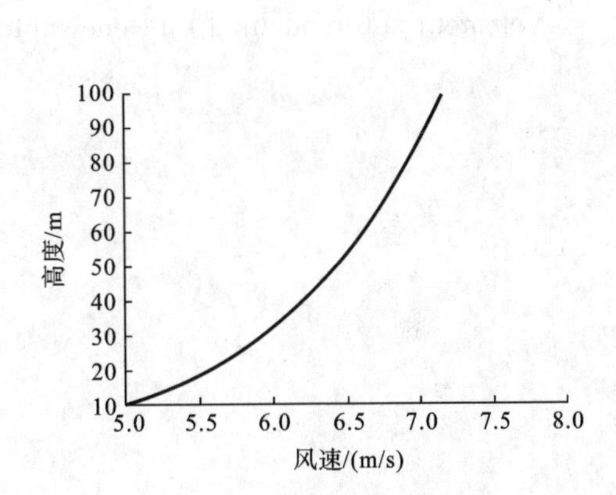

图 3-3　垂直风剪切风速轮廓线

本章参考文献

[1] 朱飙,李春华,马鹏里.甘肃省风速变化趋势分析[J].干旱区资源与环境,2012,26(12):90-96.

[2] 李军向,薛忠民,王继辉,等.大型风轮叶片设计技术的现状与发展趋势[J].玻璃钢/复合材料,2008,12(1):48-52.

[3] 刘雄,李钢强,陈严,等.水平轴风力机叶片动态响应分析[J].机械工程学报,2010,46(12):128-134.

[4] 王耀东,何景武,夏盛来.复合材料叶片结构设计中的几个关键问题探讨[J].玻璃钢/复合材料,2012,13(1):34-38.

[5] 徐宇,廖猜猜,荣晓敏.气动、结构、载荷相协调的大型风电叶片自主研发进展[J].应用数学和力学,2013,34(10):1029-1038.

[6] 王建礼,石可重,廖猜猜.风力机叶片耦合振动力学模拟及实验研究[J].工程热物理学报,2013,34(1):67-70.

[7] 陈文朴,李春,叶舟,等.基于气动弹性剪裁风力机叶片结构稳定性分析[J].太阳能学报,2017,38(11):3168-3173.

[8] 刘雄,张宪民,陈严,等.基于 BEDDOES-LEISHMAN 动态失速模型的水平轴风力机动态气动载荷计算方法[J].太阳能学报,2008,29(12):1449-1455.

[9] 胡燕平,戴巨川,刘德顺.大型风力机叶片研究现状与发展趋势[J].机械工程学报,2013,49(20):140-149.

[10] SHAH O R,TARFAOUI M. The identification of structurally sensitive zones subject to failure in a wind turbine blade using nodal displacement based finite element sub-modeling[J]. Renewable Energy,2016,87:168-181.

第4章 风力发电机叶片载荷模型

4.1 叶片简介

风场风况是影响风力发电机气动和结构特性的直接因素，进而影响输出功率、稳定性能。风切变不仅会引发或加剧叶片挥舞和摆振，影响输出功率，而且剧烈风切变将导致风力发电机在强烈振动下发生故障而停机。因此，西部典型风资源环境下区域叶片结构设计是亟待解决的关键问题。准确进行载荷计算是叶片结构及气动外形设计中重要的基础性工作，同时也是后续风力发电机组静力学、动态特性、振动响应及屈曲稳定性研究的先决条件。根据叶片实际结构特征和实际自然环境，其转动过程中所受载荷主要可分为空气动力载荷、重力载荷、惯性载荷、操作载荷、风压载荷及各载荷动态耦合作用等，叶片所受载荷通常以力和力矩形式出现。

叶片是风力发电机组捕获能量最重要的结构组件之一，其几何构型和运行环境非常复杂。风轮叶片在风能作用下产生空气动力，吸收动能，将动能转化成为机械能，然后通过发电机系统将机械能转化为电能。大型风力发电机组叶片大都采用主梁加蒙皮空心结构形式。主梁为单向复合材料层，由腹板和梁帽组成。腹板置于叶片空腔内，用以提高叶片刚度，防止局部失稳。梁帽主要承担弯曲载荷及离心力载荷。蒙皮多由增强复合材料层制成，主要提供气动外形并承担大部分剪切载荷。目前，商业化叶片均采用空心薄壁结构，最为典型是双腹板加主梁形式，材料则多用玻璃纤维复合材料(GFRP)，其中主要增强材料为无碱玻璃纤维(简称玻纤)，基体通常为不饱和聚酯树脂或环氧树脂。GFRP与金属等各向同性材料不同。本书所关注叶片主梁采用目前流行的单梁帽双剪切腹板结构形式，如图4-1所示。

图4-1中，单向层材料常采用玻璃布。蒙皮为较薄层状复合材料结构，提供叶片基本气动外形，承担大部分剪切载荷和部分弯曲载荷，因此通常选用双轴或三轴玻纤织物以提高抗剪切强度。主梁是叶片主要承载结构，承受着绝大部分弯曲载荷，采用单向玻纤织物以提高强度与刚度。抗剪切腹板作为叶片主要抗剪构件，即主梁支撑构件，用于防止局部失稳破坏，通常由轴玻纤织物和夹芯材料构成，其铺

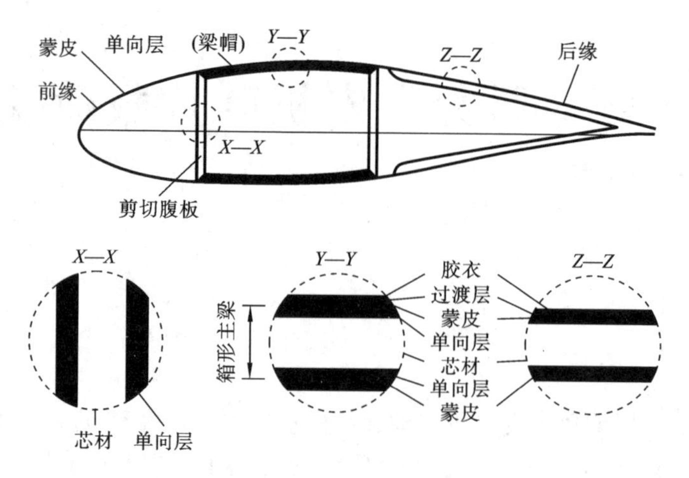

图 4-1 叶片箱形截面结构

层厚度及宽度均比主梁的小。叶片前缘和后缘空腔处都采用夹芯材料填充形成夹芯层,常在叶根段采用剪切模量较高的巴沙木材料,增强前缘和后缘空腹结构抗屈曲失稳能力。由于叶片与轮毂连接成悬臂梁形式,叶根是产生载荷集中部位,因此需增设加强层。目前大型风力发电机组叶片制造采用预制主梁结构及树脂传递模塑成形工艺,首先要真空灌输制作叶片下表面半壳体,经过胶接技术合模成为叶片整体,该叶片结构可有效提高叶片强度与刚度,减轻叶片重量,避免叶片因弯曲产生局部失稳。

4.2 叶片坐标系

依据国际电工委员会(International Electrotechnical Commission,IEC)制定的IEC 61400-1 标准,计算风轮载荷时,采用的坐标系主要包括叶片坐标系、弦线坐标系、轮毂坐标系、风轮坐标系、偏航轴承坐标系和塔架坐标系。

风力发电机组各部件所用坐标系不同,为准确合理地计算风力发电机叶片所受载荷,应合理选定合适坐标系,有利于载荷计算简化及理解各项载荷特性。本书根据风力发电机组自身结构特点及计算需求,选用叶片坐标系作为计算参考坐标系,如图4-2 所示。

叶片坐标系坐标原点是叶片变桨轴与弦长截面交点且位于叶根,X_B 坐标轴沿风轮轴线方向且垂直于翼型弦长方向,Y_B 坐标轴沿翼型弦长方向且由前缘指向后缘,Z_B 坐标轴指向叶片变桨轴且由叶根指向叶尖。

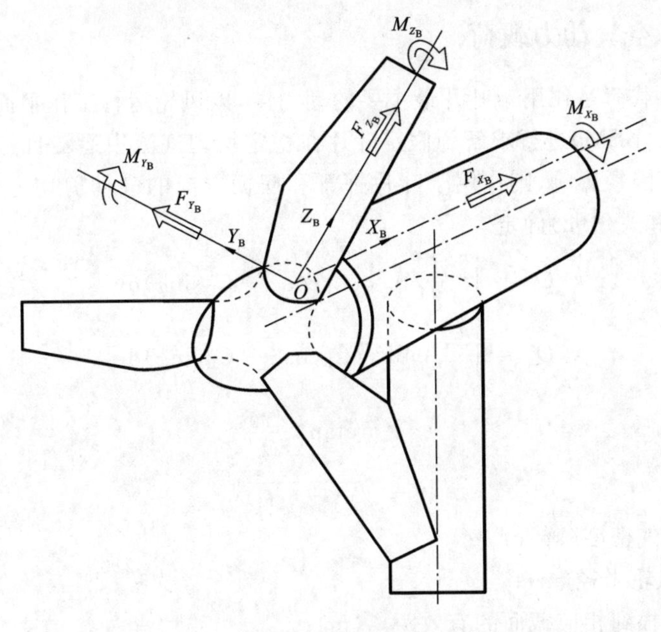

图 4-2　叶片坐标系

4.3　叶片载荷来源

根据风力发电机组运行环境及自身特点，叶片所受载荷主要可分为空气动力载荷、离心力载荷和重力载荷，以及运行载荷和各载荷动态交互作用。风力发电机组叶片在自然风和机械操作作用下所受各类载荷如图 4-3 所示。

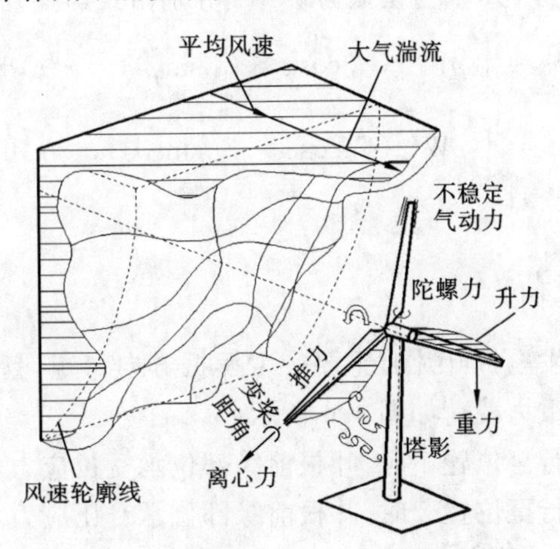

图 4-3　风力发电机组叶片所受载荷

4.3.1 空气动力载荷

空气动力载荷是作用于叶片最主要的动力源，以风轮运行工作平面为参照，依据叶素动量理论（BEM）进行求解。假定叶片在稳定均匀气流中运转且忽略叶片俯仰、偏航及锥角等因素影响，则作用于叶片挥舞和摆振方向的气动剪切力（Q_x 和 Q_y）分别由式（4-1）和式（4-2）确定。

$$Q_x = \int_r^R \frac{1}{2}\rho W^2 c(C_L\cos\varphi + C_D\sin\varphi)\mathrm{d}r \tag{4-1}$$

$$Q_y = \int_r^R \frac{1}{2}\rho W^2 c(C_L\cos\varphi - C_D\sin\varphi)\mathrm{d}r \tag{4-2}$$

$$\varphi = \arctan\left(\frac{V_1}{r\Omega}\right) \tag{4-3}$$

$$W = \sqrt{V_1^2 + (r\Omega)^2} \tag{4-4}$$

式中：ρ——空气密度（$\mathrm{kg/m^3}$）；

R——风轮半径（m）；

r——叶根到相应截面的有效距离（m）；

c——翼型弦长（m）；

W——相对来流风速（m/s）；

V_1——来流风速；

C_L——翼型的升力系数；

C_D——翼型的阻力系数；

φ——来流角；

Ω——风力发电机转速。

叶片根部处挥舞力矩 M_x 与摆振力矩 M_y 分别由式（4-5）和式（4-6）确定。

$$M_x = \int_r^R \rho W^2 c(C_L\cos\varphi + C_D\sin\varphi)(r_0 - r)\mathrm{d}r_0 \tag{4-5}$$

$$M_y = \int_r^R \rho W^2 c(C_L\cos\varphi - C_D\sin\varphi)(r_0 - r)\mathrm{d}r_0 \tag{4-6}$$

式中：r_0——叶片展长。

4.3.2 重力载荷

重力作用于风力发电机叶片时主要产生摆振方向弯矩，且随叶片方位角不同呈现出正弦变化规律。重力载荷如图 4-4 所示。

叶片向下旋转运行至位置 1 时，叶根前缘部位承受拉应力，而其后缘部位承受压应力。当叶片旋转运行至位置 2 时，叶根前缘部位承受压应力，而其后缘部位承受拉应力。因此，重力场对叶片产生呈正弦变化规律的交变载荷作用。

重力产生的剪切力为

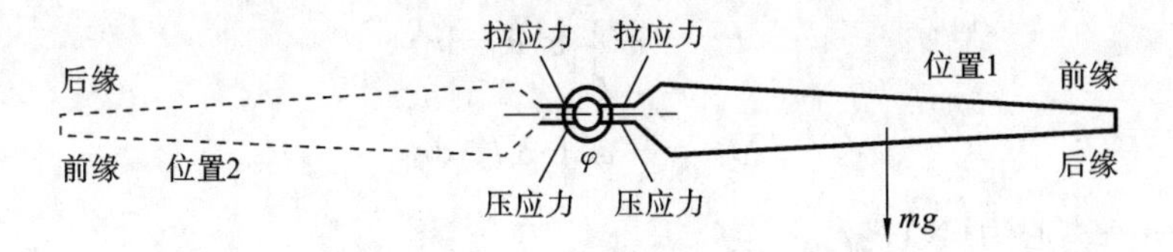

图 4-4　重力载荷

$$Q_{\mathrm{G}} = -\cos\psi \int_{r}^{R} \rho_0 F_0 g \mathrm{d}r \tag{4-7}$$

重力产生的拉(压)应力为

$$T_{\mathrm{G}} = -\sin\psi \int_{r}^{R} \rho_0 F_0 g \mathrm{d}r \tag{4-8}$$

重力产生的挥舞力矩为

$$M_{\mathrm{G}} = -\cos\psi \int_{r}^{R} (r - r_0) \rho_0 F_0 g \mathrm{d}r \tag{4-9}$$

式中：ρ_0——叶素剖面局部密度(kg/m^3)；

F_0——叶素剖面局部面积；

g——重力加速度(m/s^2)；

ψ——风轮方位角。

4.3.3　离心力载荷

离心力是风力发电机叶片在旋转过程中产生的质量力，其方向垂直于旋转轴且指向旋转轴外。离心力载荷沿叶片轴向和周向可分解为轴向分力和周向分力。其中，轴向分力沿叶片展向方向，使叶片受到拉伸力。周向分力沿叶片周向方向，产生离心扭矩，作用于叶片自然扭转方向，使得叶片具有扭向旋转平面的趋势，从而导致叶片攻角减小，而这与作用于叶片的启动扭矩方向恰恰相反。在离心力和气动力共同作用下，叶片受力情况如图 4-5 所示。

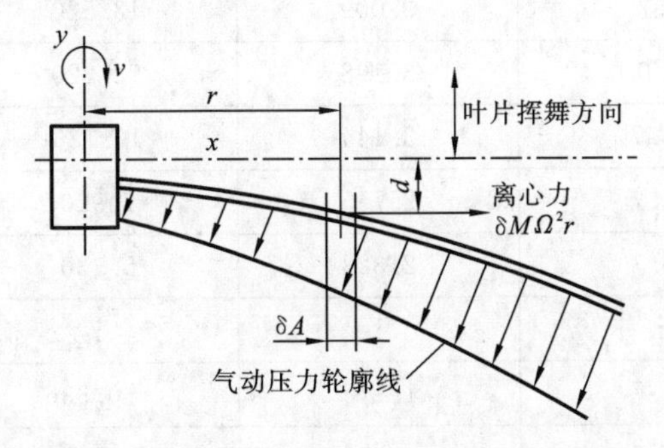

图 4-5　叶轮在转速 v 时离心力和气动力作用示意图

叶片所受离心力和离心扭矩分别由式(4-10)和式(4-11)求解。

$$P_r = \omega^2 \int_r^R \rho_0 F_0 r \mathrm{d}r \tag{4-10}$$

$$M_P = -\omega^2 \int_r^R \rho_i I_{xy} \mathrm{d}r \tag{4-11}$$

式中：P_r——离心力(N)；

M_P——离心力矩(N·m)；

I_{xy}——叶片截面惯性矩(m^4)；

ω——叶轮旋转角速度(rad/s)。

离心力使得叶片挥舞方向弯矩减小，即离心力使得叶片尖部挠度减小。

4.4 叶片几何模型

以某1.5 MW风力发电机40.5 m长的叶片为研究对象，该风力发电机属于上风向、变桨距、三叶片永磁直驱风力发电机，其额定功率为1.5 MW，额定风速为10.4 m/s，额定转速为17.2 r/min，在风速区间3～25 m/s运行。风轮整体直径为83 m，叶片长40.5 m，叶尖最大预弯为1.723 m。有限元数值分析法具有收敛速度快、精度高、兼容性较好等优点，因此本书运用有限元数值分析法对叶片进行载荷建模及计算工作。表4-1是该叶片基本特性参数。

表4-1 叶片基本特性参数

截面号	距叶根距离/m	弦长/m	扭角/(°)	预弯/m
1	0.0	1.900	0.000	0.000
2	1.5	1.900	0.000	0.000
3	4.7	2.233	13.160	0.001
4	7.7	3.009	13.520	0.005
5	9.0	3.198	12.220	0.011
6	10.7	3.144	10.730	0.018
7	13.7	2.755	7.920	0.043
8	16.7	2.328	5.730	0.084
⋮	⋮	⋮	⋮	⋮
25	31.7	1.173	−0.336	0.675
26	37.7	0.878	−1.850	1.166
27	40.0	0.683	−2.360	1.615
28	40.5	0.200	3.060	1.685

叶片弦长沿叶片展向分布情况如图 4-6 所示。

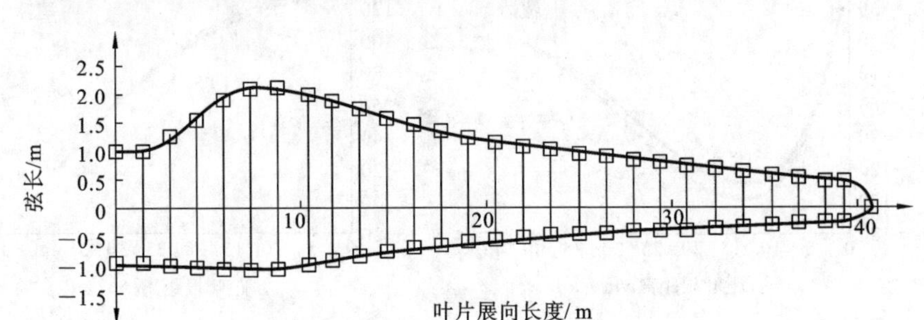

图 4-6　叶片弦长沿叶片展向分布情况

风力发电机组运行稳态工况是风力发电机组设计所追求的最佳运行状态，亦是叶片设计和校核中必不可少的环节，可最大限度地捕获风能。其控制系统部分参数需借助叶片气动性能计算结果进行设定。表 4-2 所示为某风场 1.5 MW 风力发电机组设计基本特性参数，取该叶片适应风场等级为 IECⅢA 类，进而研究复杂风况下叶片运行载荷动态响应。

表 4-2　1.5 MW 风力发电机组设计基本特性参数

参　数	数　值	参　数	数　值
风轮直径/m	83	叶片数/片	3
控制方式	变桨控制	轮毂高度/m	65
额定转速/(r/min)	17.2	叶片安装角/(°)	0
额定功率/kW	1500	额定风速/(m/s)	10.4
风轮位置	上风向	切入风速/(m/s)	3
风轮旋转方向	顺时针	切出风速/(m/s)	25

叶片表面大量覆冰后，整体所受附加载荷与额外振动增大，从而使叶片有效使用寿命缩短。在极端工况条件下，覆冰甚至还会造成风塔整体坍塌或局部破损。我们在固定轮毂坐标系中考虑叶片覆冰与未覆冰两种工况下，稳态工况时额定风速下叶片在挥舞、摆振和扭转三个不同方向所受载荷变化分布规律。图 4-7、图 4-8 和图 4-9 所示分别为挥舞载荷、摆振载荷和扭转载荷沿叶片展向的分布曲线。

由图 4-7、图 4-8 和图 4-9 可知，挥舞、摆振和扭转三个不同方向上，叶根处所受载荷在覆冰前分别为 128.922 kN、33.2283 kN 和 647.018 kN，在覆冰后分别为 132.465 kN、34.7181 kN 和 714.575 kN，覆冰后叶片在挥舞、摆振和扭转三个不同方向所受载荷分别增加了 2.75%、4.48%和 10.44%。覆冰前后挥舞方向叶片所受弯矩最大值分别为 131.263 kN·m 和 145.076 kN·m，均值分别为－68.81 kN·m 和－78.02 kN·m，覆冰导致挥舞弯矩最大值增加 10.52%，挥舞弯矩均值增加13.38%。

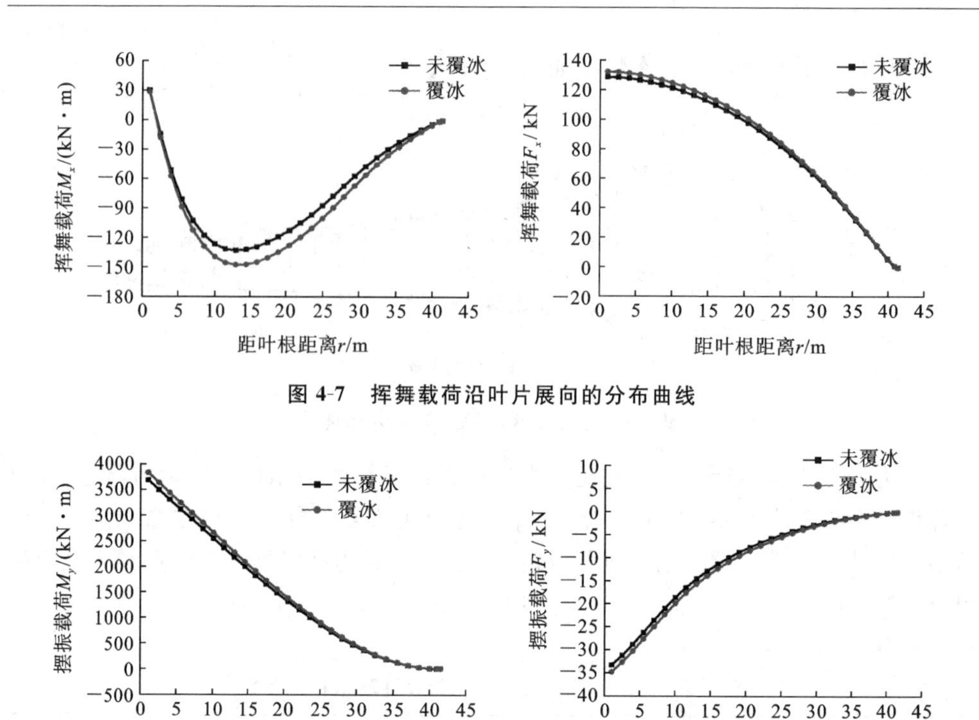

图 4-7　挥舞载荷沿叶片展向的分布曲线

图 4-8　摆振载荷沿叶片展向的分布曲线

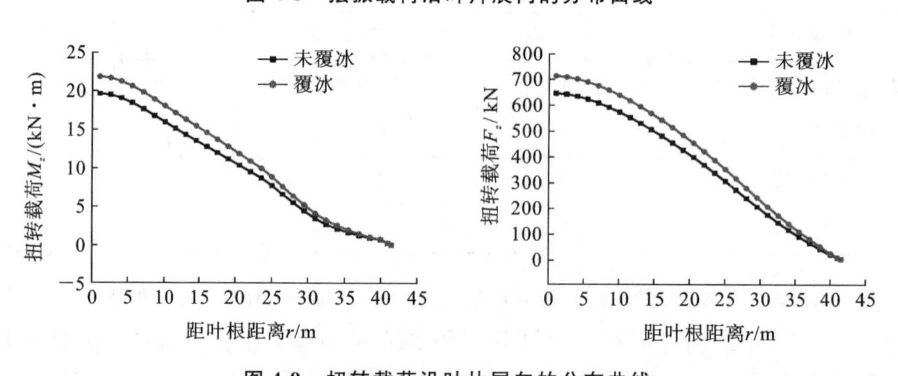

图 4-9　扭转载荷沿叶片展向的分布曲线

叶片表面出现覆冰后，叶片各个截面覆冰厚度不同，使得翼型原有结构形状发生变化，进而导致叶片所受载荷增大，叶片使用寿命缩短。覆冰前后摆振方向叶片所受弯矩最大值分别为 3694.75 kN·m 和 3841.7 kN·m，摆振方向叶片所受弯矩均值分别为 1392.43 kN·m 和 1457.81 kN·m，覆冰导致摆振弯矩最大值增加3.98%，均值增加 4.7%。覆冰前后扭转方向叶片所受弯矩最大值分别为 19.63 kN·m 和 21.8173 kN·m，均值分别为 9.35 kN·m 和 10.61 kN·m，覆冰导致扭转方向弯矩最大值增加 11.14%，均值增加 13.02%。但由于扭转弯矩整体比较小，因此对整机性能影响较小。

风力发电机运行环境对叶片所受载荷有较大影响，本书在考虑风力发电机叶片表面覆冰和未覆冰两种环境条件下，在风力发电机组空转运行时对叶片所受载荷进行动态模拟仿真研究，仿真总时间为 60 s，湍流模型采用 Kaimal 湍流。风力发电机叶片表面覆冰厚度与覆冰长度易受自然环境影响，本书根据叶片覆冰生长和覆冰厚度分布模型，计算分析覆冰前后风力发电机叶片相关参数变化情况，如表 4-3 所示。本书根据叶片几何外形得到覆冰后叶尖翼型最小弦长为 0.68 m。叶片表面覆冰影响叶片固有频率，其中，一阶挥舞频率下降 8.5%，一阶摆振频率下降 7.8%，二阶挥舞频率下降 7.2%，二阶摆振频率下降 7.1%。由此可见，覆冰导致叶片刚度退化，叶片有效使用寿命缩短。

表 4-3　叶片覆冰前后相关参数变化

相关参数		覆冰前	覆冰后
质量 m/kg		5807	6197
一阶矩 M/(kg·m)		89239	98735
一阶模态频率 f/Hz	挥舞	0.649	0.594
	摆振	1.301	1.199
二阶模态频率 f/Hz	挥舞	1.905	1.768
	摆振	2.711	2.518

图 4-10 所示为风力机叶片模型。针对前述 1.5 MW 复合材料风力发电机叶片在覆冰前后空转运行工况，在覆冰与干净环境条件下对叶根、叶中及叶尖三个部位所受载荷进行动态模拟仿真研究，结果如图 4-11 所示。

由图 4-11 可知，覆冰前后叶根、叶中及叶尖在不同方向、不同截面处所受载荷时域响应曲线不同，这一现象表明覆冰对叶片所受载荷有较大影响。通过定量比较分

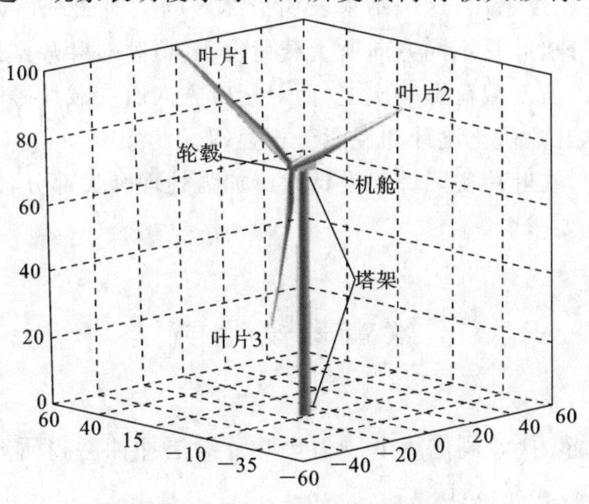

图 4-10　风力发电机叶片模型

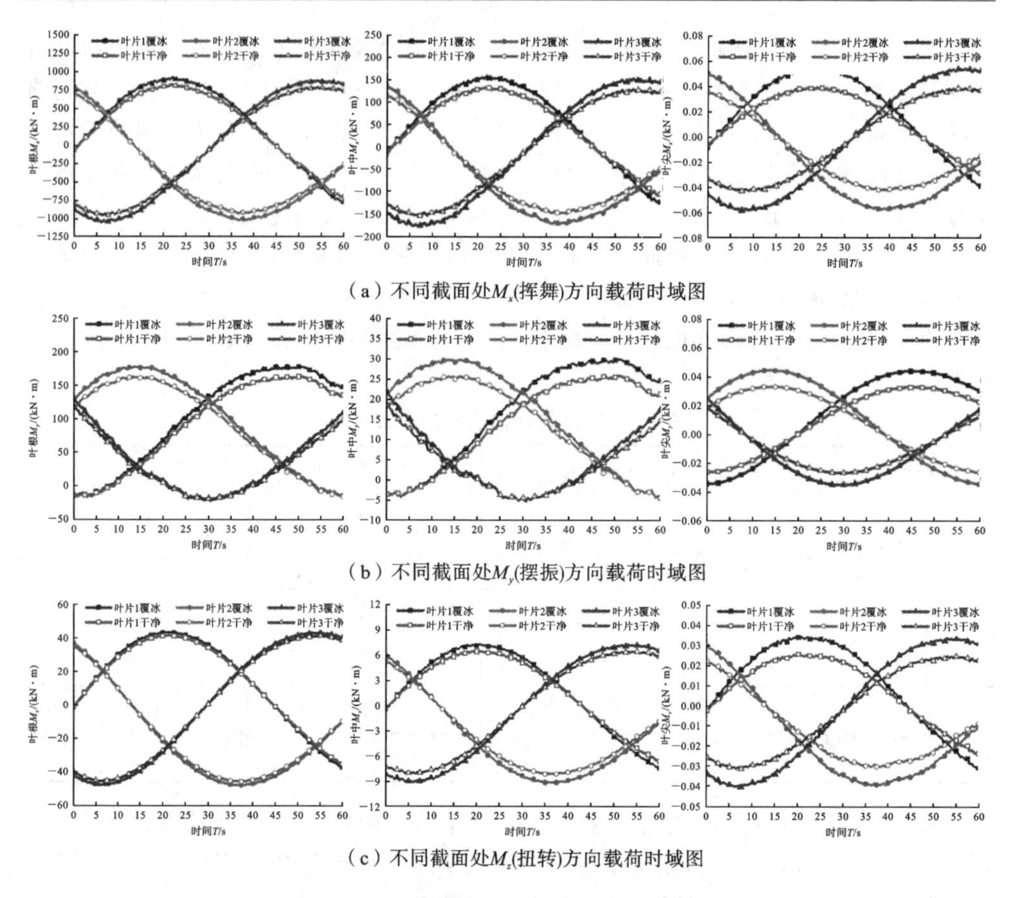

（a）不同截面处M_x(挥舞)方向载荷时域图

（b）不同截面处M_y(摆振)方向载荷时域图

（c）不同截面处M_z(扭转)方向载荷时域图

图 4-11　不同截面处所受载荷时域图

析覆冰前后叶片不同部位处所受载荷情况可得，叶尖处所受载荷变化幅度最大，而叶根处所受载荷变化幅度最小，这一结果表明覆冰对叶尖所受载荷影响程度最大。与此同时，通过对比分析叶片不同方向所受载荷发现，覆冰对叶片摆振方向所受载荷影响最大，对挥舞方向所受载荷影响次之，而对扭转方向所受载荷影响最小。这一分析结果对风力发电机叶片优化设计和性能分析显得尤为重要，可为叶片区域化设计提供科学依据。因此，在叶片实际铺层设计时应加强处理叶尖部分，以保证叶片在极端环境下可满足运行要求。

本章参考文献

[1] 张永，刘召，黄超. 挟沙风作用下风力机叶片涂层冲蚀磨损研究进展[J]. 新能源进展，2015，3(2)：331-334.

[2] 李军向，薛忠民，王继辉，等. 大型风轮叶片设计技术的现状与发展趋势[J]. 玻璃

钢/复合材料,2008,12(1):48-52.
[3] 刘雄,李钢强,陈严,等.水平轴风力机叶片动态响应分析[J].机械工程学报,2010,46(12):128-134.
[4] 宋聚众,赵萍,刘平,等.水平轴风力机载荷工况设计方法研究[J].东方电气评论,2009,23(2):60-63.
[5] 王耀东,何景武,夏盛来.复合材料叶片结构设计中的几个关键问题探讨[J].玻璃钢/复合材料,2012,13(1):34-38.
[6] 徐宇,廖猜猜,荣晓敏.气动、结构、载荷相协调的大型风电叶片自主研发进展[J].应用数学和力学,2013,34(10):1029-1038.
[7] 王建礼,石可重,廖猜猜.风力机叶片耦合振动力学模拟及实验研究[J].工程热物理学报,2013,34(1):67-70.
[8] 陈文朴,李春,叶舟,等.基于气动弹性剪裁风力机叶片结构稳定性分析[J].太阳能学报,2017,38(11):3168-3173.
[9] 刘雄,张宪民,陈严,等.基于 BEDDOES-LEISHMAN 动态失速模型的水平轴风力机动态气动载荷计算方法[J].太阳能学报,2008,29(12):1449-1455.
[10] 胡燕平,戴巨川,刘德顺.大型风力机叶片研究现状与发展趋势[J].机械工程学报,2013,49(20):140-149.

第 5 章　叶片气动外形计算模型

5.1　叶片气动设计理论

风电产业不断升级改造使得全球风电产业迅速发展，叶片大型化态势愈加明显；同时，随着社会环保意识不断提高及风电技术逐渐进步，风电产业将持续高速发展。随着全球风电市场向低风速与海上风电开发不断转型，叶片逐渐朝大型化、轻量化、智能化方向发展，为提高叶片性能，故而对风力发电机叶片生产制造技术水平提出高要求。在保证叶片刚度和强度恒定的前提下，为降低叶片生产成本和提高其使用可靠性，复合材料便成为制造大型风力机叶片的最佳材料。优良的叶片性能是风力发电机组有效获取风能的重要保障。风力发电机组运行过程中风能捕获效率涉及复杂气动性能问题，叶片气动设计直接决定风力发电机组获取风能的能力，探究气动弹性对风轮性能、载荷分布与结构设计的影响规律成为重要课题。风力发电机叶片空气动力学已被国内外众多学者广泛关注和研究。

5.1.1　贝茨理论

贝茨在 1919 年首次建立风力发电机叶片接受风能计算完整理论。该理论建模时计入若干假设条件简化单元流管，用以表征气流与风轮之间的相互作用关系。贝茨理论建立的假定条件如下：风轮为一圆盘，忽略其摩擦力，轴向力沿圆盘呈均匀分布，风轮叶片无限多；气流不可压缩且保持水平均匀定常流，风轮尾流为不旋转状态；风轮前后及远方气流静压值相等。这种假设情况下风轮被称为理想风轮。叶片表面气流模型如图 5-1 所示。

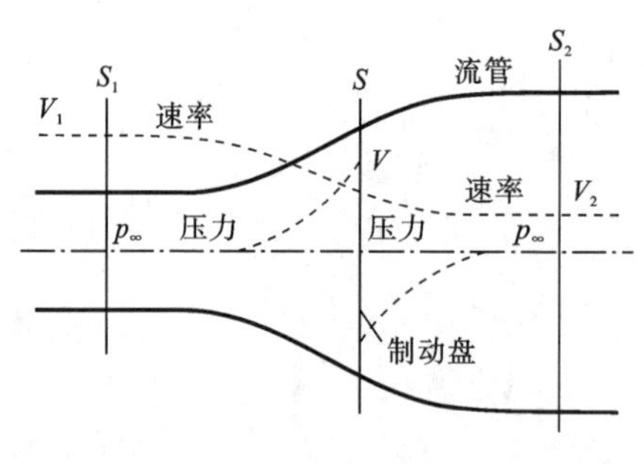

图 5-1　叶片表面气流模型

针对图 5-1 所示模型，假设空气不可压缩，则根据流量守恒原理，可得

$$S_1V_1 = SV = S_2V_2 \tag{5-1}$$

式中：V_1——较远处上游风速；

V——通过风轮时实际风速；

V_2——较远处下游风速；

S_1——风轮气流上游截面面积；

S_2——风轮气流下游截面面积。

由于风轮获取的机械能小于空气动能，因此有 $V_2 < V_1, S_2 > S_1$。

作用在风轮上的风力 F 依据欧拉(Euler)定理可得

$$F = \rho SV(V_1 - V_2) \tag{5-2}$$

设风轮上游和下游静压力为 p_∞，风轮前后静压力分别为 p_1 和 p_2。风轮上的力为风轮前后静压力变化与风轮面积的乘积，即

$$F = S(p_1 - p_2) \tag{5-3}$$

风轮所吸收功率为

$$P = FV = \rho SV^2(V_1 - V_2) \tag{5-4}$$

利用伯努利方程，风轮前后气流状态可写成式(5-5)和式(5-6)所示形式：

$$p_1 + \frac{\rho V^2}{2} = p_\infty + \frac{\rho V_1^2}{2} \tag{5-5}$$

$$p_2 + \frac{\rho V^2}{2} = p_\infty + \frac{\rho V_2^2}{2} \tag{5-6}$$

将式(5-5)与式(5-6)联立，解得

$$p_1 - p_2 = \frac{1}{2}\rho(V_1^2 - V_2^2) \tag{5-7}$$

自然气流经风轮后动能减小，全部被风轮转换为机械能，则

$$F = \frac{1}{2}\rho S(V_1^2 - V_2^2) \tag{5-8}$$

由 $F = \rho SV(V_1 - V_2) = \frac{1}{2}\rho S(V_1^2 - V_2^2)$ 得

$$V = \frac{V_1 + V_2}{2} \tag{5-9}$$

即风轮平面内速度 V 为风速 V_1 与尾流最终速度 V_2 之间的算术平均值。

风轮上输出功率可由式(5-10)得到：

$$P = \frac{1}{4}\rho S(V_1^2 - V_2^2)(V_1 + V_2) \tag{5-10}$$

由于风轮气流速度 V_1 是给定值，功率 P 可视为 V_2 的函数。对式(5-10)进行微分后可得

$$\frac{\mathrm{d}P}{\mathrm{d}V_2} = \frac{1}{4}\rho S(V_1^2 - 2V_1V_2 - 3V_2^2) \tag{5-11}$$

令 $\frac{\mathrm{d}P}{\mathrm{d}V_2} = 0$，则有两个解：$V_2 = -V_1$，此为没有物理意义的解，直接舍弃；$V_2 = \frac{V_1}{3}$，对应最大功率。把 $V_2 = \frac{V_1}{3}$ 代入式(5-10)，通过式(5-11)可求解风轮产生的最大功

率 $P_{\max}$：

$$P_{\max}=\frac{8}{27}\rho SV_1^3=\frac{16}{27}\times\frac{1}{2}\rho SV_1^3 \tag{5-12}$$

风能利用系数定义为

$$C_P=\frac{P}{\frac{1}{2}\rho SV_1^3} \tag{5-13}$$

最大风能利用系数为

$$C_{P_{\max}}=\frac{P_{\max}}{\frac{1}{2}\rho SV_1^3}=\frac{\frac{16}{27}\times\frac{1}{2}\rho SV_1^3}{\frac{1}{2}\rho SV_1^3}\approx 0.593 \tag{5-14}$$

式(5-14)即为风能利用系数所能达到的最大值，称为贝茨极限。贝茨极限表明，即使处于理想状态，风轮对风能的利用率也仅有59.3%。这是因为风能尾流旋转消耗部分能量，用以平衡旋转流动时离心力所引起的压力梯度造成的静压损失。

5.1.2 动量理论

动量理论主要描述风力发电机组理想输出功率、效率及流速之间的关系。动量模型建立前提是假设风轮为一个可穿透轮盘，不计轮盘上的摩擦力，且尾流轨迹中忽略旋转分量。风轮扫掠面积如图5-2所示。

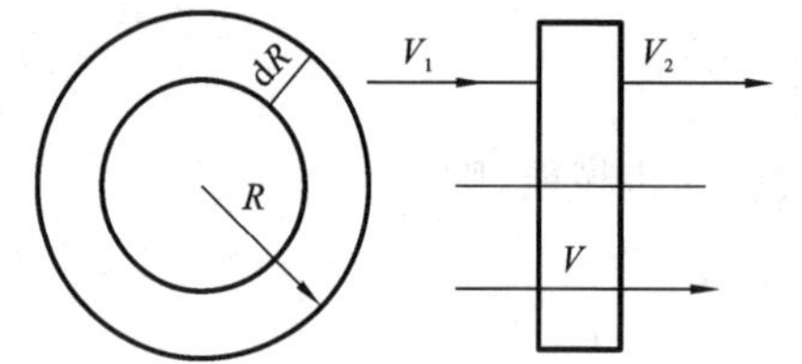

图5-2 风轮扫掠面积示意图

风轮平面 dR 圆环上风轮轴向推力可表示为

$$\begin{aligned}\mathrm{d}T&=m(V_1-V_2)=\rho V\mathrm{d}A(V_1-V_2)\\&=4\pi\rho RV_1^2(1-a)a\mathrm{d}R\end{aligned} \tag{5-15}$$

式中：m——单位时间内通过风轮盘圆环 dR 上的流体质量；

dA——风轮盘圆环 dR 的扫掠面积；

V——通过风轮的气流速度；

V_1、V_2——通过风轮前、后的气流速度；

ρ——流体密度；

R——风轮圆环平面半径。

叶片长度方向 dR 微元上扭矩 dM 为

$$\mathrm{d}M=mr^2\omega=4\pi\rho r^3V_1(1-a)b\mathrm{d}R \tag{5-16}$$

式中：a——圆环轴向诱导因子；

b——圆环周向诱导因子。

将式(5-15)与式(5-16)联立解得

$$\frac{a}{1-a}=\frac{NCC_\mathrm{n}}{8\pi R\sin^2\varphi} \tag{5-17}$$

$$\frac{b}{1+b}=\frac{NCC_t}{8\pi R\sin^2\varphi} \tag{5-18}$$

式中：N——叶片数；

C_t——风轮推力系数；

C_n——风能利用系数；

φ——相对气流速度与风轮旋转面间的夹角；

C——叶片弦长。

忽略叶型阻力，则

$$\begin{aligned} C_n &\approx C_L\cos\varphi \\ C_t &\approx C_L\sin\varphi \end{aligned} \tag{5-19}$$

式中：C_L——升力系数。

$$\tan\varphi=\frac{1-a}{\lambda(1+b)} \tag{5-20}$$

式中：$\lambda=\frac{\Omega r}{V_1}$——叶片展长 r 处速度比。

基于式(5-17)、式(5-18)及式(5-19)，推导叶片能量方程：

$$b(1+b)\lambda^2=a(1-a) \tag{5-21}$$

动量理论描述的是作用在风轮上的力与来流速度之间的关系，主要用于阐述风轮转换机械能及其效率转化问题。

5.1.3　叶素理论

叶素理论基本出发点是将风力发电机组叶片沿展向分成诸多微段，这些微段称为叶素，作用在每个叶素合成流速与叶片平面之间的夹角，称为攻角。假设每个叶素上作用的气流之间不存在干扰及作用于每个叶素上的力仅由叶素上翼型升阻特性决定，即叶素视为二维翼型，然后将作用于每个微段上的力与力矩沿展向积分。假定桨距角为 θ，来流角为 Φ，攻角为 α，风轮迎面来风风速为 U，风轮旋转角速度为 Ω，叶素上的法向力与切向力分别为 F_1 与 F_2，风速为 U_1。作用在叶素上的力和气流速度分解示意图如图5-3所示。

作用在无穷小翼型截面上的升力、阻力分别为

$$dL=\frac{1}{2}\rho W^2 cC_L dr(升力元) \tag{5-22}$$

$$dD=\frac{1}{2}\rho W^2 cC_D dr(阻力元) \tag{5-23}$$

式中：L——升力；

D——阻力；

c——翼型弦长；

dr——叶素截面厚度；

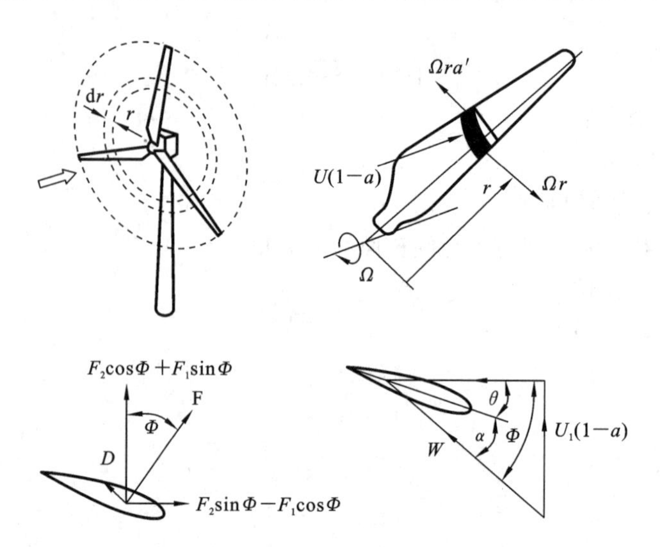

图 5-3 作用在叶素上的力和气流速度分解示意图

C_L——升力系数；

C_D——阻力系数。

叶素处合成入流速度 W 可表示为

$$W=\frac{V}{\sin\varphi} \tag{5-24}$$

式中：V——来流速度。

叶素处来流角 Φ 与攻角 α 分别表示为

$$\Phi=\arctan\frac{(1-a)}{(1+b)}\frac{V_1}{\Omega r} \tag{5-25}$$

$$\alpha=\Phi-\theta \tag{5-26}$$

式中：θ——叶片叶素处几何扭角。

叶素处合成入流速度 W 引起作用在长度 $\mathrm{d}r$ 叶素上的轴向力 $\mathrm{d}F_x$ 和切向力 $\mathrm{d}F_y$ 分别表示为

$$\begin{cases}\mathrm{d}F_x=\mathrm{d}L\cos\Phi+\mathrm{d}D\sin\Phi=\dfrac{1}{2}\rho W^2 cC_n\mathrm{d}r\\ \mathrm{d}F_y=\mathrm{d}L\sin\Phi-\mathrm{d}D\cos\Phi=\dfrac{1}{2}\rho W^2 cC_t\mathrm{d}r\end{cases} \tag{5-27}$$

式中：C_n——轴向力系数；

C_t——周向力系数。

由图 5-3 所示几何关系有

$$\begin{cases}C_n=C_L\cos\Phi+C_D\sin\Phi\\ C_t=C_L\sin\Phi-C_D\cos\Phi\end{cases} \tag{5-28}$$

此时，风轮平面 $\mathrm{d}r$ 圆环截面处轴向推力为

$$dT = NdF_x = \frac{1}{2}\rho W^2 NcC_n dr \tag{5-29}$$

作用在风轮平面 dr 圆环处转矩为

$$dM = NdF_y r = \frac{1}{2}\rho W^2 NcC_t r dr \tag{5-30}$$

式中:N——叶片数。

叶素理论将外界气流经风力发电机组的三维流动简化为互不干涉的二维翼型上的二维流动,并忽略翼型叶素间气流相互干扰作用。

5.1.4 叶素动量理论

叶素动量理论将叶素理论和动量理论联合,依据推力及转矩之间的关联表达式得到风轮轴向和周向推力与转矩变化关系,进而获取叶片弦长和扭角分布规律。由于叶素动量理论并未考虑实际工况下风轮的轮毂及叶尖损失,当轮毂损失和叶尖损失随风轮直径变化而增大时,其对叶片气动性能影响更加明显,因此轮毂损失不能忽略。在此求解风轮旋转面中轴向诱导因子 a 和周向诱导因子 b。

风轮轴向推力和力矩可由式(5-31)、式(5-32)表示:

$$dT = 4\pi\rho r V_1^2 (1-a) a dR = \frac{1}{2}\rho W^2 NcC_n dr \tag{5-31}$$

$$dM = 4\pi\rho r^3 V_1 \Omega (1-a) b dR = \frac{1}{2}\rho W^2 NcC_t r dr \tag{5-32}$$

整理后得到

$$a = \frac{1}{\dfrac{4\sin^2\varphi}{\sigma C_n} + 1} \tag{5-33}$$

同理,根据式(5-20)与式(5-21),整理后得

$$b = \frac{1}{\dfrac{4\sin\varphi\cos\varphi}{\sigma C_t} - 1} \tag{5-34}$$

$$\sigma = \frac{Nc(r)}{2\pi r} \tag{5-35}$$

式中:σ——实度,其值为叶片展开曲面面积除以叶轮扫掠面积;

N——叶片数;

$c(r)$——局部弦长;

r——控制体积径向位置。

通过迭代方法,由式(5-33)和式(5-34)可求解风轮轴向诱导因子 a 和周向诱导因子 b,进而获取叶片所受的作用力和力矩。

5.1.5 涡流理论

当风轮旋转时,通过每个有限长度叶片叶尖的气流迹线为一螺旋线。为确定速

度场，可将各叶片的作用以一边界涡代替，对于空间某一给定点，其风速是非扰动风速与涡流系统产生的风速之和，由涡流引起的风速可视为由中心涡、每个叶片的边界涡、每个叶片尖部形成的螺旋涡 3 个涡流系统叠加而产生的。

由于涡系的存在，流场中轴向和周向的速度发生变化，引入诱导因子（轴向诱导因子 a 和周向诱导因子 b），由涡流理论可知：在风轮旋转平面处气流的轴向速度为

$$V=V_1(1-a) \tag{5-36}$$

在风轮旋转平面内气流相对于叶片的角速度满足

$$\Omega+\frac{\omega}{2}=(1+b)\Omega \tag{5-37}$$

式中：Ω——气流的旋转角速度（rad/s）；

ω——风轮的旋转角速度（rad/s）。

因此在风轮半径 r 处的周向速度为

$$U=(1+b)\Omega r \tag{5-38}$$

叶片弦长、安装角、攻角以及入流角的关系是叶片气动外形和风轮气动性能分析的基础。采用涡流理论可以求解风力发电机组的载荷分布情况，对叶片气动和结构可靠性的提高有很大作用。

5.1.6 塔影效果

筒形塔架比桁架式塔架塔影效果更严重。气流在塔架处分离，造成速度损失，下风向风力发电机组速度损失尤其严重。采用位流理论模拟筒形塔架气流效果，得到气流流速表达式：

$$U=U_{\infty}\left(1-\frac{(D/2)(x^2-y^2)}{(x^2-y^2)^2}\right) \tag{5-39}$$

式中：D——塔架直径；

x——轴向相对于塔架中心的坐标；

y——侧向相对于塔架中心的坐标。

括号中的第二项为气流流速减少量，把塔影效果引起的流速减少量转化到风速诱导因子中去，即 $U_{\infty}(1-a)$，然后应用叶素动量理论求解。

5.2 叶片翼型参数及分析

叶片是风力发电机捕获风能的关键部件，叶片翼型的性能直接影响着风能转换效率。传统叶片翼型多采用航空翼型。风力发电机运行工况非常复杂，对翼型有特殊要求，传统的航空翼型越来越不能满足相关要求，叶片的前缘容易有沾污而使表面粗糙度增大，导致航空翼型的气动性能下降，从而降低风力发电机整体的气

动性能。以失速型水平轴风力发电机为例，叶片的前缘粗糙度增大后，年能量损失增加 20%～30%；变桨型风力发电机受前缘粗糙度的影响而产生的年能量损失为 10%～15%；变速型风力发电机受前缘粗糙度影响较小。为了减少能量损失，现代风力发电机逐渐放弃传统的航空翼型，采用专门为风力发电机设计的，更能满足风力发电机需求的专用新翼型。

5.2.1　翼型几何参数

叶片翼型几何参数可通过图 5-4 描述，相对风向角采用图 5-5 描述。

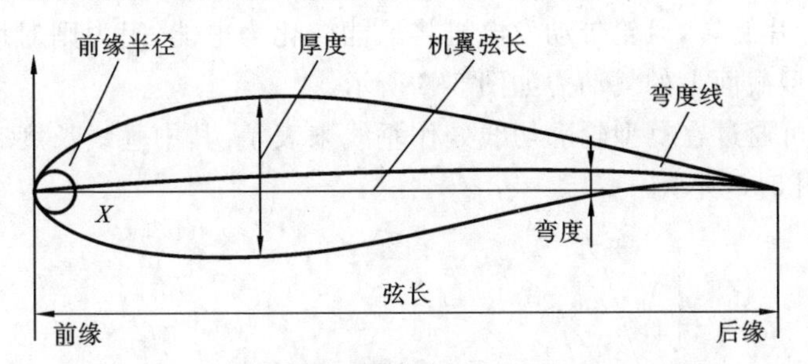

图 5-4　翼型几何参数

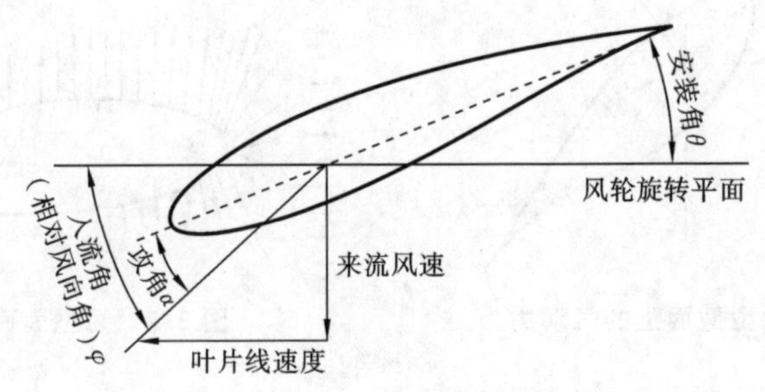

图 5-5　相对风向角

中弧线：叶片翼型周线内切圆圆心之间的连线称为中弧线。垂直于弦线，用于度量上、下表面之间距离的中点连线亦称为中弧线。

前缘：翼型中弧线第一个点称为前缘。

后缘：翼型中弧线最后一个点称为后缘。

厚度：垂直于弦线，上、下表面间的距离称为翼型厚度。最大厚度与弦长之比称为最大相对厚度。

弯度：中弧线上的点到弦线的最大垂直长度称为最大弯度，简称弯度。弯度与弦长的比值为相对弯度。

安装角 θ：风轮旋转平面与弦线之间的夹角称为安装角，又称扭转角、桨距角。

攻角 α：弦线与来流风速矢量所成角度称为攻角，也称为迎角。

入流角 φ：风轮旋转平面与相对风速所构成的夹角称为入流角，又称相对风向角。

相对风速:来流风速与每个翼型叶素线速度的合成速度称为相对风速。

5.2.2 翼型气动参数

翼型空气动力学特性参数主要包括升力系数、俯仰力矩系数及阻力系数等。叶片运行过程中受气动力,叶片所有剖面翼型上升力的合力和阻力的合力就构成整个叶片的升力和阻力,风轮受到升力推动作用而旋转。翼型上下表面均有气流经过,气流速度差异产生压力,这一压力可分解为平行于来流方向的阻力及垂直于来流方向的升力两个分量。将二维翼型替换为三维叶片即可得到整个叶片的受力情况。显然,升力推动叶片旋转,风轮带动发电机将风能转化为电能;阻力则对风能有耗散作用。作用在翼型截面上的气动力如图 5-6 所示。

气动压力可通过在翼型轮廓切线处作垂线来表示,其中垂线长度表征翼型所受压力大小,如图 5-7 所示。

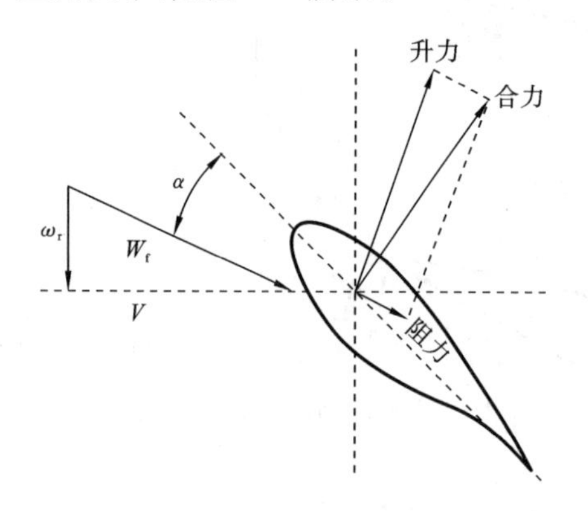

图 5-6 作用在翼型截面上的气动力

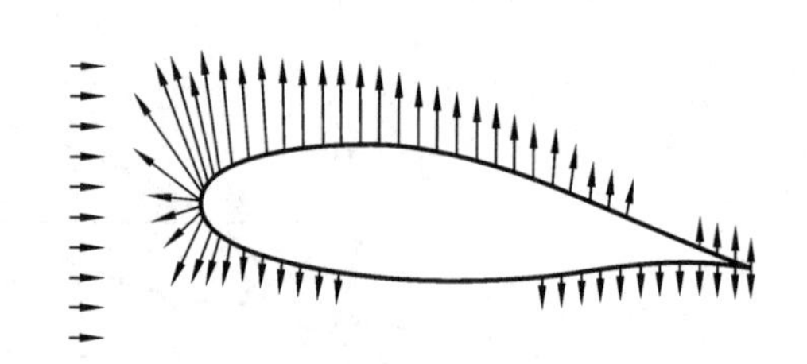

图 5-7 翼型表面压力分布

5.2.3 作用于运动叶片上的力

空气动力计算是整个风力发电机的设计基础,假定叶片处于静止状态,空气以相同的相对速度吹向叶片时,作用在叶片上的气动力大小不改变。空气动力只取决于相对速度和攻角的大小。为了便于研究,均假定叶片静止处于均匀来流速度中。此时,作用在翼型表面上的空气压力呈均匀分布,上表面压力减小,下表面压力增大。按照伯努利理论,叶片上表面的气流速度较高,下表面气流速度较低。因此,围绕叶片的流动视为由两个不同的流动组合而成(见图 5-8):一个是将翼型置于均匀流场中时围绕叶片的零升力流动;另一个是空气环绕叶片表面的流动。

为了表示压力沿表面的变化,可作叶片翼型表面的垂线,用垂线的长度 K_p 表示各部分压力的大小。

$$K_p = \frac{P - P_0}{\frac{1}{2}\rho V_2} \tag{5-40}$$

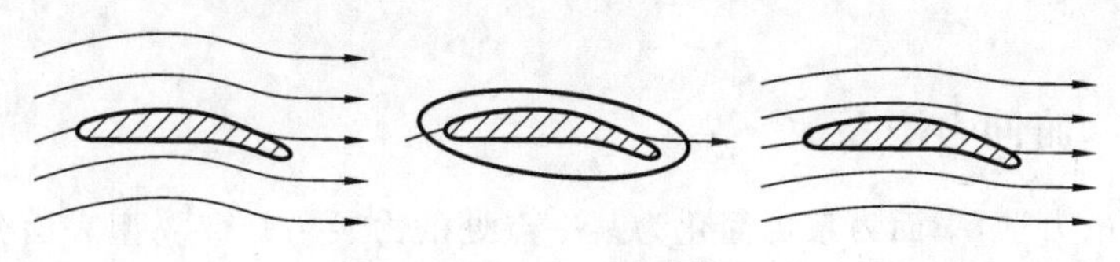

图 5-8　气流绕叶片的流动

式中：P——叶片表面上的静压；

ρ、P_0、V_2——无限远处的来流密度、压力、速度（即远离翼型截面未受干扰的气流状况）。

5.2.4　升力系数与阻力系数

为了深入探究叶片空气动力学特性，引入升力系数 C_L 和阻力系数 C_D，这两个系数是计算气动载荷的重要依据。升力系数 C_L 随攻角变化的曲线用来描述翼型升力特征。翼型升力系数、阻力系数分别定义为

$$C_L=\frac{L}{\frac{1}{2}\rho V_{\infty}^2 c} \tag{5-41}$$

$$C_D=\frac{D}{\frac{1}{2}\rho V_{\infty}^2 c} \tag{5-42}$$

式中：L——翼型升力；

ρ——来流密度；

V_{∞}——无穷远处来流速度；

c——翼型弦长。

在与来流垂直方向上，合力主要表现为翼型升力。翼型阻力可分为摩擦阻力及压差阻力，在附着流区域，翼型阻力主要为摩擦阻力，阻力系数与攻角成正比；当气流与叶片翼型发生分离，翼型阻力主要为压差阻力，阻力系数与攻角成反比关系。

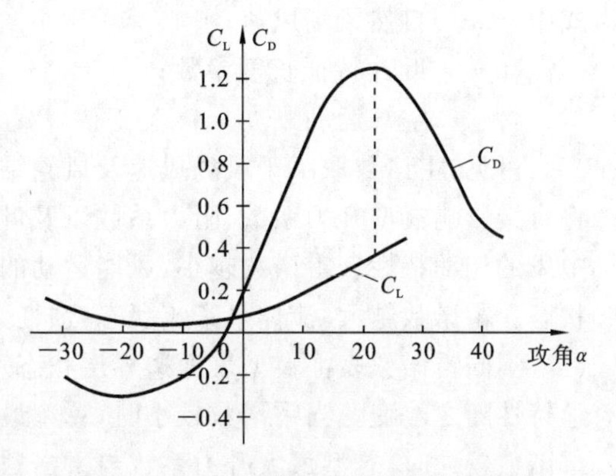

图 5-9　C_L、C_D 随攻角 α 的变化曲线

升力随攻角 α 的增大而增大，阻力随攻角 α 的增大而减小。当攻角增大到某一临界值时，升力突然减小而阻力急剧增大，此时风轮叶片突然丧失支承力，这种现象称为失速。图 5-9 所示是升力系数 C_L 和阻力系数 C_D 随攻角 α 的变化曲线。

由图 5-9 可知，攻角为负时，升力系数随攻角的增大而减小，达到最小值 C_{min}；阻力系数随攻角的减小先减小，不同翼型的叶片都有对应的一个最小值，而后随攻角的

增大而增大。

5.2.5 俯仰力矩系数

根据理论力学,平面力系可简化为某一点处的力及力矩。翼型表面分布压力简化为单个力与力矩,该力矩即为俯仰力矩,其作用点为翼型气动中心。翼型俯仰力矩系数定义为

$$C_M=\frac{M}{\frac{1}{2}\rho V_{\infty}^2 cC^2} \tag{5-43}$$

式中:M——力矩;

ρ——空气密度;

V_{∞}——无穷远处来流速度;

c——翼型平均气动弦长。

由式(5-43)可知,不论攻角如何变化,将力系简化到同一点,其俯仰力矩不随之变化。当叶片攻角增大,升力随之增大,此时,叶片压力中心前移,压力中心与气动中心之间的距离减小,这意味着叶片力臂减小,对应俯仰力矩保持不变。然后对翼型实际气动中心取矩,翼型俯仰力矩参考中心为距前缘 1/4 弦长处,且位于弦线处,翼型失速前,其俯仰力矩系数随攻角的变化曲线基本保持为直线。

5.2.6 雷诺数

雷诺数(Re)表征有关流体惯性力与黏性力的相对大小。其表达式为

$$Re=\frac{vd}{\gamma} \tag{5-44}$$

式中:v——自然风场风速;

d——叶片特征长度参数;

γ——空气运动黏度。

可见,雷诺数取决于风场风速及风轮结构参数。当风速一定时,翼型表面边界层将直接影响翼型升力系数、阻力系数以及叶片空气动力学特性。雷诺数可描述风场中风的流动特性。雷诺数越小,风能运动的各个质点间黏性力越大,并伴随层流流动状态。雷诺数越大,流体呈紊流状态,惯性力将占主导地位。

不同雷诺数表征翼型表面边界层状态不同,由此引起流动层分离,翼型空气动力学特性随之改变。当雷诺数较小时,翼型最大升力系数与雷诺数存在非线性关系;当雷诺数较大时,翼型最大升力系数与雷诺数成正比;随着雷诺数增大,翼型最小阻力系数减小。

雷诺数的大小影响翼型边界层状态,影响流动分离,从而改变翼型的空气动力特性,尤其是对翼型最大升力系数影响较为明显。当雷诺数较小时,由于前缘分离气泡的存在、发展和破裂对雷诺数非常敏感,因此,最大升力系数随雷诺数的变化规律具

有不确定性；当雷诺数较大时，翼型失速的攻角则随雷诺数增大而增大，因此，翼型最大升力系数也相应增大；当雷诺数大于 6.0×10^{6} 时，翼型失速攻角和最大升力系数随雷诺数的变化趋于平缓。雷诺数对翼型最大升力系数、翼型最小阻力系数都有影响。雷诺数对翼型空气动力特性的影响与翼型几何特性、表面粗糙度和来流湍流度等有关。在小攻角范围内，翼型阻力主要取决于摩擦阻力，其大小与转捩点位置有关。雷诺数增大，使翼型推迟层流分离，摩擦阻力减小。

5.2.7　翼型表面粗糙度

风力发电机叶片由于受沙尘、油污和雨滴等的侵蚀，叶片表面，特别是前缘会变得粗糙。翼型表面粗糙度对翼型的空气动力学特性有重要的影响。表面粗糙度使边界层转变位置前移，边界层厚度增加，翼型的弯度减小，从而减小翼型的最大升力系数；表面粗糙度可以使层流边界层转变成湍流边界层，使摩擦阻力增大。在实际的理论计算和试验中，为了模拟翼型表面粗糙度，在翼型上、下表面选取固定位置迫使层流转变。上翼面位置选择距前缘的5%处，下翼面则选择距前缘10%处。

翼型前缘的污染容易引起风轮的多重失速，使得风轮的额定输出功率和最大输出功率有减小趋势。实际功率损失大小主要取决于风轮叶片的设计参数、翼型沿展向的分布以及风轮的最佳叶尖速比等。在叶尖速比为8的时候，叶片中间段（$0.42<r/R<0.57$）和叶片近端（$0.2<r/R<0.42$）处，翼型的前缘污染引起的整个风轮的功率损失达8%。

5.2.8　马赫数

流体运动速度 v 与介质中声速 c 的比值称为马赫数，用 Ma 表示，则

$$Ma=\frac{v}{c} \tag{5-45}$$

由于风力发电机是在空气中运动的，因此风力发电机马赫数的大小取决于风速与空气中声速的比值。在环境温度不变、声速不变时，风速越大，马赫数越大；而当风速不变，环境温度或声速改变时，马赫数也随之发生变化。风力发电机实际运行工况下，翼型周围气流的马赫数一般小于0.3，在该马赫数范围内，空气流可视为不可压缩流而进行近似计算。

5.2.9　叶片翼型选择及其坐标分布

叶片专用翼型起源于传统航空翼型，主要有美国国家可再生能源实验室（NREL）研发的 NRELS 系列、丹麦 RISΦ 系列、荷兰 DU 系列和瑞典 FFA-W 系列等。美国国家可再生能源实验室针对翼型失速、变桨距及变速不同形式及复合材料叶片性能要求，研发了35种 S 系列翼型。该系列翼型具有升力系数大、升阻比大及粗糙度低、敏感特性好等优点。

为提高叶片捕风能力，须控制风轮末端负荷，保证叶片叶尖阻力系数最小、最大升力系数较大，因此选用薄翼型；叶片中间位置是风轮利用风能的主要贡献区域，选择中等厚度翼型，此种翼型由于有最大的升阻比，因此能保证有较大的风能利用系数，可满足叶片结构设计空间要求。在叶根处侧重考虑其结构铺层因素，选取厚翼型，保证结构强度要求，并能提供一定升阻比以利用来流风速。本书在叶片主要功率产生区选S系列翼型族，综合考虑风轮气动性能及结构强度，在叶尖处考虑采用不同翼型时叶片成形及光滑过渡问题。

叶片长度为40.5 m，其展长方向由不同翼型组成，结合叶片展向布置和设计要求，叶片根部靠近轮毂处采用直径为2.3 m的圆柱翼型。设计选用S809-32、S808-25、S825-24、S825-21四种翼型，翼型种类及其分布如表5-1所示。

表5-1　翼型种类及其分布

翼　　型	展　　位
cylinder	0.00
S809-32	0.25R
S808-25	0.50R
S825-24	0.75R
S825-21	0.95R

5.2.10　叶片翼型外形数据的获取

本书主要从某数据库获取翼型外形数据。具体步骤：打开其翼型管理（airfoils management）模块生成新翼型选项（generate new airfoil），在下拉列表中选择S系列series 6，输入翼型代码S808、S809、S825，点击“ok”，即生成所需翼型。本书所选四种翼型的二维坐标几何图形如图5-10所示。

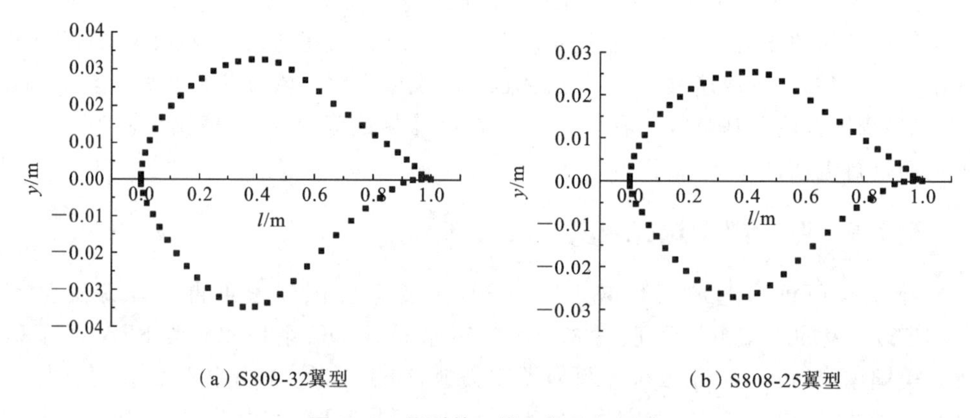

图5-10　翼型的二维坐标几何图形

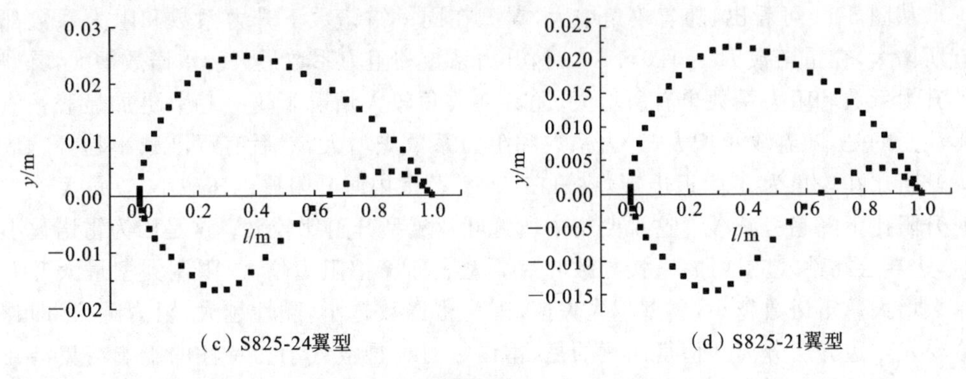

(c) S825-24翼型　　(d) S825-21翼型

续图 5-10

5.2.11　叶片翼型气动数据的获取

叶片翼型的绕流属于外部流动,实际流场区域非常大,需考虑远场流动对翼型绕流流场的影响,采用翼型气动计算软件获取翼型相关气动特性数据。该数据主要包括叶片截面翼型升阻力系数、最佳升阻比对应攻角、目标翼型在确定雷诺数下的阻力系数和升力系数曲线,据此可计算不同雷诺数下翼型升力系数 C_L 与阻力系数 C_D。

5.2.12　叶片主要功率产生区翼型 S825-24 气动特性分析

1. 不同雷诺数下翼型 S825-24 的气动特性

不同雷诺数下翼型气动性能表现不同,并且不同风速和攻角直接影响翼型的气动性能。本书对叶片主要功率产生区对应翼型进行详细的气动特性分析,并对不同雷诺数对翼型 S825-24 气动特性的影响进行对比。不同雷诺数下翼型 S825-24 升力系数、阻力系数及其比值随攻角的变化情况如图 5-11 所示。

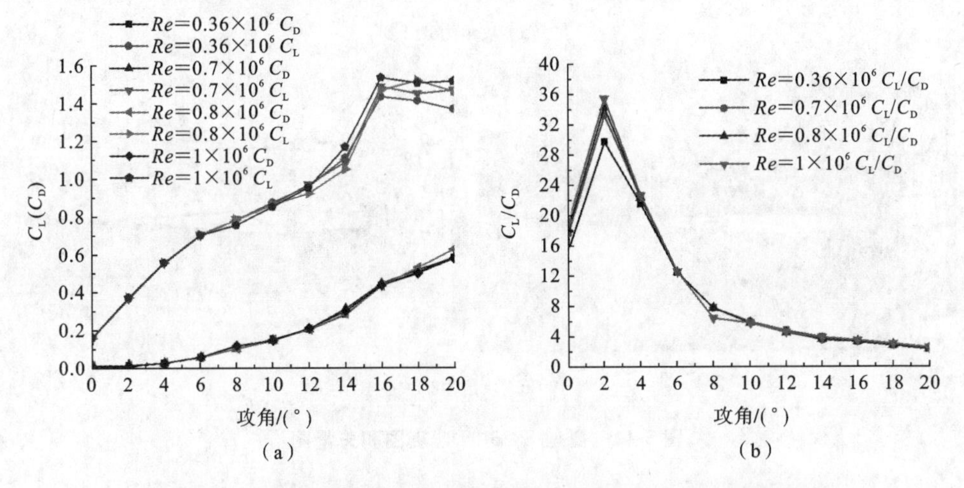

图 5-11　不同雷诺数下升力系数、阻力系数及其比值随攻角的变化

从图 5-11 可看出，随着攻角增大，翼型在同一雷诺数下升力系数和阻力系数都有所增大，在雷诺数 $Re=1.0\times10^{6}$ 时，升力系数和阻力系数最大。雷诺数增大，翼型的升力系数和阻力系数也有所增大，尤其在攻角较大情况下这一趋势更加显著。值得注意的是，随着攻角增大，升力系数和阻力系数先增大，然后有逐渐减小趋势。最大升阻比在攻角为 2°附近出现，攻角在 2～8°范围内时升阻比迅速减小，攻角大于 8°时升阻比下降趋势减缓。这说明本书所选叶片翼型升阻比较大。这是因为雷诺数小时，边界层黏性效应增加，直接导致叶片翼型表面摩擦阻力增大，限制翼型最大升力系数增大。雷诺数越小，翼型越先失速，因为雷诺数越小，黏性越大，阻力越大，即越容易发生边界层分离。值得注意的是，雷诺数对翼型空气动力特性的影响与翼型几何特性、表面粗糙度和来流湍流度等有关。

2. 翼型 S825-24 在不同攻角下的速度分布

图 5-12 为翼型 S825-24 速度图和矢量图。攻角为 8°时，翼型 S825-24 表面开始发生边界层分离。当攻角为 10°时，翼型 S825-24 表面边界层分离现象明显，且翼型上表面有涡出现。当攻角继续增大时，翼型表面升力将减小而阻力增大，进而导致失速现象。该翼型适合在沙尘严重以及翼型前缘很容易受到污染而变粗糙的恶劣风场环境下工作。

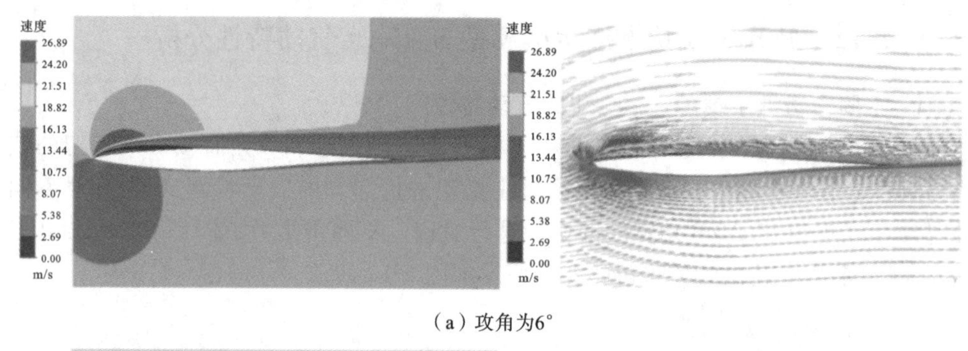

（a）攻角为6°

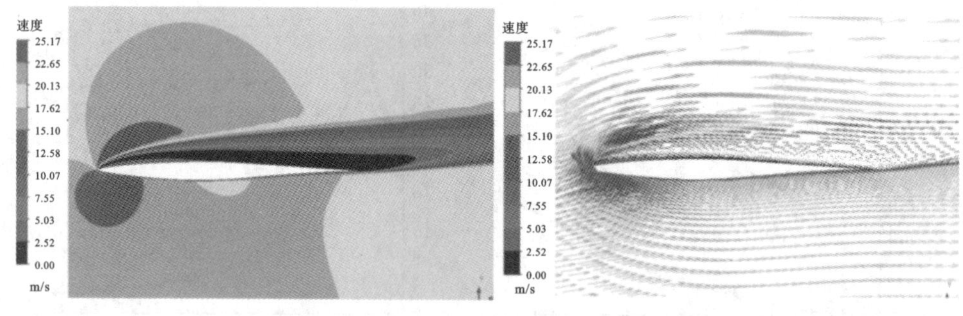

（b）攻角为8°

图 5-12 翼型 S825-24 速度图和矢量图

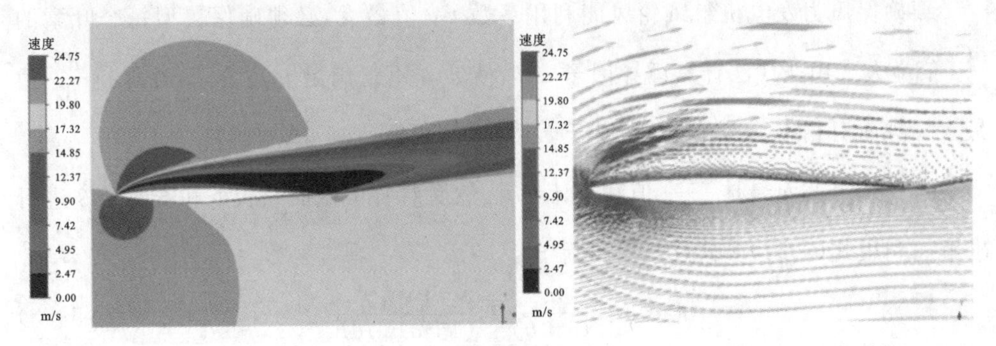

(c) 攻角为10°

续图 5-12

5.3　Wilson 叶片设计法

大型风力发电机复合材料叶片是带有扭曲空心壳体特征的复杂结构件，其设计过程不独立，Wilson 设计法计及叶尖损失与升阻比对叶片性能的影响，使每个翼型叶素风能利用系数最大，并保证整个风轮风能利用系数最大。

叶尖处叶素受力在风力发电机整个风轮受力中占主导因素。因此，叶尖处的损失不容忽略。综合应用叶片空气动力学基础理论，普朗特(Prandtl)对叶尖区流动进行研究，定义叶尖损失系数 F_t 为

$$F_t=\frac{2}{\pi}\cdot\arccos(e^{-f_t})\tag{5-46}$$

$$f_t=\frac{N}{2}\cdot\frac{R-r}{R\sin\varphi}\tag{5-47}$$

考虑叶尖损失影响，格劳特(Glauert)弦长关系可变为

$$\frac{BcC_L\cos\varphi}{8\pi r\sin^2\varphi}=\frac{(1-aF_t)aF_t}{(1-a)^2}\tag{5-48}$$

$$\frac{BcC_L}{8\pi r\cos\varphi}=\frac{bF_t}{1+b}\tag{5-49}$$

求解式(5-48)和式(5-49)得到如下能量方程

$$a(1-aF_t)=b(1+b)\lambda^2\tag{5-50}$$

式(5-50)考虑叶尖损失，叶片翼型轴向诱导因子与周向诱导因子之间存在上述关系。在 Glauert 设计法基础上，考虑翼型每个叶素风能利用系数，可得

$$dC_P=\frac{8}{\lambda_0^2}b(1-a)F_t\lambda^3 d\lambda\tag{5-51}$$

$$\frac{BcC_L}{r}=\frac{(1-aF_t)aF_t}{(1-a)^2}\cdot\frac{8\pi\sin^2\varphi}{\cos\varphi}\tag{5-52}$$

要确保风力发电机组风轮风能利用系数 C_P 值最大，必须确保翼型每个叶素的 $\frac{\mathrm{d}C_P}{\mathrm{d}\lambda}$ 值最大。用迭代法计算诱导因子 a、b，使 a、b 不仅满足上述公式，并保持 $\frac{\mathrm{d}C_P}{\mathrm{d}\lambda}$ 值最大。进而对相应 a、b 和叶尖损失 F_{t} 参数进行求解。

得到每个截面最佳 $\frac{BcC_{\mathrm{L}}}{r}$ 值和入流角 φ，然后对每个截面弦长 c 和安装角 β 进行求解。利用式(5-51)和式(5-52)可得

$$\tan^2\varphi=\frac{bF_{\mathrm{t}}}{(1+b)}\cdot\frac{(1-a)^2}{(1-aF_{\mathrm{t}})\mathrm{d}F_{\mathrm{t}}} \tag{5-53}$$

威尔逊(Wilson)设计法求解步骤：

① 首先将叶片等分为多段，然后计算各截面周速比。其中，第 i 个截面半径 r_i 对应的周速比 λ_i 为

$$\lambda_i=\lambda_r\times\frac{r_i}{R} \tag{5-54}$$

② 计算翼型截面 i 的轴向诱导因子 a_i、周向诱导因子 b_i、叶尖损失系数 $F_{\mathrm{t}i}$。

③ 根据对应攻角得到对应升力系数 $C_{\mathrm{L}i}$ 和阻力系数 $C_{\mathrm{D}i}$。

④ 根据求解条件计算得到 φ_i，代入公式 $\beta_i=\varphi_i-\alpha_i$，进而得到叶片各个截面安装角 β_i。

⑤ 求解弦长 c_i。

$$c_i=\frac{(1-a_iF_{\mathrm{t}i})a_iF_{\mathrm{t}i}}{(1-a_i)^2}\cdot\frac{8\pi r_i}{BC_{\mathrm{L}i}}\cdot\frac{\sin^2\varphi_i}{\cos\varphi_i} \tag{5-55}$$

Wilson 设计法考虑了叶尖损失，但未考虑轮毂损失，由于该方法一味追求风能利用系数最大，因此采用该方法计算所得叶片叶根处弦长较大，其结果不利于实际制造。

叶片设计方法中，Wilson 设计法增加了对叶尖损失的考虑，改进叶素动量理论设计法计入了轮毂损失。Glauert 模型和 Wilson 模型均存在明显局限性。这两个模型都以 C_P 值最大为目标进行设计，但商业设计常采用年发电量和成本为设计目标，根据经验法预设叶片截面厚度；更重要的是这两个模型获取除弦长及扭角外的其他叶片几何参数极为困难，叶片气动与结构耦合设计结合难以实现最佳匹配，设计结果与商用叶片外形存在显著差异。而叶素动量理论设计法因结构形式较为简单、计算量小等优点，广泛应用于初始阶段叶片气动参数设计。

5.3.1 普朗特修正模型

动量理论以一维角度对风轮进行空气动力学研究，应用该理论的前提是将风轮假设为由无限叶片组成的轮盘。由于实际叶片数量有限，因此，不同叶片数导致风轮尾流中的漩涡差异。加之气流经过叶片表面产生压力差，在叶尖及叶根处产生扰流，

直接导致流经叶片表面环量减少，进而影响叶片表面气动力分布。为解决这一难题，引入普朗特修正因子修正叶尖和叶根处的气动力。

普朗特轮毂损失修正因子定义为

$$F_h=\frac{2}{\pi}\cdot\arccos(e^{-f_h}) \tag{5-56}$$

引入叶尖损失时，叶尖损失因子沿叶片径向逐渐减小，尤其在靠近叶尖处突然减小，其减小梯度较大。这一变化与叶尖附近诱导因子的骤增相互对应，随诱导因子增大，给定叶片相对风速将随攻角减小而减小，尤其应注意的是叶尖处载荷也将随之减小。

与此同时在轮毂处亦出现近似现象，对应为轮毂损失系数 f_h，与叶尖损失模型相同，修正轮毂损失模型主要通过修正轮毂附近漩涡流，使其影响叶片诱导速率，轮毂损失系数表示为

$$f_h=\frac{N}{2}\cdot\frac{r-r_{hub}}{r_{hub}\sin\varphi} \tag{5-57}$$

式中：r_{hub}——轮毂半径。

因此，普朗特叶片总损失修正因子可表示为

$$F=F_t\cdot F_h \tag{5-58}$$

此时式(5-31)和式(5-32)应修正为

$$dT=4\pi r\rho V_1^2 a(1-a)F dr \tag{5-59}$$

$$dM=4\pi r^3\rho V_1(1-a)b\Omega F dr \tag{5-60}$$

通过叶素动量理论推导的轴向诱导因子和周向诱导因子更新为

$$\frac{a}{1-a}=\frac{\sigma C_n}{4F\sin^2\varphi} \tag{5-61}$$

$$\frac{b}{1+b}=\frac{\sigma C_t}{4F\sin\varphi\cos\varphi} \tag{5-62}$$

求解最优轴向和周向诱导因子(即 a 和 b)为叶片气动参数迭代计算过程中最关键的一步。

普朗特叶尖损失修正实质是对风轮轴向来流质量流量的修正，通过考虑风轮轴向来流质量流量以及叶素诱导速度、相对入流速度之间的正交关系，求解不同风速、转速和攻角等参数值对应的叶片稳态载荷、推力和功率等。诱导因子计算本质是计算气流在流过叶片表面时，在叶片表面及其周围形成涡流，导致气流轴向和周向气流速度发生的变化。要计算各叶片翼型叶素上的气动力，需先计算各叶素诱导因子，其求解流程如图5-13所示。

式(5-61)、式(5-62)属于非线性方程，其求解方法主要有二分法、迭代法、牛顿法、弦截法等，在本书中，选择弦截法编程计算。结合该计算模型，研究不同风速、转速和攻角下叶片的稳态载荷、推力及功率等。

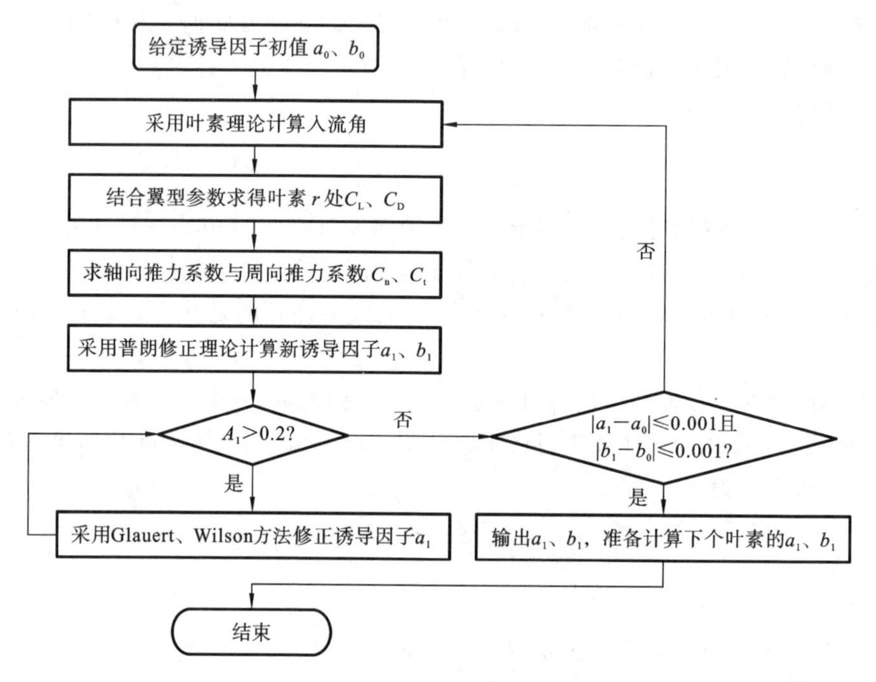

图 5-13　诱导因子求解流程

5.3.2　Glauert 修正和 Wilson 修正因子

当风轮叶片部分进入湍流状态时，此时自由流将在圆盘边缘处分离产生下游低静压，在上游滞止点产生高静压，风轮前后压差导致风轮推力远大于动量理论预测值，此时，必须对C_t进行修正，从而使计算值接近实际值。

有诸多修正C_t的方法，不同方法间的差别主要在于轴向诱导因子a的过渡点及C_t曲线的选择。此时，需引进 Glauert 修正方法，当$a>0.2$时，a采用以下方法进行修正：

$$a=\frac{1}{2}[2+k(1-2a_c)]-\sqrt{[2+k(1-2a_c)]^2+4(ka_c^2-1)} \tag{5-63}$$

式中：k与a_c分别为

$$k=\frac{8\pi rF\sin\gamma^2}{BC},\quad a_c\approx 0.2 \tag{5-64}$$

式中：F——普朗特叶片总损失修正因子。

当$a>0.38$时，叶素动量理论将不适用，需采用 Wilson 修正因子修正：

$$\frac{0.587+0.96\mathrm{a}}{(1-a)^2}=\frac{Bc}{8\pi r}\cdot\frac{C_n}{F\sin\gamma^2} \tag{5-65}$$

Glauert 法未考虑翼型所受阻力及叶尖损失的影响，仅考虑经过风轮后涡流层流动的影响。叶素动量理论属于 Wilson 理论的改进，基于诱导因子、叶尖损失系数和轮毂损失系数的影响，Wilson修正法考虑叶尖损失并对其进行修正，更能准确分析叶片气动特性。

5.4　叶片梢部损失和根部损失修正

当气流绕风轮叶片剖面流动时，剖面上下表面产生压力差，则在风轮叶片的梢部和根部处产生绕流。这就意味着在叶片的梢部和根部的环量减少，从而导致转矩减小，必然影响风轮性能。因此，须进行梢部和根部损失修正。

$$F=F_t \cdot F_r \tag{5-66}$$

$$F_t=\frac{2}{\pi} \cdot \arccos(e^{-f_t}) \tag{5-67}$$

$$f_t=\frac{N_b}{2} \cdot (R-r)R\sin\varphi \tag{5-68}$$

$$F_r=\frac{2}{\pi} \cdot \arccos(e^{-f_r}) \tag{5-69}$$

$$f_r=\frac{N_b}{2} \cdot (r-r_n)/r_n\sin\varphi \tag{5-70}$$

式中：F——梢部、根部损失修正因子；

F_t——梢部损失修正因子；

F_r——根部损失修正因子；

r_n——轮毂半径。

这时

$$dT=4\pi r\rho V_1^2 a(1-a)F dr \tag{5-71}$$

$$dM=4\pi r^3\rho V_1(1-a)b\Omega F dr \tag{5-72}$$

并有

$$a/(1-a)=\sigma C_n/4F\sin^2\varphi \tag{5-73}$$

$$b/(1+b)=\sigma C_t/(4F\sin\varphi\cos\varphi) \tag{5-74}$$

5.5　偏斜气流修正

最初的动量理论设计依据是轴向气流，而风力发电机经常运行在偏斜气流情况下，风轮后尾涡产生偏斜，为此须对动量理论进行修正。

$$a_s=a\left[1+\frac{15\pi}{32}\frac{r}{R}\tan\left(\frac{\chi}{2}\right)\cos(\psi)\right] \tag{5-75}$$

$$\chi=(0.6a+1)\gamma \tag{5-76}$$

式中：a_s——修正后的轴向诱导因子；

r——叶素半径；

R——风轮半径；

χ——尾涡偏斜角；

γ——气流偏斜角；

ψ——风轮偏斜角。

5.6 计算模型实例

风场气象环境、风资源分布、极端风速及风场地形地貌等因素直接影响风轮空气动力学特性、结构动力学特性，风轮相关参数如表 5-2 所示。

表 5-2 风轮相关参数

参　数	值	参　数	值
尺度参数 C	11.5	额定功率 W/kW	1500
形状参数 K	1.85	设计叶尖速比 λ	8.5
空气密度 ρ/(kg/m^3)	1.225	额定风速 v_0/(m/s)	10
风速形状参数 k	2	切入风速 v_{in}/(m/s)	3
叶轮直径 D/m	83	切出风速 v_{out}/(m/s)	25
叶片长度/m	40	额定转速 ω/(r/min)	17.2

5.6.1 弦长、扭角计算流程

在叶片气动外形参数设计过程中，需考虑风力发电机组实际工作结构参数，如轮毂高度、轮毂风速、叶片半径等。对于大型风力发电机组，还必须考虑风剪切的影响。诱导因子求解是整个气动参数设计的关键。Wilson 设计法考虑了轮毂损失，为满足叶片结构要求，轮毂部分叶片截面形状由翼型渐变为圆，气动性能有明显下降趋势，但在叶素动量理论中并未考虑这一点，因此，需进一步校核诱导因子并对其进行修正。得到轴向和周向诱导因子后，再计算弦长及扭角。将叶片沿展向等分成 n 个截面，已知风轮结构参数、截面翼型参数以及风速分布模型，对风力发电机组叶片模型进行气动性能计算，叶片气动参数设计流程如图 5-14 所示。

该计算实例中，叶片长度为 40 m，选 S 系列翼型，每隔 1 m 取一个节点，共 40 个截面。依据叶素动量理论计算所得叶片弦长及扭角在叶根处数值较大，计及叶根处对风能利用贡献较小，加之弦长过大不易于制造，必须对叶根部弦长及扭角进行修

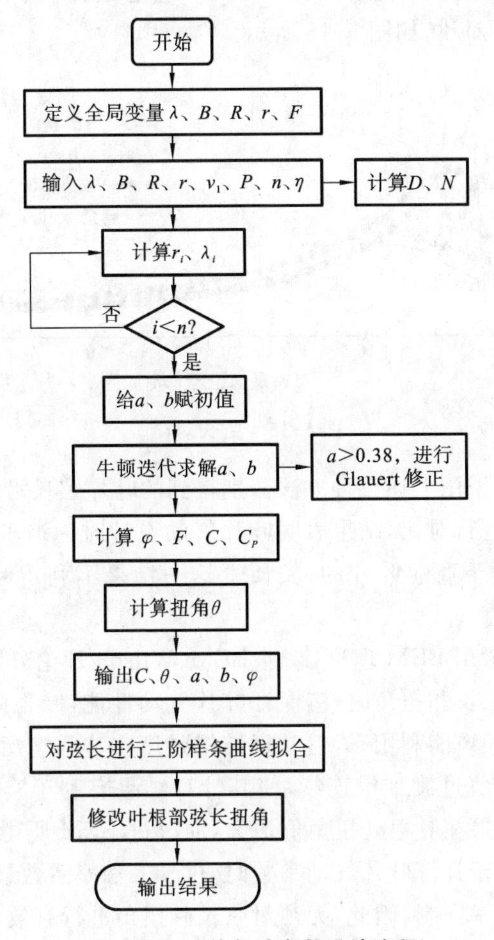

图 5-14　叶片气动参数设计流程

正。由于叶根对整体叶片的风能利用影响不明显，因此忽略其气动贡献，叶根处的设计以结构设计为主。叶根处的数据可通过拟合插值法重新获取合理的结果。

5.6.2　扭角、弦长计算结果及其修正

采用叶素动量理论方法计算叶片不同截面对应的相对速度，获取叶片良好的气动特性，因诱导因子直接影响相对速度，故该计算过程的关键点在于诱导因子的求解。采用迭代法求解诱导因子时，根据给定初始值进行迭代求解，由于诱导因子较小，迭代时给定的初始值将对计算结果产生重要影响，给定初始值的选取依据相关文献或通过经验公式选取，并采用多次迭代法求解其最佳初始值。采用叶素动量理论方法计算叶片弦长和扭角时，气动参数（叶片叶尖速比、叶片数、风轮半径）需先给定。根据叶素动量理论方法计算得到初始设计和改进后叶片外形参数（弦长和扭角沿叶片展向的分布）。

采用一维的BEM理论、改进BEM、Wilson理论分别计算叶片弦长分布，并与商业叶片弦长分布进行对比，如图5-15所示。

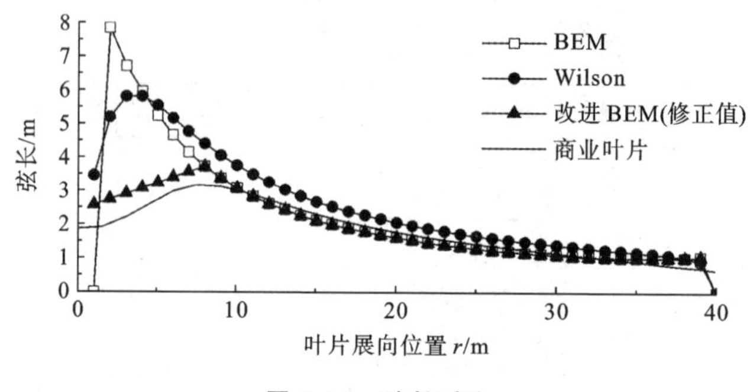

图5-15　弦长对比

由图5-15可知，采用上述三种方法分别得到的叶片弦长沿展向分布呈现非线性特性；与某商业叶片进行对比，结果表明叶片气动设计时为追求最佳风能利用率，叶根处弦长计算数值大于商业叶片的，实质上这一结果不利于叶片结构设计与实际制造。

图5-16所示为采用BEM理论、改进BEM、Wilson理论分别计算所得的扭角分布。从图可知，修正弦长和扭角时，应保证叶片气动性能，叶根附近扭角数值急剧增大，这是因为获得较大风能利用率，但叶根结构强度在这一情况下并不能得到保证，而且各个截面之间数值过渡平滑连续，使其计算结果有利于实际加工；值得注意的是，BEM理论计算结果在叶根处扭角值最大，而改进BEM所得扭角值最小，出现这一现象的主要原因在于计算叶片气动参数时，仅计入功率系数最大化，并未考虑实际风力发电机组输出功率限制，因此，无须对弦长和扭角进行有效约束控制。叶片扭角过大能使风能有效利用，但制造运输较为困难，平衡气动与结构之间的关系，叶根结构设计忽略气动性能影响。因此，有必要对弦长和扭角值进行优化，确保良好叶片气动性能，并使其结果有利于实际制造。叶片气动特性如图5-17、图5-18、图5-19所示。

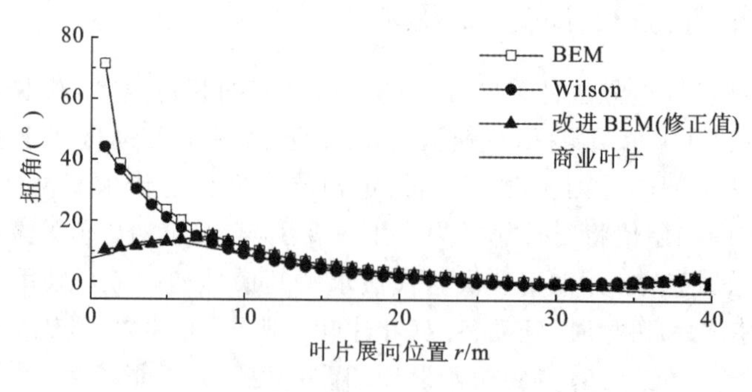

图5-16　扭角对比

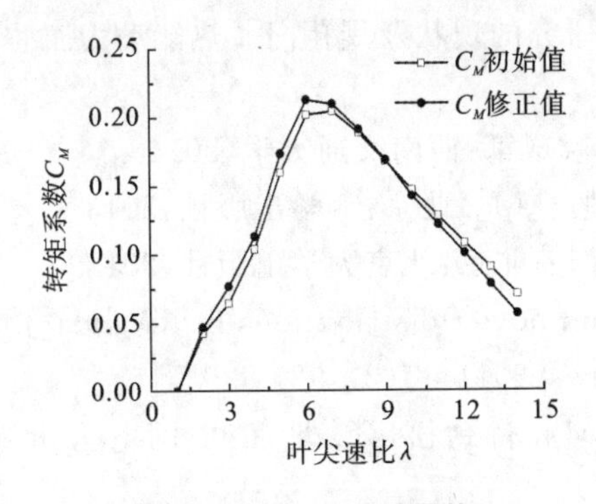

图 5-17　C_M-λ 特性曲线

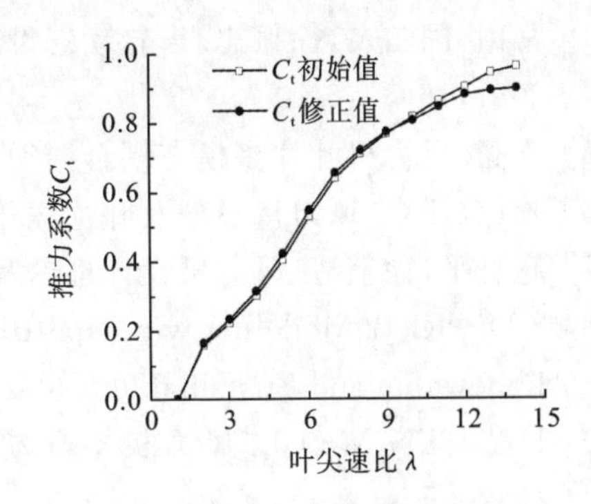

图 5-18　C_t-λ 特性曲线

如图 5-17 所示，当叶尖速比小于设计值(λ=8.5)时，风轮转矩系数随叶尖速比增大而增大；当叶尖速比大于设计值(λ=8.5)时，随着叶尖速比增大，风轮转矩系数减小。风力发电机功率由转矩求解，因此功率系数变化与转矩系数变化趋势相对应。

图 5-18 所示为推力系数随叶尖速比变化情况，从图 5-18 中可知，随着翼型叶尖速比的增大，风轮推力系数也随之增大，这说明叶尖速比增大，风轮受到的轴向推力有逐渐增大趋势。

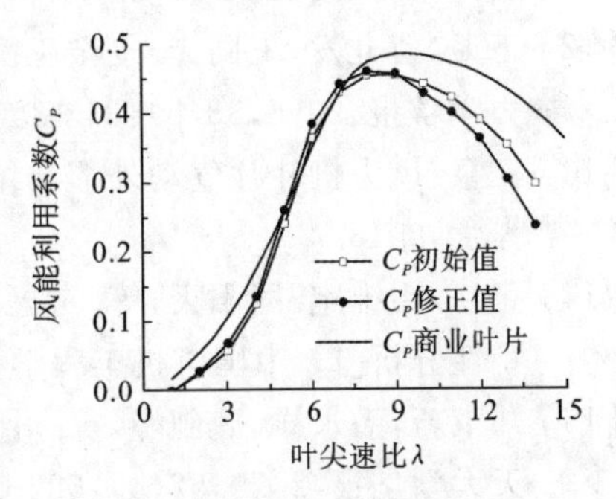

图 5-19　C_P-λ 特性曲线

图 5-19 显示，当叶尖速比小于设计值 8.5 时，风能利用系数随叶尖速比增大而增大；当叶尖速比与设计值相等，这种情况下，风轮风能利用系数为最大值；当叶尖速比大于设计值时，随叶尖速比增大，风轮风能利用系数逐渐减小。值得注意的是，C_P 最大值为 0.42，这一数值与贝茨极限存在差距，这说明计算风能利用系数时只考虑叶片叶尖到弦长最大值处对风能的利用，并未考虑叶根部分对风能的利用，初始设计的叶片气动参数需进一步优化。

本章参考文献

[1] 唐迪，陆志良，郭同庆. 大型水平轴风力机叶片气动弹性计算[J]. 应用数学和力学，2013，34(10)：1091-1097.

[2] 汪泉，陈进，王君，等. 气动载荷作用下复合材料风力机叶片结构优化设计[J]. 机械工程学报，2014，50(9)：114-121.

[3] FISCHER D，ISERMANN R. Mechatronic semi-active and active vehicle suspensions[J]. Control Engineering Practice，2004，12(11)：1353-1367.

[4] 常山,闻雪友,徐振忠.齿轮动态设计分析研究的现状及展望[J].热能动力工程,2001,16(1):6-10.
[5] 李亮.风力机叶片多模态耦合振动研究[D].成都:西南交通大学,2014.
[6] 陈进,汪泉.风力机翼型及叶片优化设计理论[M].北京:科学出版社,2013.
[7] 赵丹平,徐宝清.风力机设计理论及方法[M].北京:北京大学出版社,2012.
[8] SAFARI B. Modeling wind speed and wind power distributions in Rwanda[J]. Renewable and Sustainable Energy Reviews,2011,15(2):925-935.
[9] HANSEN M O L.风力机空气动力学[M].肖劲松,译.北京:中国电力出版社,2009.
[10] 苏荣华,王碧珺,丁文文,等.旋转轮盘应力刚化效应对模态特性影响分析[J].工程设计学报,2009,16(4):292-296.
[11] 石可重,赵晓路,徐建中.大型风电机组叶片疲劳试验研究[J].太阳能学报,2011,32(8):1264-1268.
[12] 王枭,曹九发,王同光.复杂工况下的大型风力机气动性能和尾迹研究[J].计算力学学报,2016,33(3):343-350.
[13] 汪泉.风力机叶片气动外形与结构的参数化耦合设计理论研究[D].重庆:重庆大学,2013.
[14] 张立,缪维跑,闫阳天,等.考虑自重影响的大型风力机复合材料叶片结构力学特性分析[J].中国电机工程学报,2020,40(19):6272-6284.
[15] 郑玉巧,潘永祥,魏剑峰,等.叶片翼型结冰形态及其气动特性[J].南京航空航天大学学报,2020,52(4):632-638.
[16] 梁健,胡琴,胡晓东,等.小型风力机覆冰环境输出功率及气动特性研究[J].工程热物理学报,2019,40(10):2277-2283.
[17] 巫发明,杨从新,王清,等.大型风力机风轮气动不平衡的特性研究与验证[J].太阳能学报,2021,42(1):192-197.
[18] 郑玉巧,曹永勇,张亮亮,等.耦合加载方式下复合材料叶片的预应力模态分析[J].动力学与控制学报,2018,16(4):370-376.

第6章 叶片有限元建模

6.1 叶片结构设计简介

本章对叶片进行有限元模型的构建、所建有限元模型的强度校核及模型修复改善等研究。依据叶素动量理论和层合板设计理论设计叶片气动壳体模型与复合材料铺层方案，首先通过三维造型方法构建叶片三维壳体模型，基于有限元法对叶片进行复合材料铺层，从而初步得到叶片有限元模型。结合叶片静强度载荷试验数据，考虑极限工况，并采用 Tsai-Wu 强度校核准则，校核所建叶片有限元模型是否满足要求。

6.1.1 层合板结构设计原则

叶片是一个复合材料结构，层合板作为复合材料结构最基本的构件，对叶片结构的优劣有着决定性作用。层合板设计是指依据结构不同的部位的性能需求及由纤维和基体所组成的单层的性能来决定单层板纤维取向（ply orientation angle）、铺设顺序（ply stacking sequence）、各单层板层数占总层数比例及总铺层厚度，从而充分发挥复合材料沿纤维方向的优良性能。要使层合板设计结果满足结构强度、刚度及稳定性等要求，必须遵循以下层合板设计的一般原则。

1. 对称均衡原则

为避免拉-弯和弯-扭耦合载荷导致层合板固化后翘曲变形，层合板应设计成对称均衡层合板（symmetric balanced laminate）：首先应使铺层对中面保持对称，当有 -45° 单层时，应有 45° 单层与其平衡；当必须有非对称铺层出现时，应尽量将其铺设于层合板中面附近。

2. 铺层定向原则

为简化设计与减少施工量，在满足结构受力情况下，铺层方向数应尽可能少，当前层合板设计中一般采用 0°、90° 和 $\pm 45^\circ$ 等铺层方向。对于采用缠绕成形工艺的制造结构，铺层角可采用 $\pm\theta$ 缠绕角，且为有效降低弯-扭耦合载荷，$\pm\theta$ 铺层应尽量靠近。

3. 按载取向原则

为最大限度利用纤维主方向的高强度、高刚度特性，应保证纤维主方向与所受载荷拉压方向一致。具体如图 6-1 所示：① 若所受载荷是图 6-1(a)所示的单向拉压载荷，则纤维主方向应与载荷方向一致；② 若承受图 6-1(b)所示的剪切载荷，则纤维主方向应为±45°；③ 若所受载荷是图 6-1(c)所示的双向拉伸或压缩载荷，则纤维主方向应按载荷方向 0°、90°正交选取；④ 若所受载荷为图 6-1(d)所示拉压与剪切的复合载荷，则纤维主方向应按 0°、90°和±45°多向选取。

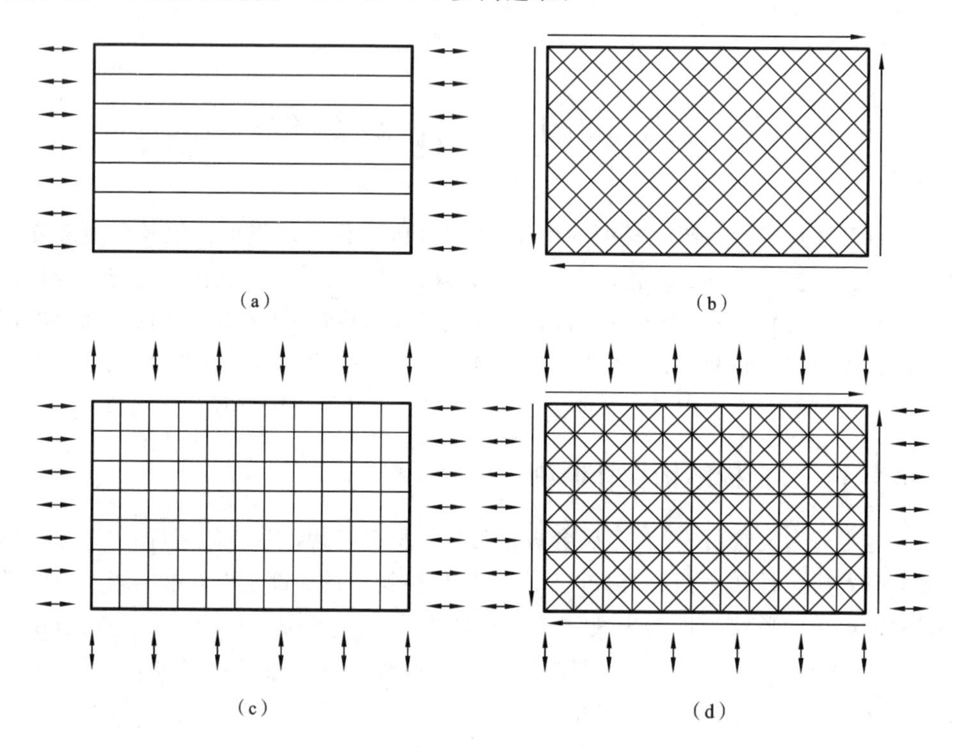

图 6-1　层合板按载取向示意图

4. 铺层顺序原则

铺层顺序原则主要包括 3 个方面：① 尽量增加层合板单层组数，避免同一铺层角度单层连续集中铺设，实际中同一角度铺层一般不超过 4 层。② 若层合板中同时有±45°层、0°和 90°层，应采用 0°或 90°层将+45°和−45°层隔开，采用+45°或−45°层将 0°和 90°层隔开。③ 对于暴露在外的层合板，应在表面铺设±45°层，增强层合板抗压缩及抗冲击性能。

5. 最小比例原则

为使复合材料结构中薄弱基体沿各方向均不受载，应保证±45°、0°、90°等任一方向铺层最小比例不小于 10%。

6. 局部加强原则

对于一些承受集中载荷的复合材料结构，为使受载部位层合板能承受冲击载荷，应将该部位层合板进行局部加强，即将足够多的纤维铺设在冲击载荷方向上，应配置一定数量与载荷方向成±45°的铺层，从而将集中载荷扩散。

7. 厚度渐变原则

在复合材料结构变厚度区域，铺层数递增或递减均应呈台阶状逐渐变化，避免由于厚度突变引起应力集中。

6.1.2　层合板设计方法

层合板设计方法是当层合板中铺设角度组合初步选定，然后确定各铺设角铺层层数比及层数的方法。铺层层数根据层合板设计要求综合考虑选定，工程上常采用等代设计法，该方法用准各向同性的复合材料层压板等刚度替换原各向同性铝合金板。由于复合材料具有较高强度比、刚度比，其铺层层数选取5%～10%可减重增效。该方法在设计时忽略复合材料单层力学性能，主要依据层合板力学性能参数确定叶片结构形式，可简化设计过程。

叶片主梁、腹板、蒙皮等关键部件均采用多层不同性质材料铺设，并由树脂固化成复合材料层合板。这种层合板可单独作为新材料进行处理和分析。由于该层合板厚度相对叶片其他方向厚度显得较薄，加之叶片弦向表面曲率较小，加载后层合板厚度及层间滑移可忽略不计。因此，引入复合材料经典层合板强度理论。

1. 复合材料层合板强度理论

复合材料设计可分为三个层次，即单层材料设计、层合板设计与结构设计。单层材料设计主要包括增强纤维材料、基体与体积含量的选用。复合材料铺层设计实质为层合板设计，由单层材料特性确定层合板中各个单层铺设角度、铺设顺序以及层数。叶片结构设计中结构力学结合层合板力学性能分析。由多层单向板按某种次序叠放并粘结在一起而制成的整体结构板称为层合板。每一层单向板称为层合板的一个铺层，层合板在厚度方向上呈现非均匀性。层合板正轴坐标系1-2与偏轴坐标系x-y之间的关系如图6-2所示。

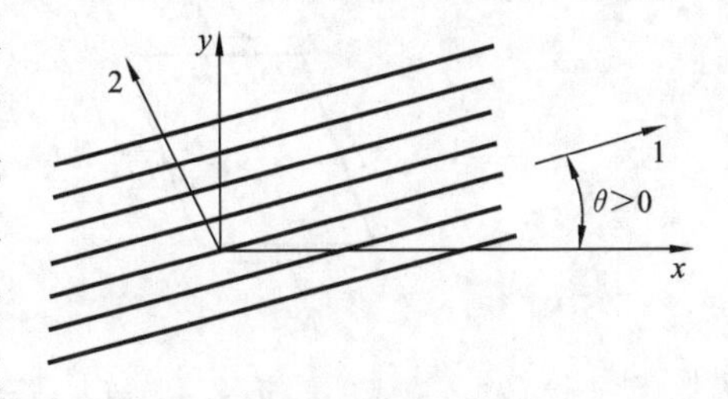

图6-2　两种坐标之间的关系

刚度性能参数主要由应力-应变关系确定。由于单层厚度与尺寸较小，因此按平面应力状态进行分析。计及单层面内的应力，未考虑单层面上应力复合材料单层铺设为正交各向异性材料，其应力-应变关系为

$$\begin{bmatrix}\sigma_1\\\sigma_2\\\tau_{12}\end{bmatrix}=\begin{bmatrix}Q_{11}&Q_{12}&0\\Q_{12}&Q_{22}&0\\0&0&Q_{66}\end{bmatrix}\begin{bmatrix}\varepsilon_1\\\varepsilon_2\\\varepsilon_{12}\end{bmatrix}\tag{6-1}$$

式中：$[Q]$——折算刚度矩阵。其中

$$\begin{cases} Q_{11}=\dfrac{E_1}{1-\nu_{12}\nu_{21}} \\ Q_{12}=\dfrac{\nu_{21}E_2}{1-\nu_{12}\nu_{21}}=\dfrac{\nu_{12}E_1}{1-\nu_{12}\nu_{21}} \\ Q_{22}=\dfrac{E_2}{1-\nu_{12}\nu_{21}} \\ Q_{66}=G_{12} \end{cases} \tag{6-2}$$

式中：1——平行纤维方向（纵向）；

2——垂直纤维方向（横向）；

E_1、E_2、G_{12}——单层板第一方向（纵向）弹性模量、第二方向（横向）弹性模量和平面内剪切弹性模量；

ν_1——纵向泊松比；

ν_2——横向泊松比。

正交各向异性单层板偏轴应力-应变关系可表示为

$$\begin{bmatrix} \sigma_x \\ \sigma_y \\ \tau_{xy} \end{bmatrix} = \begin{bmatrix} \bar{Q}_{11} & \bar{Q}_{12} & \bar{Q}_{16} \\ \bar{Q}_{12} & \bar{Q}_{22} & \bar{Q}_{26} \\ \bar{Q}_{16} & \bar{Q}_{26} & \bar{Q}_{66} \end{bmatrix} \begin{bmatrix} \varepsilon_x \\ \varepsilon_y \\ \varepsilon_{xy} \end{bmatrix} \tag{6-3}$$

很难精确地使应力分量在层合板侧面上符合应力边界条件，但依据圣维南原理，可使在厚度方向上层合板应力分量合成的内力满足边界条件。层合板面内单元内力和内力矩如图 6-3 所示。

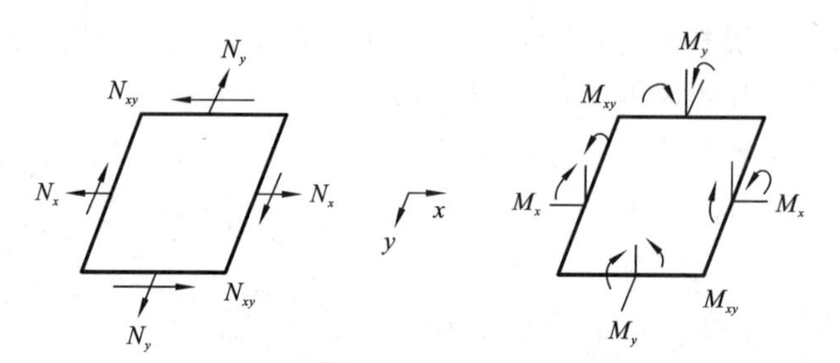

图 6-3 层合板面内单元内力和内力矩

应力分量沿各铺层间连续分布，内力及内力矩与应变的关系为

$$\begin{bmatrix} N_x \\ N_y \\ N_{xy} \\ M_x \\ M_y \\ M_{xy} \end{bmatrix} = \begin{bmatrix} A_{11} & A_{12} & A_{16} & B_{11} & B_{12} & B_{16} \\ A_{12} & A_{22} & A_{26} & B_{12} & B_{22} & B_{26} \\ A_{16} & A_{26} & A_{66} & B_{16} & B_{26} & B_{66} \\ B_{11} & B_{12} & B_{16} & D_{11} & D_{12} & D_{16} \\ B_{12} & B_{22} & B_{26} & D_{12} & D_{22} & D_{26} \\ B_{16} & B_{26} & B_{66} & D_{16} & D_{26} & D_{66} \end{bmatrix} \begin{bmatrix} \varepsilon_x^0 \\ \varepsilon_y^0 \\ \gamma_{xy}^0 \\ \kappa_x \\ \kappa_y \\ \kappa_{xy} \end{bmatrix} \tag{6-4}$$

式中：ε、γ、κ、A_{ij}、B_{ij}、D_{ij}——正应变、切应变、曲率系数、拉伸刚度、耦合刚度、弯曲

刚度。

$$\begin{cases} A_{ij}=\sum_{k=1}^{n}(\bar{Q}_{ij})_k(z_k-z_{k-1})=\sum_{k=1}^{n}(\bar{Q}_{ij})_k t_k \\ B_{ij}=\frac{1}{2}\sum_{k=1}^{n}(\bar{Q}_{ij})_k(z_k^2-z_{k-1}^2)=\frac{1}{2}\sum_{k=1}^{n}(\bar{Q}_{ij})_k t_k\bar{z}_k \\ D_{ij}=\frac{1}{3}\sum_{k=1}^{n}(\bar{Q}_{ij})_k(z_k^3-z_{k-1}^3)=\frac{1}{3}\sum_{k=1}^{n}(\bar{Q}_{ij})_k t_k\left(\bar{z}_k^2+\frac{t_k^2}{12}\right) \end{cases} \tag{6-5}$$

$$\bar{z}_k=\frac{1}{2}(z_k+z_{k-1}) \tag{6-6}$$

式中：t_k——第 k 层板厚度；

$\bar{z}_k$——第 k 层中心点与中面垂直距离。

根据叶片截面铺层信息及式(6-5)、式(6-6)，可计算叶片结构特性参数。

2. 叶片的梁理论

大型风力发电机叶片长度远大于其截面几何尺寸，属于薄壁杆件结构，其受力和变形与细长梁结构极为相似，因此，工程上常采用经典梁理论对叶片截面力学性能进行分析和计算。叶片截面坐标系及截面主要结构参数如图 6-4 所示。其中，EI_1 为第一主惯性轴弯曲刚度；EI_2 为第二主惯性轴弯曲刚度；x_E 为坐标原点到弹性变形点之间的距离；x_m 为坐标原点到质心的距离；x_s 为坐标原点到剪切变形中心的距离；β 为翼型截面弦线与风轮旋转平面之间的夹角（即该截面扭角）；ν 为截面弦线与第一主惯性轴的夹角；$\beta+\nu$ 为风轮旋转平面与第一主惯性轴的夹角。

弹性变形点的特性为作用于该点的法向力（其受力方向远离平面）不引起梁的弯曲。剪切变形中心的特性为作用于该点的平面力将不引起翼型旋转。叶片绕两主惯性轴任意之一旋转时，该叶片必然只绕该轴旋转弯曲。因此，采用主惯性轴计算叶片位移。据此，将图 6-4 中叶片截面逆时针旋转 β 角度，建立参考坐标系，如图 6-5 所示。

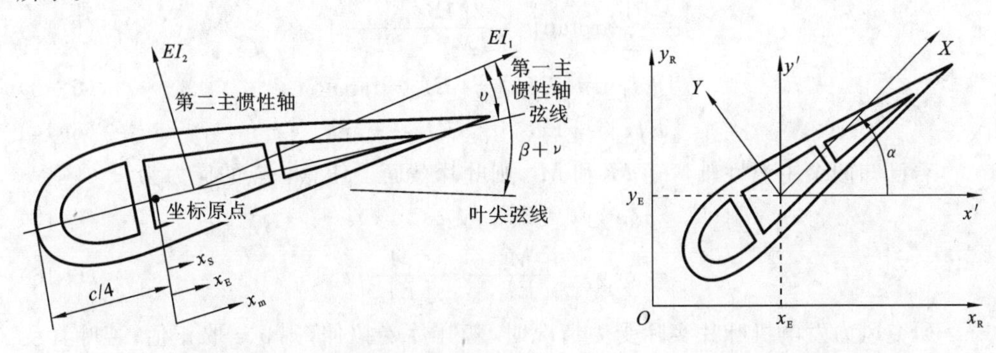

图 6-4　叶片截面坐标系及截面主要结构参数　　图 6-5　叶片截面参考坐标系

图 6-5 中，x_E、y_E 为参考坐标系下弹性变形点坐标，α 为风轮旋转平面与第一主惯性轴夹角，$\alpha=\beta+\nu$。

(1) 纵向刚度：$[EA]=\int_A E\mathrm{d}A$。

(2) 对参考轴 x_R 的刚度矩：$[ES_{x_R}]=\int_A Ey_R\mathrm{d}A$。

(3) 对参考轴 y_R 的刚度矩：$[ES_{y_R}]=\int_A Ex_R\mathrm{d}A$。

(4) 对参考轴 x_R 的惯性矩：$[EI_{x_R}]=\int_A Ey_R^2\mathrm{d}A$。

(5) 对参考轴 y_R 的惯性矩：$[EI_{y_R}]=\int_A Ex_R^2\mathrm{d}A$。

(6) 对参考轴的惯性矩：$[EI_{x_R y_R}]=\int_A Ex_R y_R\mathrm{d}A$。

通过上述定义，可在参考坐标系 $x_R O y_R$ 中计算弹性变形点 $P_E(x_E, y_E)$ 坐标：

$$x_E=\frac{[ES_{y_R}]}{[EA]} \tag{6-7}$$

$$y_E=\frac{[ES_{x_R}]}{[EA]} \tag{6-8}$$

通过平行移轴公式和转轴公式，将惯性矩与惯性积移到原点在弹性变形点且坐标轴平行于原参考坐标系 $x_R O y_R$ 坐标轴的新坐标系 $X'Y'$ 中，为

$$[EI_{X'}]=\int_A E\ (Y')^2\mathrm{d}A=[EI_{x_R}]-y_E^2[EA] \tag{6-9}$$

$$[EI_{Y'}]=\int_A E\ (X')^2\mathrm{d}A=[EI_{y_R}]-x_E^2[EA] \tag{6-10}$$

$$[EI_{X'Y'}]=\int_A EX'Y'\mathrm{d}A=[EI_{x_R y_R}]-x_E y_E[EA] \tag{6-11}$$

通过式(6-9)、式(6-10)、式(6-11)可计算 X' 轴与第一主惯性轴之间的夹角 α 以及对两个主惯性轴的弯曲刚度，分别为

$$\alpha=\frac{1}{2}\arctan\left(\frac{2[EI_{XY}]}{[EI_Y]-[EI_X]}\right) \tag{6-12}$$

$$[EI_1]=[EI_X]-[EI_{XY}]\tan\alpha \tag{6-13}$$

$$[EI_2]=[EI_{Y'}]+[EI_{X'Y'}]\tan\alpha \tag{6-14}$$

若已知两个主惯性轴弯矩 M_1 和 M_2，则叶片截面上任意一点的应力为

$$\sigma(x,y)=E(x,y)\varepsilon(x,y) \tag{6-15}$$

$$\varepsilon(x,y)=\frac{M_1}{[EI_1]}y-\frac{M_2}{[EI_2]}x \tag{6-16}$$

研究风力发电机叶片实际受力情况时，若叶片受拉伸，则 σ、ε 取正值；若叶片受压缩，则 σ、ε 取负值。通过上述方法可确定叶片弹性变形点以及主惯性矩等主要结构参数。由于叶片在扭转方向上刚度非常大，因此通常不考虑扭转变形，并忽略对剪切变形中心的刚度以及扭转刚度。

6.1.3　层合板强度校核准则

复合材料结构校核时可采用的强度准则有很多,常用的有最大应力准则、最大应变准则、Tsai-Hill(蔡-希尔)准则、Hoffman(霍夫曼)准则及 Tsai-Wu(蔡-吴)准则。在详细研究各个强度校核准则之前,必须引入相关强度概念。对于正交各向异性单层板,在平面应力状态下其强度指标分别为

X_t——纵向拉伸强度(longitudinal tensile strength);

X_c——纵向压缩强度(longitudinal compressive strength);

Y_t—横向拉伸强度(transverse tensile strength);

Y_c—横向压缩强度(transverse compressive strength);

S——面内抗剪强度(shear strength in plane of lamina)。

1. 最大应力准则

最大应力准则认为:复合材料在应力状态下的破坏是由于某个应力分量达到甚至超过材料相应的基本强度值。该准则判别式为

$$\begin{cases} X_c < \sigma_1 < X_t \\ -Y_c < \sigma_2 < Y_t \\ |\tau_{12}| < S \end{cases} \tag{6-17}$$

式中:σ_1——材料第一主方向应力;

σ_2——材料第二主方向应力;

τ_{12}——材料面内剪切应力。

若式(6-17)中任意一个不等式不成立,就表示材料已经失效。当应用最大应力准则时,必须将应力分量转换到正轴向,再结合正轴向应力分量根据式(6-17)判定材料是否失效。

2. 最大应变准则

最大应变准则认为:复合材料在应力状态下的破坏是由于材料某个正轴方向的应变达到甚至超过相应基本强度值。该准则判别式为

$$\begin{cases} -\varepsilon_{Xc} < \varepsilon_1 < \varepsilon_{Xt} \\ -\varepsilon_{Yc} < \varepsilon_2 < \varepsilon_{Yt} \\ |\gamma_{12}| < \gamma_s \end{cases} \tag{6-18}$$

式中:ε_1、ε_2——材料第一、二主方向应变;

ε_{Xt}、ε_{Xc}——材料纤维方向拉伸、压缩极限应变;

ε_{Yt}、ε_{Yc}——材料横向拉伸、压缩极限应变;

γ_{12}、γ_s——材料面内剪切应变和剪切极限应变。

当式(6-18)中任意一个不等式不成立时,就表明材料已经被破坏。

3. Tsai-Hill 准则

Tsai-Hill 准则是将各向同性材料的米泽斯屈服准则(Mises yield criterion)向正

交各向异性材料推广得到的准则。其判别条件为

$$\frac{\sigma_1^2}{X^2}-\frac{\sigma_1\sigma_2}{X^2}+\frac{\sigma_2^2}{Y^2}+\frac{\tau_{12}^2}{S^2}<1 \tag{6-19}$$

Tsai-Hill 准则只能用于在材料主方向上拉伸强度与压缩强度相同的复合材料，即 $X_t=X_c=X$，$Y_t=Y_c=Y$。若左式<1，表示材料未发生破坏；若左式$=1$，表示材料处于破坏的临界状态；若左式>1，表示材料已发生破坏。并且 Tsai-Hill 准则只能判定材料是否发生破坏，并不能判定材料发生了何种形式破坏。

4. Hoffman 准则

Hoffman 准则是对上述 Tsai-Hill 准则的修正，相对于上述 Tsai-Hill 准则，增加 σ_1、σ_2 的奇函数项。其判别条件为

$$\frac{\sigma_1^2-\sigma_1\sigma_2}{X_tX_c}+\frac{\sigma_2^2}{Y_tY_c}+\frac{X_c-X_t}{X_tX_c}\sigma_1+\frac{Y_c-Y_t}{Y_tY_c}\sigma_2+\frac{\tau_{12}^2}{S^2}<1 \tag{6-20}$$

式(6-20)中 σ_1、σ_2 的一次项表明材料拉伸、压缩强度不相等时对材料破坏的影响，显然当 $X_t=X_c$、$Y_t=Y_c$ 时，式(6-20)即为 Tsai-Hill 准则。

5. Tsai-Wu 准则

针对上述各强度准则的不完善问题，Stephen W. Tsai 和 Edward M. Wu 综合多个强度准则特性，并以张量的形式提出新强度准则。其判别式为

$$F_{11}\sigma_1^2+2F_{12}\sigma_1\sigma_2+F_{22}\sigma_2^2+F_{66}\tau_{12}^2+F_1\sigma_1+F_2\sigma_2<1 \tag{6-21}$$

式中：F_{12}——材料影响系数。其计算公式为

$$F_{12}=-\frac{1}{2}\sqrt{F_{11}F_{22}}=-\frac{1}{2}\sqrt{\frac{1}{X_tX_cY_tY_c}} \tag{6-22}$$

由此可见，必须将材料非主方向应力转换到材料主方向上后，才能代入常用的各种强度失效准则判别式，从而判定材料是否发生破坏。加之实际复合材料结构破坏过程与形式极其复杂，很难用统一强度理论概括各种破坏情况。考虑到片本身复杂的翼型曲面、叶根多达数百层加强铺层及夹芯结构的剪切腹板等复杂结构，针对不同部位选择合适的失效准则显得尤为重要。

6.1.4 叶片结构及材料选择

设计复合材料叶片主梁结构时，考虑给定气动外形参数，合理选择材料及叶片主梁结构，并依据各方向上的受力载荷，优化得到最佳结构方案，保证其足够的强度和刚度，并有良好经济性。

大型风力发电机组叶片多采用复合材料蒙皮加空心主梁的结构形式。主梁由梁帽及支撑梁帽的剪切腹板组成。其中：梁帽主要承担弯曲载荷和离心力载荷，采用单轴布制作；剪切腹板置于叶片空腔内，从内部支撑梁帽，防止叶片局部失稳，常采用夹层结构设计。本节设计的叶片主梁采用目前流行的单梁帽双剪切腹板结构形式，其结构如图 6-6 所示。

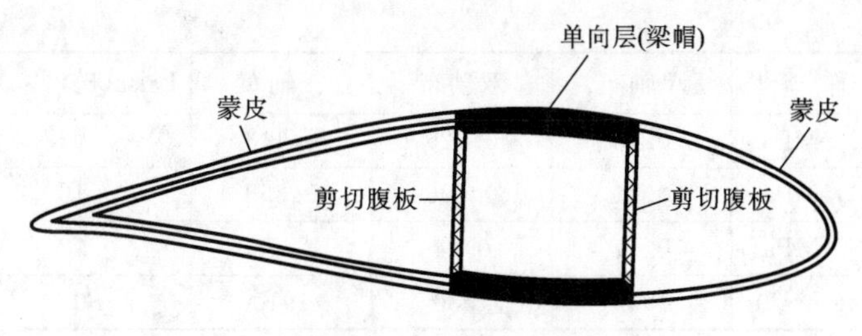

图 6-6　叶片主梁结构

叶片主要由基体材料和增强层材料叠加构成，两种材料性能互补并产生协同效应，使复合材料性能达到最佳。在叶片内腔，增加剪切腹板以提高叶片抗剪切能力。

6.2　叶片铺层设计

叶片是具有复杂几何形状的复合材料结构，其铺层材料、角度、厚度及层数的定义，尤其是如何准确地定义其力学模型，成为叶片强度、刚度及稳定性校核的一大障碍。针对这一问题，首先采用三维造型方法构建叶片三维壳体模型，再借助有限元数值分析法完成叶片复合材料铺层的定义，得到叶片三维实体模型，最后对叶片加载边界条件。

6.2.1　叶片材料力学性能

叶片铺层设计根据叶片不同部位性能需求与受载特点确定各部位铺层的铺层角度、铺层顺序及各铺层角度的铺层数。叶片铺层设计直接影响其质量、性能及寿命，因此进行铺层设计时需反复迭代、不断优化。针对某风电企业长度为 40.5 m 的叶片，选用玻璃钢环氧树脂复合材料作为叶片主要铺层材料，其力学性能参数见表 6-1。

表 6-1　叶片铺层材料力学性能参数

<table>
<tr><th colspan="2">材料名称</th><th>单轴布</th><th>双轴布</th><th>三轴布</th><th>Balsa(巴沙木)</th><th>加强材料</th></tr>
<tr><td rowspan="3">弹性模量</td><td>E_x/MPa</td><td>33190</td><td>12500</td><td>24700</td><td>2070</td><td rowspan="3">3500</td></tr>
<tr><td>E_y/MPa</td><td>11120</td><td>11300</td><td>13700</td><td>2070</td></tr>
<tr><td>E_z/MPa</td><td>10120</td><td>10000</td><td>9120</td><td>4000</td></tr>
<tr><td rowspan="3">剪切模量</td><td>G_x/MPa</td><td>3690</td><td>6000</td><td>5200</td><td>106</td><td rowspan="3">1400</td></tr>
<tr><td>G_y/MPa</td><td>3000</td><td>6000</td><td>5000</td><td>200</td></tr>
<tr><td>G_z/MPa</td><td>3000</td><td>3200</td><td>3000</td><td>106</td></tr>
</table>

续表

材料名称		单轴布	双轴布	三轴布	Balsa(巴沙木)	加强材料
泊松比	PR_{xy}/MPa	0.23	0.626	0.413	0.02	0.3
	PR_{yz}/MPa	0.11	0.626	0.355	0.16	
	PR_{xz}/MPa	0.11	0.14	0.13	0.02	
密度	ρ/(kg·m^3)	1930	1930	1910	80	1100

表 6-1 中,E_x、E_y 和 E_z 分别表示材料 x、y 和 z 方向的弹性模量;G_x、G_y 和 G_z 分别表示材料 x、y 和 z 方向的剪切模量;PR_{xy}、PR_{yz} 和 PR_{xz} 分别为材料 xy 平面、yz 平面和 xz 平面的泊松比。

依据德国 GL 准则中对叶片的认证规范,确定叶片铺层方案,其内部截面结构及各部位相应的铺层方案如图 6-7 所示。

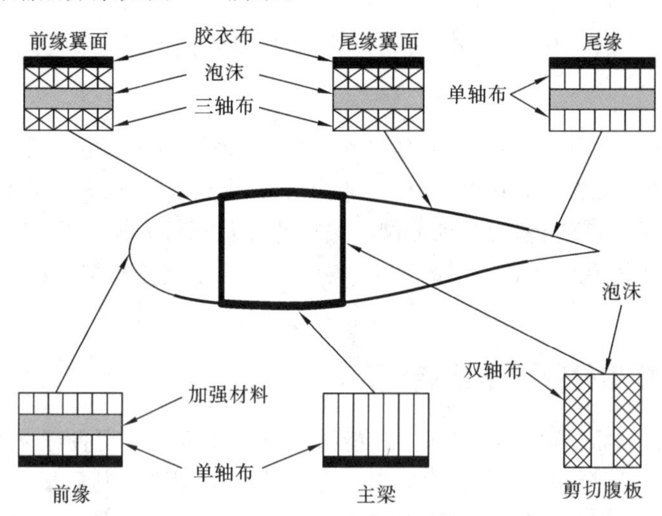

图 6-7　叶片内部结构及铺层方案

图 6-7 所示叶片具体铺层方案为:叶根铺设三轴向层合板,最大厚度为 96.8 mm;主梁基本由单轴向层合板组成,沿叶片展向 22%处厚度达到最大值 54 mm;叶片前缘、尾缘由单轴布及加强材料铺设而成,最大厚度为 20 mm;此外,叶片内表面整体铺设 1.2 mm 厚的加强材料,外表面包括厚度为 0.6 mm 的胶衣布材料;叶片厚度分布沿叶片展向呈现先增加后递减的趋势。

6.2.2　叶片参数化模型的构建

翼型是叶片结构的基础单元,如何合理地选择翼型及沿叶片展向配置翼型是叶片结构设计中首先需要解决的问题。叶片最初所用翼型为以 NACA 系列翼型为代表的航空翼型,当前服役的新型叶片多采用专用翼型。专用翼型的几个典型代表为丹麦 RISΦ-A1、RISΦ-P 及 RISΦ-B1 系列翼型,美国 NREL S 系列翼型及瑞典 FFA-

W 系列翼型。

预设计 1.5 MW 叶片长 40.5 m，在叶根配置相对厚度较大的翼型，以期达到最佳叶根结构强度，而在靠近叶尖部位配置气动性能优异的翼型，从而最大化发电效率。根据设计及翼型展向配置要求，设计中选用 NH02 系列翼型，沿叶片展向不同部位依据相对厚度不同划分 7 个翼型截面。图 6-8 所示为 7 个翼型的几何截面及展向位置示意图。

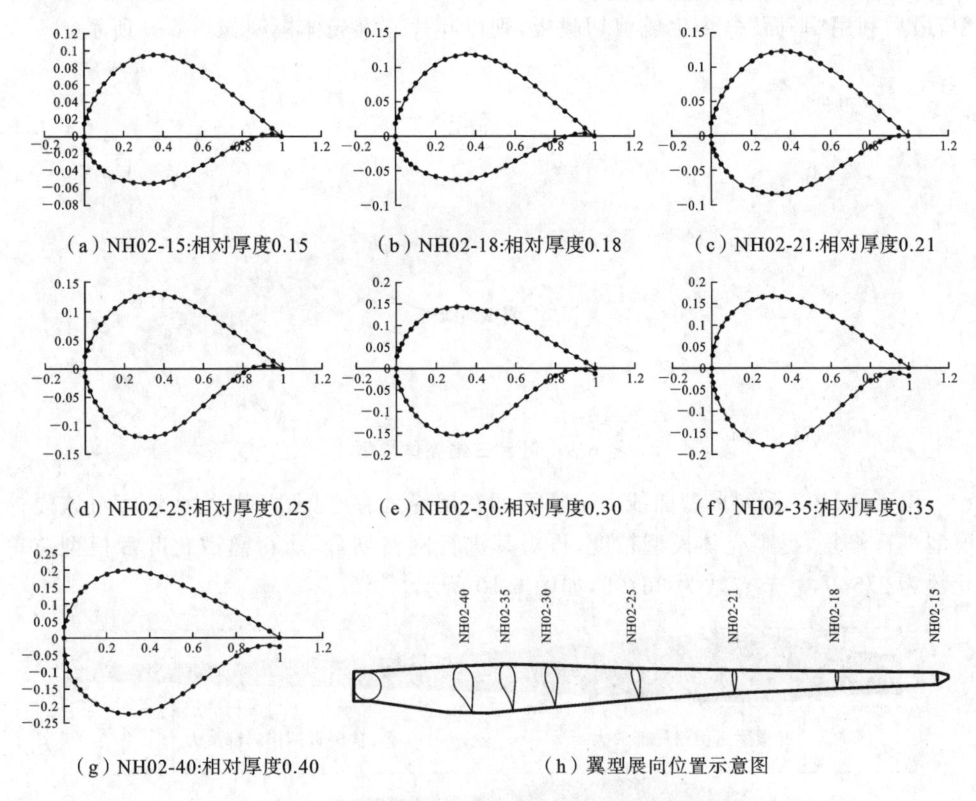

（a）NH02-15:相对厚度0.15　（b）NH02-18:相对厚度0.18　（c）NH02-21:相对厚度0.21

（d）NH02-25:相对厚度0.25　（e）NH02-30:相对厚度0.30　（f）NH02-35:相对厚度0.35

（g）NH02-40:相对厚度0.40　（h）翼型展向位置示意图

图 6-8　叶片翼型几何截面及展向位置示意图

图 6-8 中的坐标是以前缘为坐标原点、前缘指向尾缘弦长方向为 x 轴正向的初始二维坐标 (x_0, y_0)，设以气动中心为坐标原点、以弦长方向为 x 轴方向的二维坐标为 (x_1, y_1)，气动中心坐标为 (X, Y)，则

$$(x_1, y_1) = (x_0, y_0) - (X, Y) \tag{6-23}$$

坐标 (x_1, y_1) 乘以相应截面的弦长便可得到实际弦长的二维坐标。设翼型实际三维坐标为 (x, y, z)，则根据旋转坐标转换公式有

$$\begin{cases} x = c\sqrt{x_1^2 + y_1^2}\cos\left(\arctan\left(\dfrac{y_1}{x_1}\right) + \theta\right) \\ y = c\sqrt{x_1^2 + y_1^2}\sin\left(\arctan\left(\dfrac{y_1}{x_1}\right) + \theta\right) \\ z = r \end{cases} \tag{6-24}$$

式中：c——弦长(m)；

θ——扭角(°)；

r——翼型展向距离(m)。

将由式(6-24)计算得到各翼型截面三维坐标数据保存，采用三维造型方法，通过“曲线”命令生成叶片各截面翼型族，再通过“曲面”命令生成叶片气动壳体三维模型，最后利用“平面”命令生成剪切腹板，则得叶片三维壳体模型如图 6-9 所示。

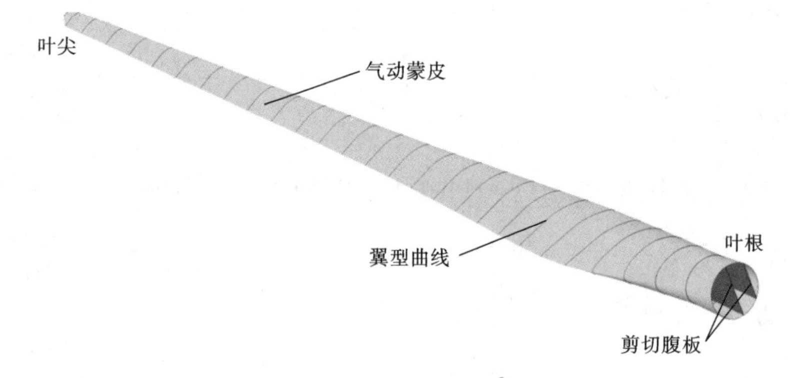

图 6-9　叶片三维壳体模型

由于 NH02 系列翼型曲线上下翼面间在尾缘处存在间隙，因此首先应对该壳体模型进行修复，提高壳体模型精度，再对其进行网格划分，所得离散化叶片模型总单元数为 27549，总节点数为 26709，如图 6-10 所示。

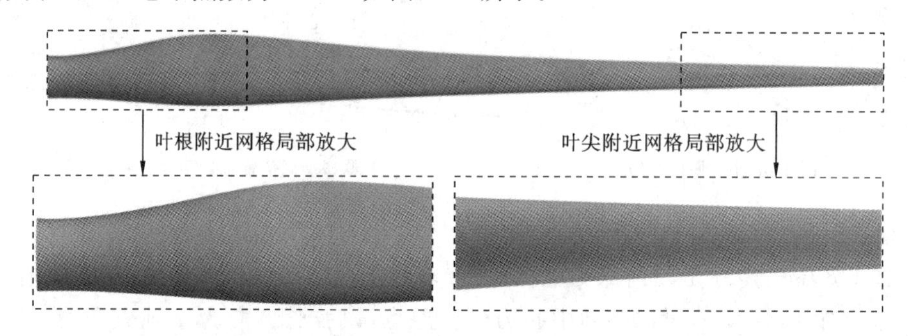

图 6-10　叶片网格模型

将叶片网格模型依据图 6-7 所示的铺层方案进行铺层区域划分，即建立相应单元集(element sets)，并定义表 6-1 所示铺层材料力学属性，基于有限元数值分析法进行叶片铺层。为便于叶片铺层设计，用简单字母代替各个材料对应的单层布，结合复合材料疲劳测试数据，确定各种材料单层厚度，如表 6-2 所示。

依据表 6-2 定义各铺层材料单层布，单轴布所对应的铺层角为 0°，双轴布对应铺层角为±45°，三轴布对应铺层角为 0°和±45°。完成定义后各单层铺层材料力学性能如图 6-11 所示，主要包括第一、二主方向杨氏模量 E_1、E_2 及面内剪切模量 G_{12}。

表 6-2　叶片铺层材料代号及单层厚度

材 料 名 称	单 层 代 号	单层厚度/mm
单轴布	A	0.97
双轴布	B	0.57
Balsa	C	20
PVC	D	30
加强材料	E	1.2
三轴布	T	0.6
胶衣布	F	0.6

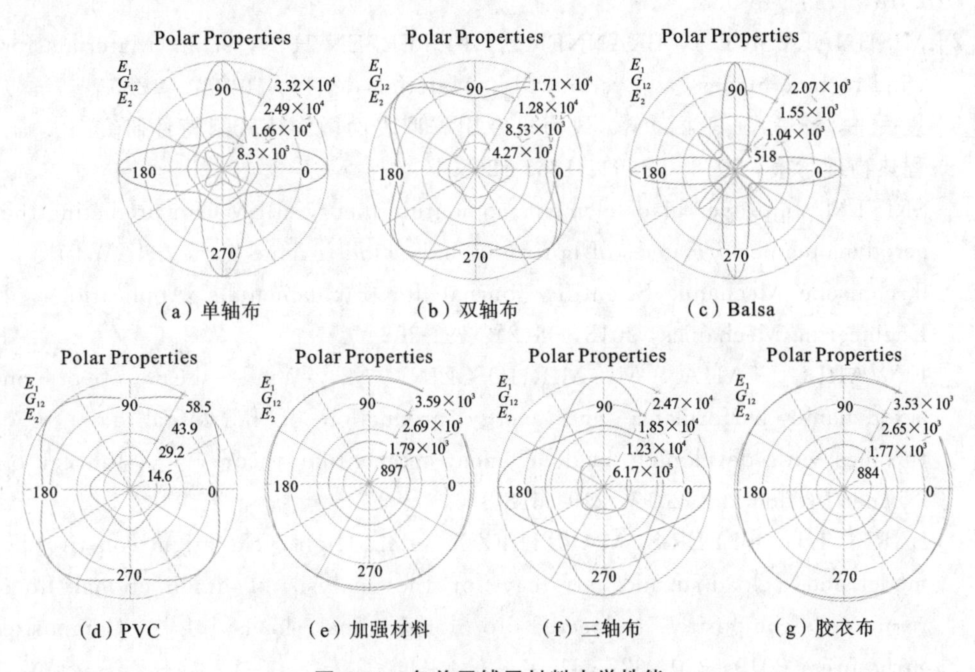

（a）单轴布　（b）双轴布　（c）Balsa

（d）PVC　（e）加强材料　（f）三轴布　（g）胶衣布

图 6-11　各单层铺层材料力学性能

由图 6-11 可知，单轴布在 0°与 90°两个主方向上弹性模量最大，在所有铺层材料单层布中最大，为 3.32×10^4 MPa；剪切模量在±45°方向上最大，其值为 8.3×10^3 MPa。双轴布在±45°方向上弹性模量有最大值，为 1.71×10^4 MPa；而剪切模量最大值却在 0°与 90°两个主方向上，相较于单轴布而言，双轴布各向异性并不明显。对于 Balsa 单层布，其弹性模量在数值上比单轴布与双轴布的小很多，且只存在第二主方向弹性模量，最大值为 2.07×10^3 MPa；剪切模量最大值在±45°方向上，其值为 1.04×10^3 MPa。PVC 则近似为各向同性材料，且在所有材料中弹性模量与剪切模量均最小，其最大值分别为 58.5 MPa、21.9 MPa。加强材料与胶衣布为两种各向同性材料，其弹性模量与剪切模量相近，弹性模量分别为 3.59×10³ MPa、3.53×10³ MPa，剪切模量均为 1.34×10³ MPa。三轴布是具有明显强方向性的材料，其力学性能仅次于单轴布，最大弹性模量达 2.47×10⁴ MPa，最大剪切模量达 6.17×10³ MPa。在上述材料中选取单层布为铺层基本材料。

本章参考文献

[1] MENEZES E J N, ARAÚJO A M, DA SILVA N S B. A review on wind turbine control and its associated methods[J]. Journal of Cleaner Production, 2018, 174: 945-953.

[2] MISHNAEVSKY L, BRANNER K, PETERSEN H N, et al. Materials for wind turbine blades: an overview[J]. Materials, 2017, 10(11): 1285.

[3] 袁一平，杨华，石亚丽，等. 风力机专用翼型表面微沟槽减阻特性研究[J]. 工程热物理学报，2018，39(6)：1258-1266.

[4] SRITI M. Improved blade element momentum theory (BEM) for predicting the aerodynamic performances of horizontal axis wind turbine blade (HAWT)[J]. Technische Mechanik Scientific Journal for Fundamentals Applications of Engineering Mechanics, 2018, 38(2): 191-202.

[5] KAVARI G, TAHANI M, MIRHOSSEINI M. Wind shear effect on aerodynamic performance and energy production of horizontal axis wind turbines with developing blade element momentum theory[J]. Journal of Cleaner Production, 2019, 219: 368-376.

[6] BARBU L G, OLLER S, MARTINEZ X, et al. High-cycle fatigue constitutive model and a load-advance strategy for the analysis of unidirectional fiber reinforced composites subjected to longitudinal loads[J]. Composite Structures, 2019, 220: 622-641.

[7] GARATE J, SOLOVITZ S A, KIM D. Fabrication and performance of segmented thermoplastic composite wind turbine blades[J]. International Journal of Precision Engineering Manufacturing-Green Technology, 2018, 5(2): 271-277.

[8] GOH G D, DIKSHIT V, NAGALINGAM A P, et al. Characterization of mechanical properties and fracture mode of additively manufactured carbon fiber and glass fiber reinforced thermoplastics[J]. Materials Design, 2018, 137: 79-89.

[9] MURRAY R E, ROADMAN J, BEACH R. Fusion joining of thermoplastic

composite wind turbine blades: lap-shear bond characterization[J]. Renewable Energy, 2019, 140: 501-512.

[10] SHOKRIEH M, RAFIEE R. Fatigue life prediction of wind turbine rotor blades [M] //Fatigue Life Prediction of Composites and Composite Structures. Elsevier, 2020: 681-710.

[11] 蔡新,等.风力发电机叶片[M].北京:中国水利水电出版社,2014.

[12] WANG X D,SHEN W Z,ZHU W J. Shape optimization of wind turbine blades [J]. Wind Energy,2009,12(6):781-803.

[13] 王琼,魏克湘,耿晓锋.多兆瓦级风力机叶片的优化设计与动力学特性分析[J].湖南工程学院学报(自然科学版),2015,25(1):21-27.

[14] 郑玉巧,潘永祥,魏剑峰,等.叶片翼型结冰形态及其气动特性[J].南京航空航天大学学报,2020,52(4):632-638.

[15] 郑玉巧,赵荣珍,刘宏.大型风力机叶片气动与结构耦合优化设计研究[J].太阳能学报,2015,36(8):1812-1817.

第7章　叶片尾缘结构设计

7.1　叶片静强度校核

7.1.1　静强度试验

依据某风力发电机叶片制造企业1.5 MW叶片进行结构设计，为验证该叶片承载能力，对其在挥舞与摆振两个方向上加载极限载荷，测试其结构响应，并与理论计算值进行比较，以判断叶片静态承载能力是否达标。整个试验装置如图7-1所示。

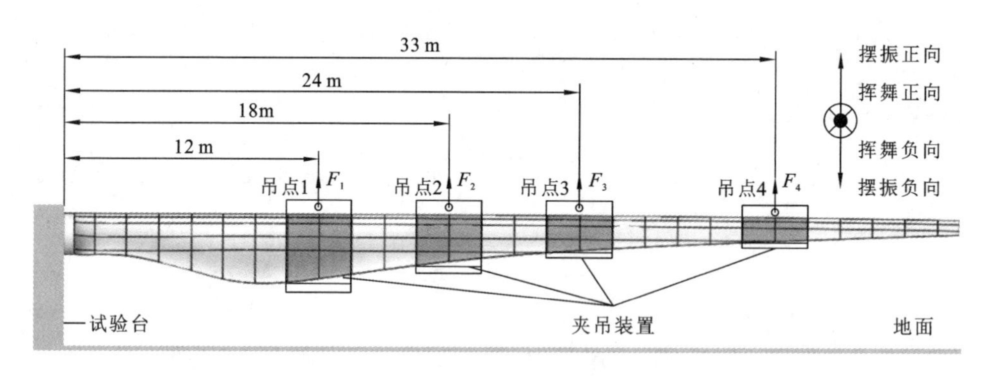

图7-1　叶片静强度试验装置示意图

图7-1所示为摆振正向静强度试验装置，可定义摆振负向为竖直向下方向，挥舞正向为垂直页面朝外方向，挥舞负向为垂直页面朝里方向。为使试验结果符合实际工况，将叶片与试验台通过轮毂连接，并以300 kN的螺栓预紧力固定，分别在距叶根12 m、18 m、24 m和33 m处利用吊车同时竖直向上加载载荷。在静强度试验中按照叶片设计载荷加载，既能保证试验载荷与设计载荷一致，又可同时满足叶片总体与局部受力要求。叶片静强度试验载荷见表7-1。

依据如图7-1所示静强度试验装置及表7-1所列静强度试验载荷展开叶片静强度试验，并提取叶片0%～70%长度范围内的载荷极限安全因子，结果如图7-2所示。

表 7-1　叶片静强度试验载荷

参数	距叶根距离/m	挥舞正向/kN	挥舞负向/kN	摆振正向/kN	摆振负向/kN
值	12	42.9	30.8	41.18	36.9
	18	40.7	9.63	31.96	17.1
	24	39	21.2	25.54	17.8
	33	77.71	69.4	38.97	36.1

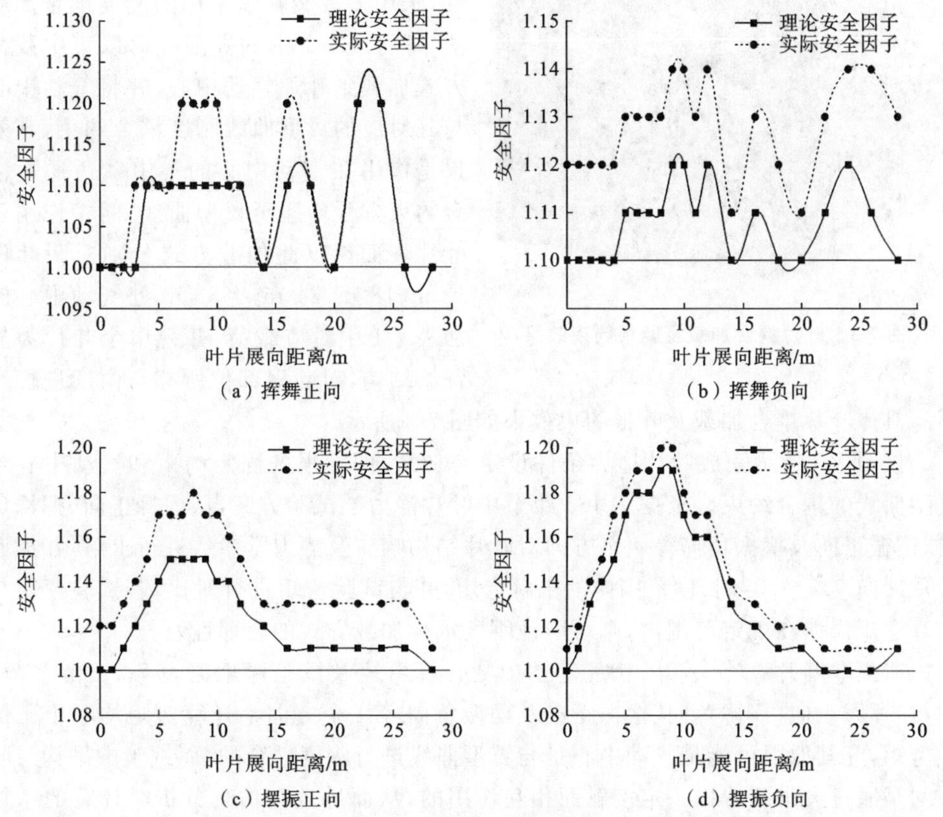

图 7-2　叶片 0%～70%长度范围内载荷极限安全因子

依据 GL 规范，叶片 0%～70%的长度范围内，载荷极限安全因子应不小于 1.1。由图 7-2 可知，所有工况下，包括摆振正向、负向与挥舞正向、负向，沿叶片 0%～70%(0～28.35 m)长度的载荷极限安全因子均满足设计要求，因此该叶片的静态承载能力满足 GL 规范要求。

7.1.2　静强度校核

载荷计算是叶片设计与认证时的重要依据，用于对叶片进行静强度与疲劳强度分析。作用于叶片的载荷包括空气动力载荷、重力载荷、惯性载荷及结冰载荷，由于本节重点研究叶片静态承载能力，因此仅考虑空气动力载荷与重力载荷，并将其合成为一个集中载荷。

采用 6.2.2 小节中建立 1.5 MW 叶片有限元模型的方法，以 7.1.1 小节叶片静强度试验中的叶片为研究对象，建立其仿真模型，以便于对其进行后续静力学及动态特性分析。在叶片静力学分析中加载时，为保证仿真结果与试验结果的较高一致性，采用多数文献中采用的刚度耦合加载法，即将表 7-1 中的极限载荷以集中载荷方式加载到叶片气动中心，并将气动中心与其对应的翼型曲线刚度耦合约束，其效果是作用在气动中心的集中载荷通过耦合约束方程传递至翼型曲线，间接作用于叶片表面。以此加载方式分别对距叶根 12 m、18 m、24 m 及 33 m 处气动中心施加表 7-1 中对应载荷，并视单个叶片为悬臂梁结构，对叶根部位所有自由度进行约束。具体叶片耦合加载及叶根约束效果如图 7-3 所示。

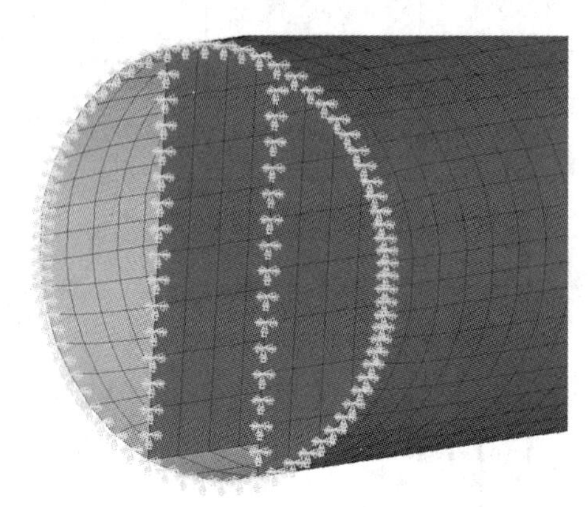

图 7-3　叶片耦合加载及叶根约束效果

按图 7-3 所示完成叶片边界条件设定与加载，即叶根的固定约束和气动中心与翼型曲线的耦合约束。依据 7.1.1 小节中叶片静力学试验方案，从挥舞正向、挥舞负向、摆振正向及摆振负向等 4 个方向对叶片结构响应及静力学参数进行求解，并提取叶片展向 0%～70%长度范围内的求解弯矩，并与试验弯矩进行对比，若试验弯矩与计算弯矩误差在规定范围内，则可验证刚度耦合加载方式的合理性。

所提取叶片 0%～70%长度范围内的计算弯矩及试验弯矩见表 7-2。由表 7-2 知，在挥舞正向、挥舞负向、摆振正向及摆振负向等 4 个方向上计算弯矩均略小于试验弯矩，究其原因可能是气动中心是与翼型曲线进行刚度耦合的，而试验中吊钩与叶片间是通过夹吊装置以一定接触面相互作用的，从而导致在仿真分析时计算的弯矩整体偏小。

表 7-2　叶片 0%～70%长度范围内弯矩　　（单位：kN·m）

展向距离/m	挥舞正向		挥舞负向		摆振正向		摆振负向	
	计算值	试验值	计算值	试验值	计算值	试验值	计算值	试验值
0	5893.1	5915.6	4429.6	4515.4	3784.2	3864.6	2660.3	2690.4
1	5670.3	5691.5	4253	4332.1	3637	3713.7	2558.3	2586.8
2	5447.6	5467.4	4076.4	4151.9	3489.8	3562.7	2456.3	2483.2
3	5224.8	5243.3	3899.8	3971.6	3342.6	3411.8	2354.3	2379.6

续表

展向距离/m	挥舞正向		挥舞负向		摆振正向		摆振负向	
	计算值	试验值	计算值	试验值	计算值	试验值	计算值	试验值
4	5002.1	5019.2	3723.2	3791.4	3195.4	3260.8	2252.3	2276
5	4779.3	4795.1	3546.6	3611.1	3048.2	3109.8	2150.3	2172.5
6	4556.6	4570.9	3370	3430.9	2901	2958.9	2048.3	2068.9
7	4333.8	4346.8	3193.4	3250.6	2753.8	2807.9	1946.3	1965.3
8	4111.1	4122.7	3016.8	3070.4	2606.6	2657	1844.3	1861.7
9	3888.3	3898.6	2840.2	2890.1	2459.4	2506	1742.3	1758.1
10	3665.6	3674.5	2663.6	2709.9	2312.2	2355	1640.3	1654.6
11	3442.8	3450.4	2487	2529.6	2165	2204.1	1538.3	1551
12	3220.1	3226.3	2310.4	2349.4	2017.8	2053.1	1436.3	1447.4
14	2797.3	2801.3	1986	2018.7	1740.6	1769.4	1246	1254.6
16	2442.5	2446.1	1748	1777.8	1515.2	1540.3	1097	1104.7
18	2087.7	2090.9	1510	1536.8	1289.8	1311.2	948	954.8
20	1732.9	1735.7	1272	1295.9	1064.4	1082.1	799	804.9
22	1468.8	1471	1094	1115.2	908	922.2	687	692.1
24	1204.7	1206.3	916	934.5	751.6	762.3	575	579.2
26	940.6	941.6	738	753.8	595.2	602.4	463	466.4
28.35	735	735.7	590	603.1	470	474.9	370	372.7

求解计算弯矩与试验弯矩间的相对误差，结果如图 7-4 所示。由图 7-4 可知计算弯矩与试验弯矩虽存在一定误差，但整体来看，误差均在 2.5%以内，根据 GL 规范，各个方向叶片弯矩相对误差均满足要求。

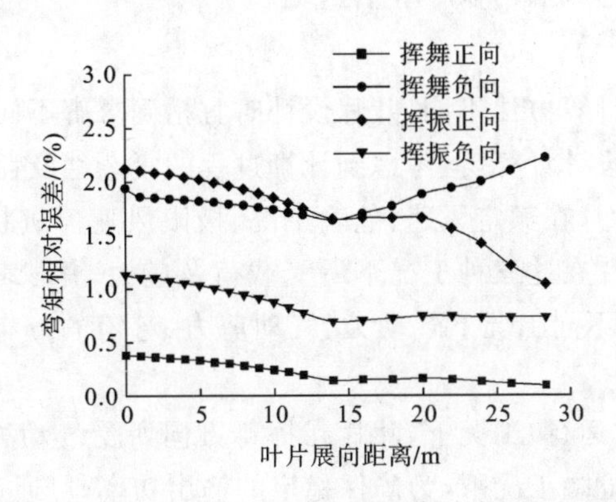

图 7-4　叶片展向 0%～70%长度范围内的弯矩相对误差

7.1.3 叶片尾缘失效分析

采用叶片有限元模型进行静强度校核过程中，对叶片摆振方向施加静强度极限载荷时，叶片尾缘部位距叶根 7.5～9 m 段出现翘曲失效，为进一步研究该段发生失效的原因及规律，提取该段尾缘胶粘连接线的挠度值。该段尾缘翘曲变形及摆振挠度如图 7-5 所示。

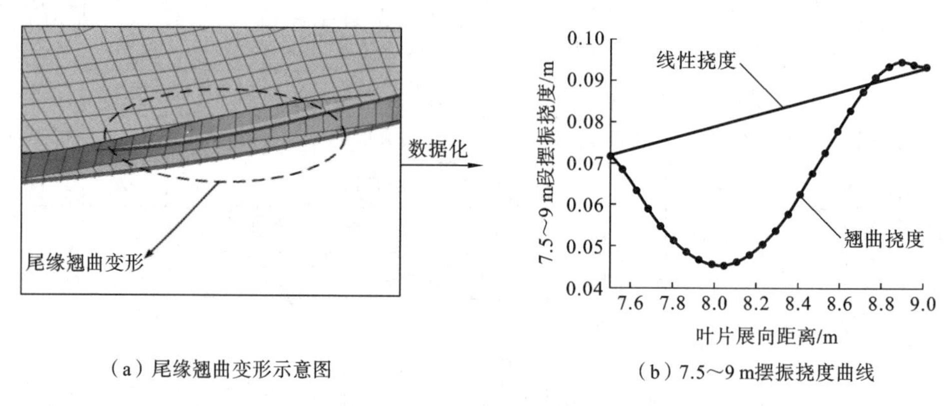

（a）尾缘翘曲变形示意图　　（b）7.5～9 m摆振挠度曲线

图 7-5　尾缘翘曲变形及摆振挠度

图 7-5(a)显示，叶片尾缘部位 7.5～9 m 段发生明显的翘曲失效，而翘曲方向主要集中于摆振方向，通过图 7-5(b)也可看出该部位摆振方向挠度变化呈现明显非线性，即产生翘曲挠度，翘曲挠度是该尾缘区域整体挠度与该区域本身翘曲变形的线性叠加。叶片尾缘发生局部翘曲变形，使得其强度、刚度等力学性能显著下降，甚至会导致叶片断裂，因此，有必要解决叶片在极限载荷作用下摆振方向的翘曲失效问题。

7.2 不同工况下叶片气动力、气动剪力、弯矩的分布情况

不同工况下载荷计算方法不同，叶片设计时宜精确求解不同工况下叶片的受力，从中选取最大值用于设计计算，但考虑到计算过程的复杂性及耗时问题，本节采取折中方法，即分别计算叶片在额定风速、危险工况、极限风速停机状态下对应载荷情况及应力分布。对比叶片在这三种工况下所受载荷及应力，并取其最大值。依据规范标准，安全系数取 2。不同工况下气动力、气动剪力、弯矩的分布情况分别如图 7-6、图 7-7、图 7-8 所示。

在额定风速（正常运行）工况下，叶片在挥舞方向所受气动力较大，相反地，在摆振方向受力较小。在危险工况下，为确保稳定的输出功率，可通过调整叶片桨距角使风轮转矩保持稳定，由于叶片挥舞方向的受力主要提供风轮转矩，因此，叶片挥舞方

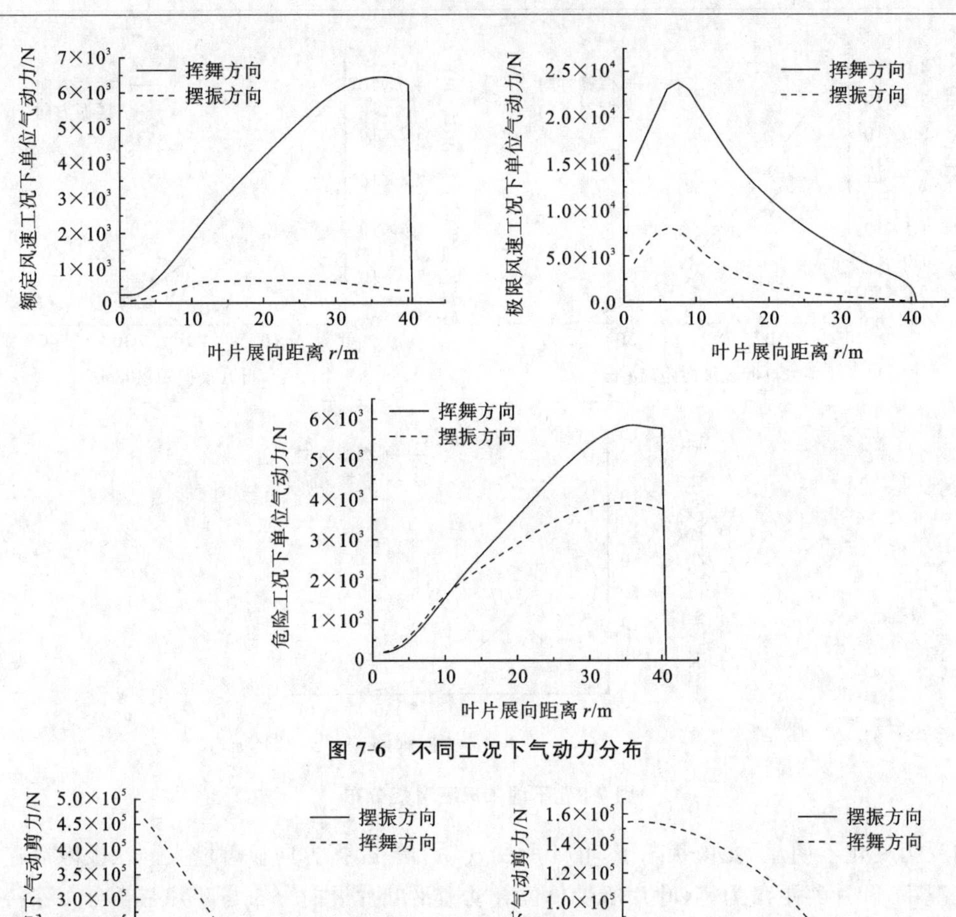

图 7-6　不同工况下气动力分布

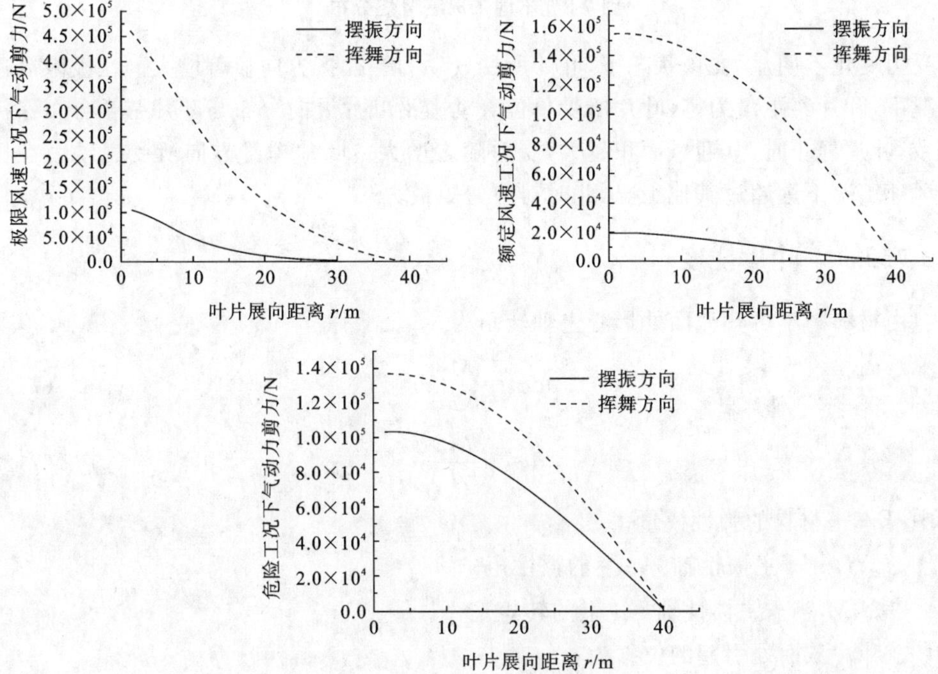

图 7-7　不同工况下气动剪力分布

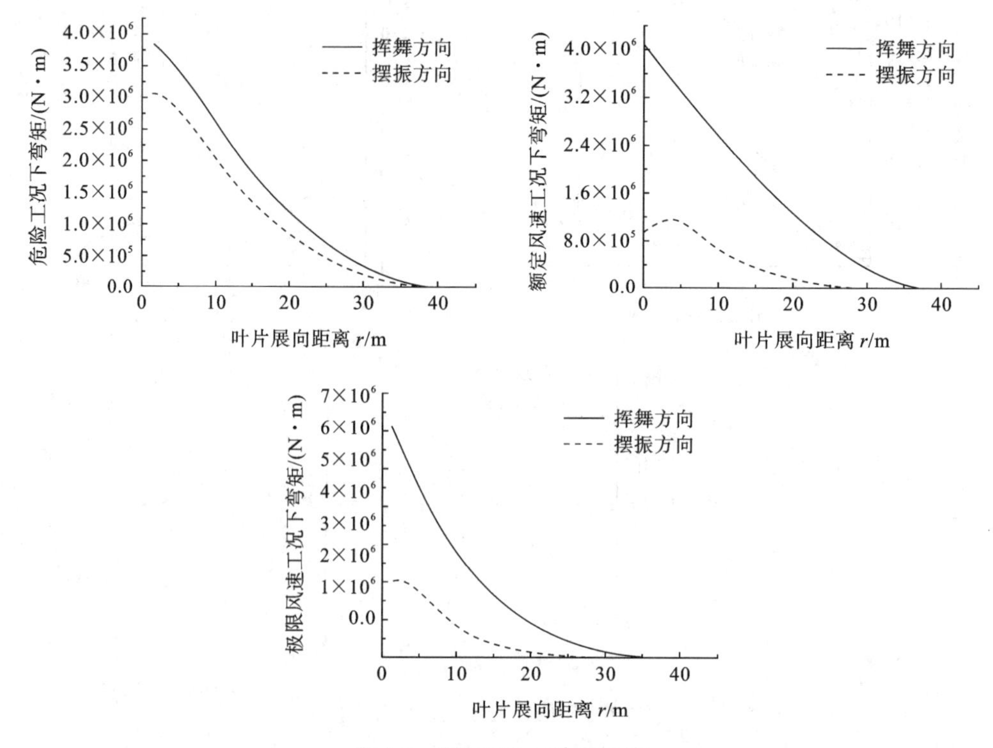

图 7-8　不同工况下弯矩分布

向受力变化不明显，在该状态下，叶片所受气动力在摆振方向显著增大。在极限风速工况下，叶片桨距角为零，叶片所受单位气动力沿叶片展向分布与叶片弦长分布保持一致，叶片静止时，其迎风面积越大，受力随之增大。叶片挥舞方向所受气动力在极限风速工况下远超过其他工况，此时对应弯矩最大。

7.2.1　叶片挠度

由材料力学可知截面处形心主轴转角为

$$\mathrm{d}\varphi_{\xi}=\frac{M_{\eta}}{EJ_{\eta}}\mathrm{d}r \tag{7-1}$$

$$\mathrm{d}\varphi_{\eta}=\frac{M_{\xi}}{EJ_{\xi}}\mathrm{d}r \tag{7-2}$$

式中：E——材料的弹性模量；

J_{η}、J_{ξ}——主惯性轴 η、ξ 上的惯性矩；

M_{η}、M_{ξ}——主惯性轴 η、ξ 上的转矩。

在叶片截面处引起的位移为

$$\mathrm{d}\xi=\mathrm{d}\varphi_{\xi}(R-r)=\frac{M_{\eta}}{EJ_{\eta}}(R-r) \tag{7-3}$$

$$\mathrm{d}\eta=\mathrm{d}\varphi_{\eta}(R-r)=\frac{M_{\xi}}{EJ_{\xi}}(R-r) \tag{7-4}$$

7.2.2　双向布铺层厚度

可采用 NREL 提出的经验公式对双向布铺层厚度进行求解：

$$t_{\mathrm{db}}=\max[0.0025\cdot\max(w_{\mathrm{p1}},w_{\mathrm{p2}},\cdots,w_{\mathrm{p}n}),m_{\mathrm{dbp}}\cdot t_{\mathrm{dbp}}] \tag{7-5}$$

式中：$w_{\mathrm{p}i}$——第 i 与 $i+1$ 个腹板间的面板宽度；

m_{dbp}——双向布单层铺设量的最少层数，一般取 3；

t_{dbp}——双向布的单层厚度。

工程上常采用经验公式(7-5)计算双向布铺层厚度，在后续叶片结构优化时对铺层方案进行修正完善，得到最优双向布铺层厚度。

7.2.3　单向布铺层厚度

采用极限强度计算单向布铺层厚度。若依据强度准则，计算单向布铺层厚度时，必须求得截面抗弯刚度等参数，几何特性参数系列公式如下：

$$EI_{x}=E_{sk}I_{sk}+E_{sw}I_{sw}+E_{sc}I_{sc} \tag{7-6}$$

式中：E_{sk}、E_{sw}、E_{sc}——弹性模量在 x、y 和 z 方向的分量；

I_{sk}、I_{sw}、I_{sc}——截面惯性矩在 x、y、z 方向上的分量。

$$E_{sc}I_{sc}=\int_{A_{sc}}E_{sc}Y_{\mathrm{R}}^{2}\mathrm{d}A=\sum_{i=1}^{n}E_{sc}y_{\mathrm{R}_i}^{2}\,\mathrm{d}A_{i}=\sum_{i=1}^{n}E_{sc}y_{\mathrm{R}}^{2}(\mathrm{d}l_{sci}\delta_{sci}) \tag{7-7}$$

同理可求 EI_{y}、EI_{xy}、ES_{x}、ES_{y}。

$$X_{\mathrm{E}}=\frac{ES_{y}}{EA},\quad Y_{\mathrm{E}}=\frac{ES_{x}}{EA} \tag{7-8}$$

$$\alpha=\frac{1}{2}\tan^{-1}\left(\frac{2EI_{xy}-X_{\mathrm{E}}Y_{\mathrm{E}}EA}{EI_{y}-X_{\mathrm{E}}^{2}EA-EI_{x}+Y_{\mathrm{E}}^{2}EA}\right) \tag{7-9}$$

$$EI_{1}=EI_{x}-Y_{\mathrm{E}}^{2}EA-(EI_{xy}-X_{\mathrm{E}}Y_{\mathrm{E}}EA)\tan\alpha \tag{7-10}$$

$$EI_{2}=EI_{y}-X_{\mathrm{E}}^{2}EA+(EI_{xy}-X_{\mathrm{E}}Y_{\mathrm{E}}EA)\tan\alpha \tag{7-11}$$

$$f(\delta_{sc})=\sigma_{\max}-[\sigma] \tag{7-12}$$

其中

$$\sigma=E[\frac{M_{1}y}{EI_{1}}-\frac{M_{2}x}{EI_{2}}+\frac{N}{EA}],\quad \sigma_{\max}=\max(\sigma) \tag{7-13}$$

式(7-13)为单向布铺层厚度隐式方程，求解过程中采用牛顿迭代法。

7.2.4　夹芯层厚度

叶片结构常采用夹芯层以提高叶片整体刚度，进而增强叶片受压区抗屈曲失稳能力。叶片背风面承受极大的纵向载荷压力，加之叶片翼型在前缘弯曲程度较大，这将导致前缘曲率增大。假定屈曲失稳不发生在叶片翼型前缘，叶片中间有主梁、腹板结构,承载能力较强,因此不产生失稳性破坏,此时,其夹芯层厚度计算问题直接转化为计算层合板屈曲问题。由于后缘受纵向压力影响,其计算主要考虑纵向载荷分布时层合板弯曲方程。

层合板纵向载荷分布示意图如图 7-9 所示,平板简化后的临界屈曲应力可用式(7-14)表示:

$$N_{cr}=4\cdot\frac{\pi^2 D}{b^2} \tag{7-14}$$

式中:N_{cr}——临界载荷;

D——板的弯曲刚度;

b——板的宽度。

平板弯曲刚度和纵向压力可表示为

$$D(z,\zeta)=\int_{\tau_1}^{\tau_2}\frac{E(z,\zeta,\tau)}{1-[\upsilon(z,\zeta,\tau)]^2}\mathrm{d}\tau \tag{7-15}$$

$$N_z(z,\zeta)=\int_{\tau_1}^{\tau_2}\sigma(z,\zeta,\tau)\mathrm{d}\tau \tag{7-16}$$

式中:$\int_{\tau_1}^{\tau_2}$—— 板厚度方向上底部沿顶端的积分;

$E(z,\zeta,\tau)$—— 复合材料弹性模量;

$\upsilon(z,\zeta,\tau)$—— 泊松比;

$\sigma(z,\zeta,\tau)$—— 轴向弯曲应力;

$D(z,\zeta)$—— 弯曲刚度;

$N_z(z,\zeta)$—— 纵向压力。

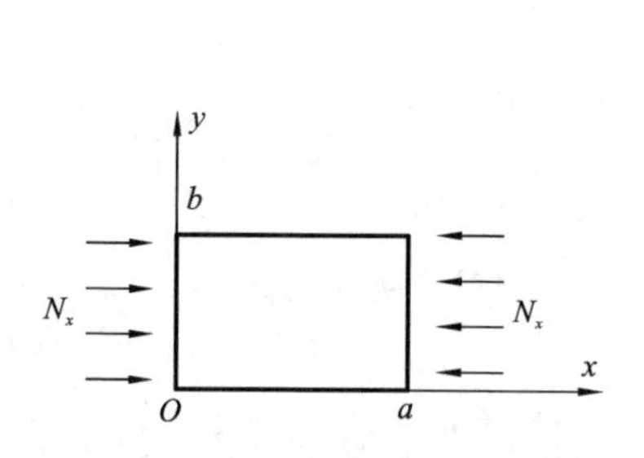

图 7-9 层合板纵向载荷分布示意图

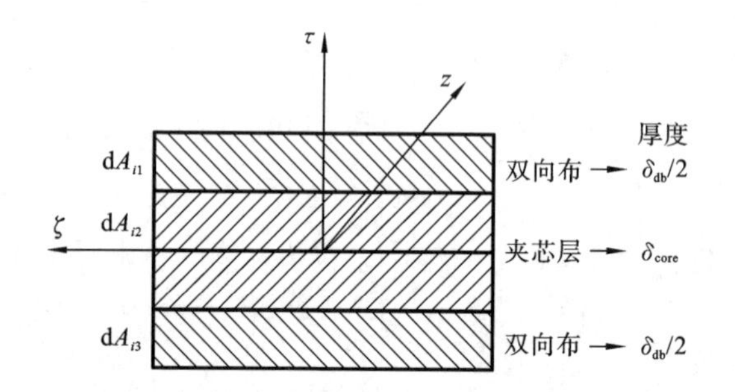

图 7-10 后缘截面铺层简化处理

计算双向布和夹芯层弯曲刚度时后缘部分层合板按各向同性材料处理,后缘截面铺层简化处理如图 7-10 所示,设置 z-ζ 面为中性层面,τ 方向的尺寸视为板的厚度。

在 $\mathrm{d}A_1$、$\mathrm{d}A_2$、$\mathrm{d}A_3$ 上,利用式(7-14)、式(7-15)分别求积分得

$$\mathrm{d}D_{i1}=\mathrm{d}D_{i3}=\int_{\frac{\delta_{core}}{2}}^{\frac{\delta_{core}+\delta_{db}}{2}}\frac{E_{db}}{1-\upsilon_{db}^2}\tau^2\mathrm{d}\tau$$

$$= \frac{E_{\mathrm{db}}}{1-\upsilon_{\mathrm{db}}^2}\left(\frac{1}{24}t_{\mathrm{db}}^3+\frac{1}{8}t_{\mathrm{db}}^2 t_{\mathrm{core}}+\frac{1}{8}t_{\mathrm{db}}t_{\mathrm{core}}^2\right) \tag{7-17}$$

$$\mathrm{d}D_{i2} = \int_{\frac{-\delta_{\mathrm{core}}}{2}}^{\frac{\delta_{\mathrm{core}}}{2}} \frac{E_{\mathrm{core}}}{1-\upsilon_{core}^2}\tau^2\mathrm{d}\tau = \frac{E_{\mathrm{core}}}{1-\upsilon_{core}^2}\left(\frac{1}{12}t_{\mathrm{core}}^3\right) \tag{7-18}$$

令 $\mathrm{d}D=2\mathrm{d}D_{i1}+\mathrm{d}D_{i2}=D$，联立式(7-16)和式(7-17)，可得到迭代式(7-18)，即

$$\begin{aligned}\frac{N_z(z,\zeta)\cdot b^2}{4\pi^2}=&\left(\frac{1}{12}\frac{E_{\mathrm{core}}}{1-\upsilon_{\mathrm{core}}^2}\right)\cdot\delta_{\mathrm{core}}^3+\left(\frac{1}{4}\frac{E_{\mathrm{db}}}{1-\upsilon_{\mathrm{db}}^2}\cdot\delta_{\mathrm{db}}\right)\cdot\delta_{\mathrm{core}}^2\\&+\left(\frac{1}{4}\frac{E_{\mathrm{db}}}{1-\upsilon_{\mathrm{db}}^2}\cdot\delta_{\mathrm{db}}^2\right)\cdot\delta_{\mathrm{core}}+\frac{1}{12}\frac{E_{\mathrm{db}}}{1-\upsilon_{\mathrm{db}}^2}\delta_{\mathrm{db}}^3\end{aligned} \tag{7-19}$$

采用牛顿迭代法对式(7-19)进行计算。

7.2.5　叶根增强层厚度

由于叶片根部与轮毂连接，根部为受力最大区域，因此叶根设计应保证有足够强度和刚度，必须对叶根处进行补强设计；另外，设计方案取决于叶根与轮毂的连接方式。目前，叶根增强层主要通过 NREL 提出的经验公式进行求解。叶片长度在 20～80 m 范围内时，其叶根增强层厚度用式(7-20)表示：

$$t_{\mathrm{root}}=0.08\sqrt{\frac{R}{40}} \tag{7-20}$$

式中：R——风轮半径(m)。

先给定一组初始铺层厚度，然后计算叶片几何特性、叶片载荷及内力，包括气动力、惯性力和离心力计算，涉及气动参数、铺层厚度和几何特性；弯曲变形和扭转变形在叶片计算过程中可视为约束条件，其受力作用于叶片剖面，根据变形大小适当修正气动参数，然后反馈到气动设计。铺层厚度计算过程如图 7-11 所示。

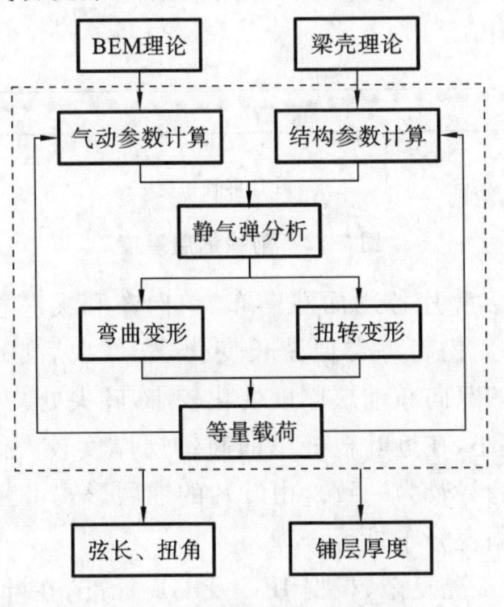

图 7-11　铺层厚度计算过程

由图 7-11 可知，叶片几何特性求解贯穿于叶片整个结构设计过程，不同模块之间相互关联。值得注意的是，若描述其中一部分或者一个模块，减少不同模块之间的联系，则很难最佳描述整个叶片结构设计参数，极易陷入单个模块孤立的情况。

7.3 叶片结构计算结果与分析

本节在第 5 章提出的叶片气动外形设计的基础上，对复合材料叶片结构参数进行求解。首先给定叶片气动相关参数及初始叶片的铺层方案，然后对各个翼型剖面的几何特性、叶片载荷及内力进行求解，进而获取叶片变形、应力及叶片结构设计的初始值。将叶片翼型截面的气动布局、载荷、结构铺层形式、铺层材料的属性依次输入工程算法中，并对叶片剖面结构进行简化处理，具体将其分为前缘、后缘、主梁三部分，并使其三部分铺层厚度各自保持独立，铺层厚度在剖面分块区域内保持均匀分布。相应强度及刚度的计算实质为叶片的抗弯刚度 EI 的计算。对铺层厚度进行迭代求解时，其本质为更新柔性叶片结构几何参数。

图 7-12 至图 7-14 反映复合材料叶片各个剖面前缘、后缘及主梁的铺层厚度变化规律及其与商业叶片的对比。由图可知，前缘铺层在叶根处厚度较大，其余部分基本相同。后缘铺层除叶根处厚度较小外，其余部分厚度沿叶片展长方向线性递减，整体变化趋势平稳。主梁铺层在靠近叶根处厚度较小而其余部分厚度逐渐减小，向叶尖变化，其中靠近 20%叶片展长处减小幅度较大，接着趋于稳定。

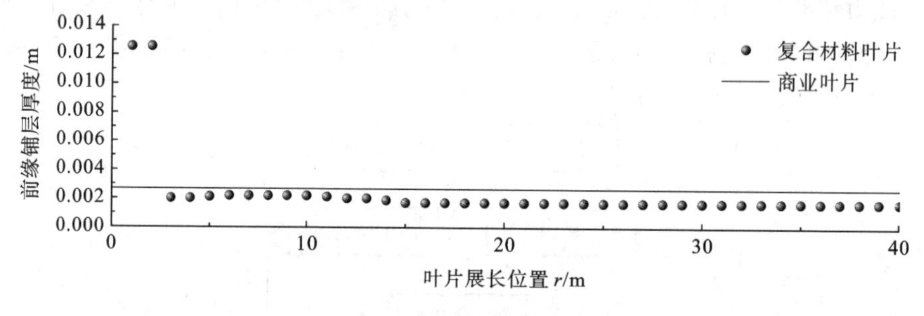

图 7-12　前缘铺层厚度

图 7-15 至图 7-17 为叶片各剖面双向布、单向布和夹芯材料的铺层厚度。由图可知，双向布铺层厚度变化趋势类似弦长变化，先增大后减小，最大值在叶片展长 20%处；叶片中间部分的双向布铺层厚度变化较小，叶尖处减小较快。单向布铺层厚度从叶根逐渐向叶尖减小，在近叶根处单向布铺层厚度较大。夹芯层铺层厚度先增大后逐渐减小，减小的趋势较为一致。由叶片的铺层形式可获取叶片的挥舞刚度、摆振刚度，进而校验叶片刚度分布是否合理。

风力发电机组运行工况复杂，根据 IEC 及 GL 标准，在叶片结构设计时，极限载

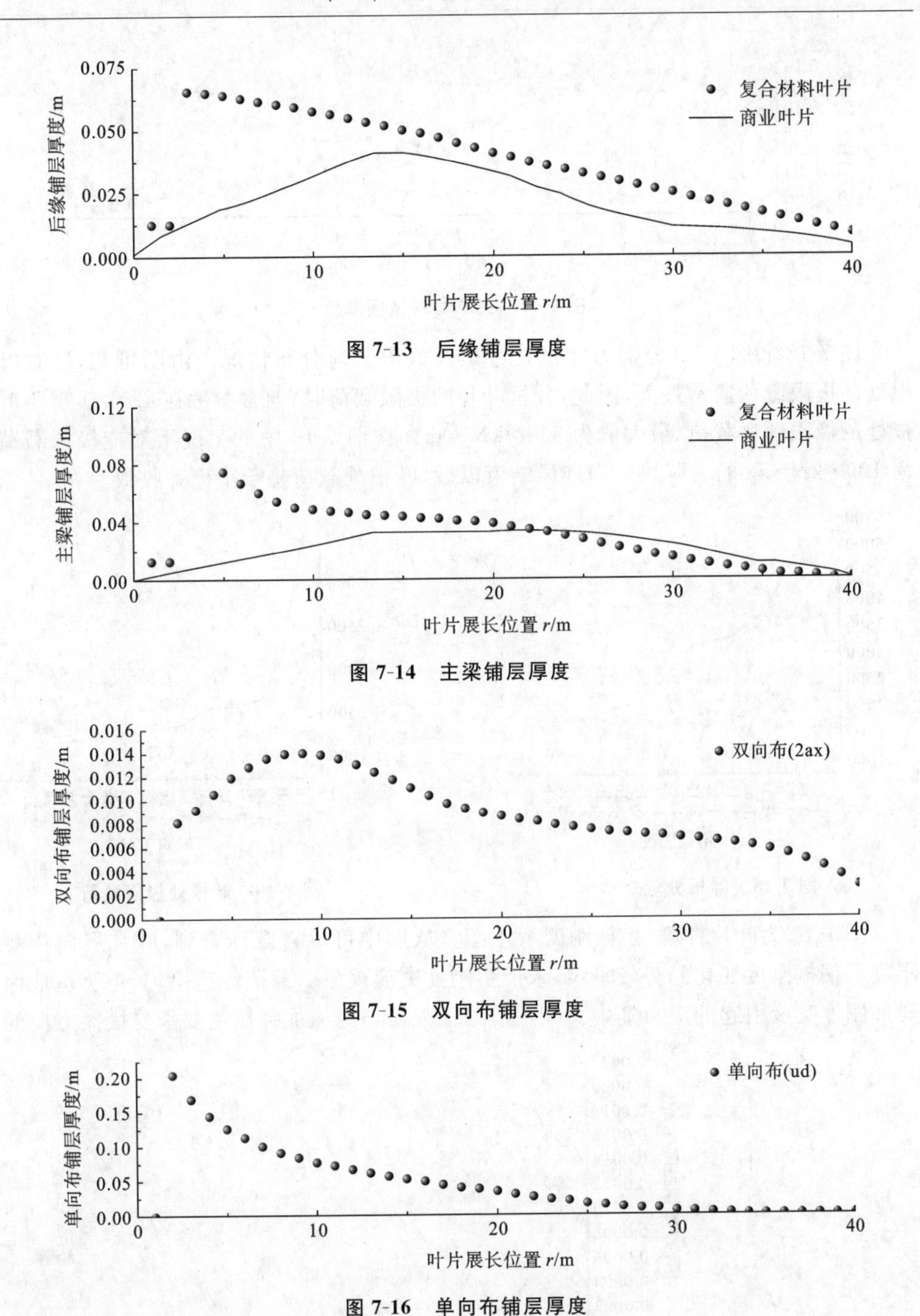

图 7-13 后缘铺层厚度

图 7-14 主梁铺层厚度

图 7-15 双向布铺层厚度

图 7-16 单向布铺层厚度

荷工况模拟方法多，还应考虑其他湍流工况，对这些工况完成一次计算需 20 h 左右。施加 GL 标准中影响叶片气动性能的工况，对叶片进行仿真计算和比较研究，建立以叶根载荷为标准的风力发电机组叶片评价体系。

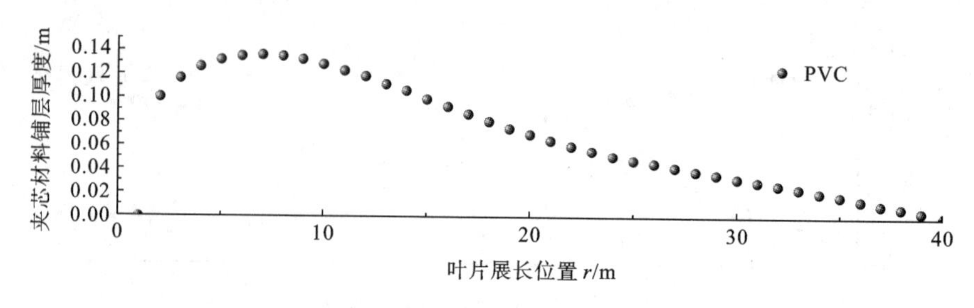

图 7-17 夹芯材料铺层厚度

图 7-18 和图 7-19 分别为叶根处弯矩及极限载荷分布情况。由图可知，叶片叶根处的极限载荷通常最大，因此，分析叶片的极限载荷时，通常参考在 6.1k 工况下叶根处的极限挥舞载荷，最大值为 3500 kN · m。在图 7-19 中的工况下对应极限载荷为 1000 kN · m 的为阵风。当阵风结束以后，叶根处载荷趋于平稳并收敛。

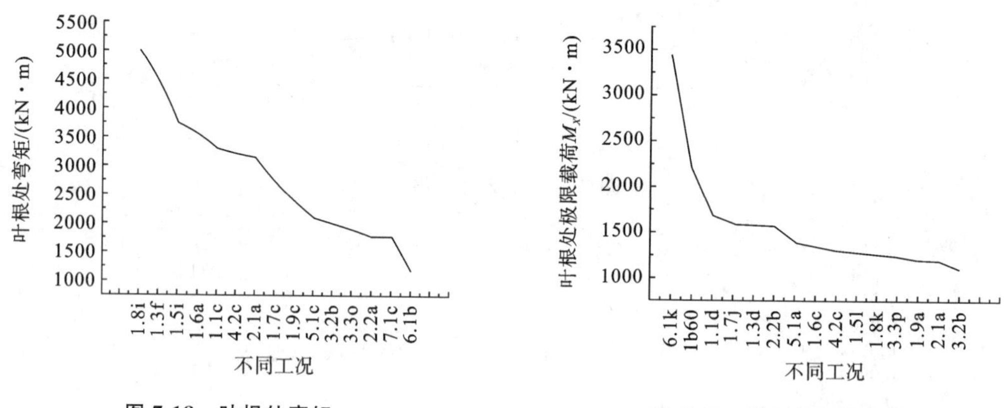

图 7-18 叶根处弯矩

图 7-19 叶根处极限载荷

图 7-20 为叶片挥舞/摆振刚度示意图。从图中可以直观地看到，叶片展向挥舞刚度与摆振刚度变化趋势较平缓，未产生刚度突变现象。载荷传递均匀，不会造成因局部刚度突变引起的应力集中。叶片前缘加强层与尾缘加强层主要承受摆振方向的

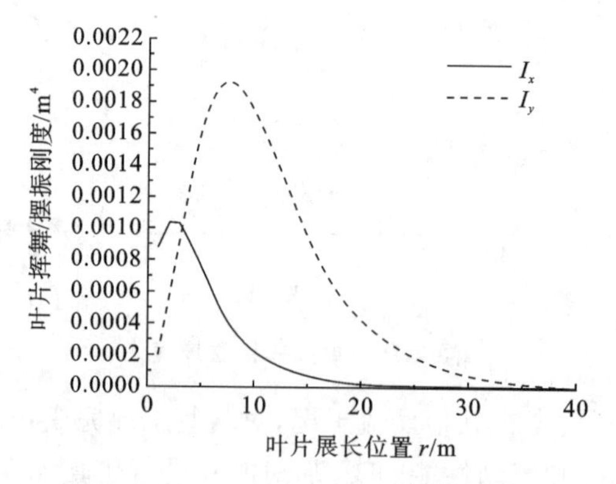

图 7-20 叶片挥舞/摆振刚度示意图

弯矩,在不增加截面质量线密度的条件下,将铺层放置在截面厚度越大处,其对挥舞刚度的贡献越大。所以,增加截面的绝对厚度有助于提高叶片挥舞刚度。

7.4　叶片尾缘结构优化

针对 7.1.3 小节静强度载荷作用下风力发电机叶片尾缘部位易发生翘曲失效的问题,采用自适应单目标优化算法,将叶片气动中心与翼型曲线耦合约束,以叶尖挠度为优化目标,对叶片尾缘结构进行优化设计。

7.4.1　尾缘建模

叶片尾缘发生翘曲失效的原因是叶片壳体模型尾缘上下翼面间距离较小,当进行叶片复合材料铺层时,基于上下翼面的铺层在尾缘区域会产生一定的重叠交叉,从而导致叶片尾缘区域屈服强度明显降低。为解决这个问题,本节提出实-壳体模型,即在叶片壳体单元尾缘胶粘连接线部位引入实体单元,并将实体单元与上下壳体翼面进行多点约束,旨在模拟实际工况下叶片尾缘胶粘剂的作用,进而克服纯壳体模型尾缘强度不足的问题。尾缘建模范围为沿翼展方向 1.5～25.5 m 的尾缘胶粘连接线区域,实体单元为以等腰梯形为横截面、叶片尾缘曲线为横截面延伸方向的六面体,其中等腰梯形横截面简图如图 7-21 所示。

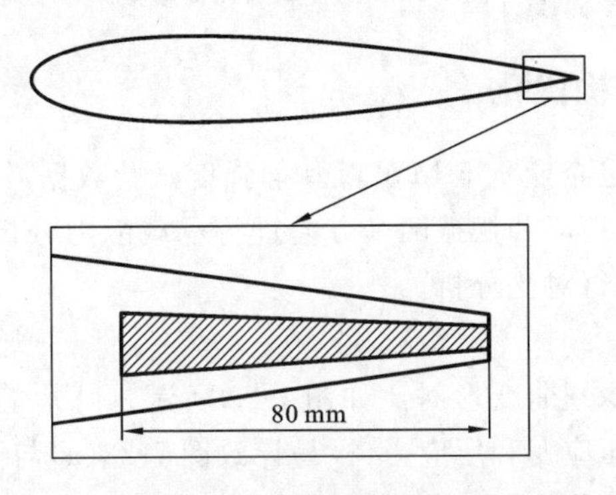

图 7-21　实-壳体叶片模型尾缘建模等腰梯形横截面简图

初定梯形高度为 75 mm,在 50～100 mm 间采用自适应单目标优化算法,以叶尖挠度为优化目标,叶片气动中心与翼型曲线耦合约束,建立优化模型。给定初始样本数量为 10,最大迭代次数为 40,收敛容差为 1×10^{-6},设置 3 个候选解,计算得出最优梯形高度为 80 mm,上下底长为各自对应翼面距离的 1/3,再对各截面几何扫描混合得实体单元。

为验证所提出尾缘建模方法的合理性,将其与图 7-22(b)、图 7-22(c)所示两种尾缘建模方法进行对比分析。第 1 种尾缘建模方法为图 7-22(b)所示的尾缘多点约束的壳体模型,即在尾缘建模区域上下翼面任意两点之间建立焊点连接,引入梁单元;第2种尾缘建模方法为图7-22(c)所示的纯壳体模型,即多数文献中所采用的有限元模型。对于实-壳体模型而言,在完成尾缘几何建模和铺层设计基础上对实体单元和壳体单元进行多点约束,如图7-22(d)所示,先对尾缘建模区域上翼面翼型曲线上的点和实体单元上表面的点两两建立焊点连接,再对下翼面翼型曲线上的点和实体单元下表面的点两两建立焊点连接,即在实体单元和上下翼面任意两点间分别引入梁单元;最后对叶片施加边界条件,即得实-壳体叶片有限元模型。

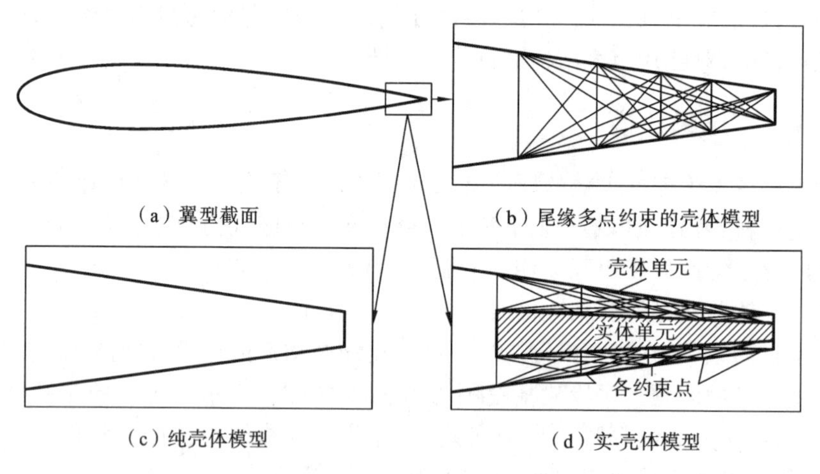

图7-22 三种尾缘几何模型

7.4.2 尾缘结构优化

本小节依据某风电企业1.5 MW叶片静强度试验数据,针对上述三种不同叶片尾缘建模方法,分别在挥舞和摆振两个方向进行承载能力分析,提取叶片挠度、应变数据,并与试验数据进行对比分析。

1. 翘曲变形

三种叶片模型尾缘翘曲变形对比如图7-23所示。叶片静强度极限试验载荷在叶片尾缘区域引起高压应变和压应力,极易导致图7-23(a)与图7-23(b)所示的尾缘翘曲失效变形。

图7-23(a)和图7-23(b)分别为表示纯壳体模型和尾缘多点约束的壳体模型的尾缘翘曲变形结果,显然在叶片静强度极限试验载荷作用下,这两种模型部分尾缘区域都发生明显的翘曲变形,表明该极限载荷超过二者屈服载荷。计算结果显示,纯壳体模型和尾缘多点约束的壳体模型的屈服载荷分别只达到叶片静强度极限试验载荷的86%和93%。图7-23(c)所示为实-壳体模型尾缘翘曲变形结果,显然未发生翘曲变形,而计算结果显示,当施加载荷达到叶片静强度极限试验载荷的1.04倍时,实-壳体模型尾缘开始产生翘曲变形,表明该模型屈服强度满足静强度试验要求。

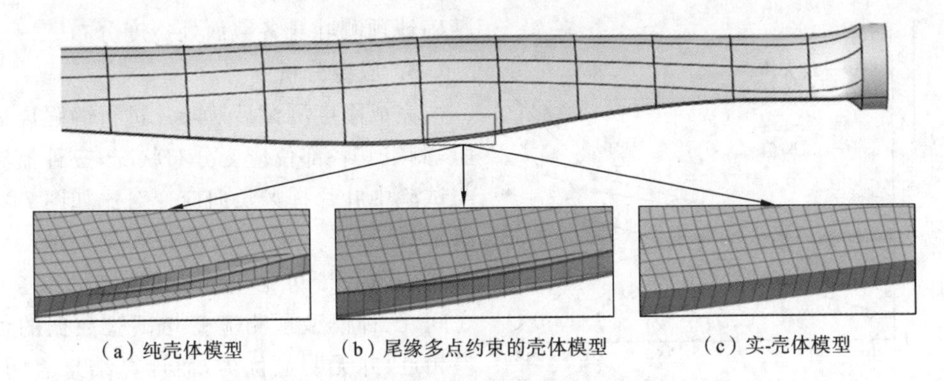

图 7-23　三种叶片模型尾缘翘曲变形对比

2. 挠度分析

在叶片静强度试验前，应首先进行刚度测试，包括挥舞刚度和摆振刚度，测定叶片在静强度条件下的试验载荷，叶片各截面处挠度分布情况及其叶尖最大挠度，尤其是挥舞正向刚度应保证在所设计工况下，叶片变形后叶尖与塔架安全距离不小于未变形时叶片与塔架间距离的 40%。三种模型和试验中叶片摆振负向挠度对比如图 7-24 所示。

从图 7-24 中可知，纯壳体模型整体挠度最大，尾缘多点约束的壳体模型次之，实-壳体模型的整体挠度最小，其中三种模型叶尖挠度与试验数据的相对误差分别为 19.2%、10.6%、3.5%，因此，实-壳体模型挠度与静强度试验数据具有更好的契合度。为研究上述三种建模方法对尾缘挠度的影响规律，提取距叶根 7.5～9 m 之间尾缘胶粘连接线上的挠度值进行分析，叶片尾缘摆振正向挠度对比如图 7-25 所示。

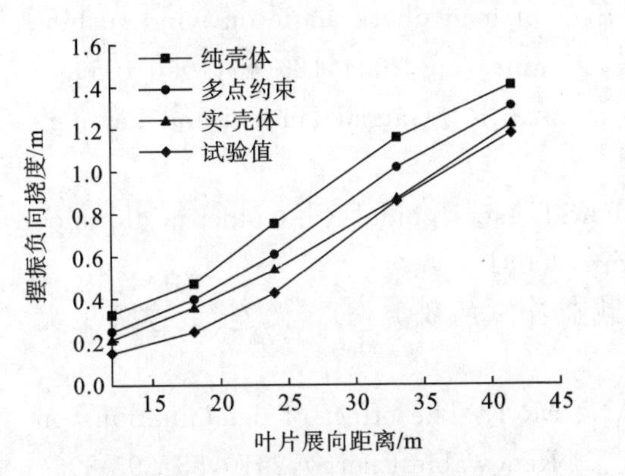

图 7-24　叶片摆振负向挠度对比

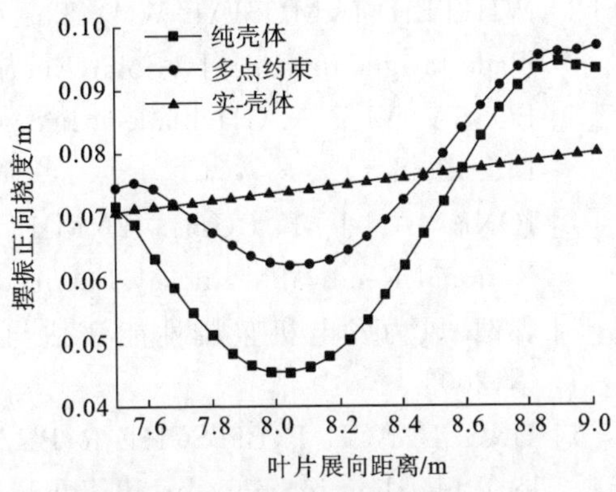

图 7-25　叶片尾缘摆振正向挠度对比

由图 7-25 可知，纯壳体模型与尾缘多点约束的壳体模型挠度呈现振荡波形，这是因为其尾缘区域发生翘曲变形，图 7-25 中所示波形为该尾缘区域整体挠度与其本身屈曲变形的线性叠加；而实-壳体模型挠度值基本为线性分布，说明该模型距叶根 7.5～9 m 之间尾缘胶粘连接线位置并未发生翘曲变形，进而表明实-壳体模型能更

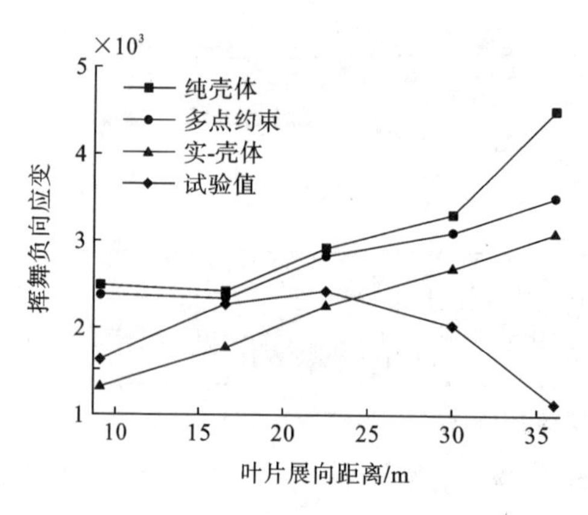

图 7-26　叶片挥舞负向应变对比

精确地预测叶身各截面处挠度分布。

3. 应变分析

完成刚度测试后对叶片进行静强度试验，测定其各部位应变分布状况，三种模型与试验中叶片挥舞负向应变对比如图 7-26 所示。

由图 7-26 可见，沿叶片展向 9～22.5 m 之间，三种模型预测应变与试验数据的误差相近，并无明显优劣，而计算结果表明，纯壳体模型、尾缘多点约束的壳体模型和实-壳体模型应变值与试验数据平均相对误差分别为 26.2%、22.7%和 15.6%，实-壳体模型应变值与试验数据更吻合。而沿叶片展向 22.5～36 m 之间应变数据对比显示，实-壳体模型比纯壳体模型和尾缘多点约束的壳体模型的预测相对误差更小，其应变分析结果更准确。

本章参考文献

[1] 胡伟平，孟庆春，张行. 受分布载荷复合材料层合板应力分析的一般理论[J]. 复合材料学报，2003(4)：58-62.

[2] WHITE D L，MUSIAL W D. The effect of load phase angle on wind turbine blade fatigue damage[J]. Solar Energy Engineering，2004，126(4)：1050-1059.

[3] BOSSANYI E A. GH bladed theory manual[R]. Garrad Hassan and Partners Ltd.，2005.

[4] JONKMAN J M，BUHL Jr. M L. FAST users guide[R]. Golden，Colorado：National Renewable Energy Laboratory，2008.

[5] 郭健. 风力发电机整机性能评估与载荷计算的研究[D]. 大连：大连理工大学，2003.

[6] HASELBACH P，BITSCHE R，BRANNER K. The effect of delaminations on local buckling in wind turbine blades[J]. Renewable Energy，2016，85：295-305.

[7] SUZUKI T，MAHFUZ H. Fatigue characterization of GFRP and composite sandwich panels under random ocean current loadings[J]. International Journal of Fatigue，2018，111：124-133.

[8] 张立，缪维跑，闫阳天，等. 考虑自重影响的大型风力机复合材料叶片结构力学特性分析[J]. 中国电机工程学报，2020，40(19)：6272-6284.

[9] ARMERO F, EHRLICH D. An analysis of strain localization and wave propagation in plastic models of beams at failure[J]. Computer Methods in Applied Mechanics and Engineering, 2004, 193(30): 3129-3171.

[10] SHAN O R, TARFAOUI M. The identification of structurally sensitive zones subject to failure in a wind turbine blade using nodal displacement based finite element sub-modeling[J]. Renewable Energy, 2016, 87: 68-81.

[11] 金淼,王艾伦,王青山,等.考虑端齿预紧的新型中心拉杆-转子-叶片耦合系统动力学特性分析[J].机械工程学报,2021,57(23):124-136.

[12] 张旭,李召暄,李伟.多种载荷作用下H型垂直轴风力机叶片的结构优化[J].农业工程学报,2020,36(7):83-91.

[13] 郑玉巧,刘哲言,马辉东,等.基于模态灵敏度的风力机复合材料叶片结构优化[J]. Transactions of Nanjing University of Aeronautics and Astronautics, 2021,38(1):153-163.

第 8 章　复合材料叶片的结构优化

叶片在实际运行过程中，容易出现气弹耦合振动和失速颤振，这种不稳定振动会造成整个叶片断裂失效，但目前叶片振动控制主要通过对其结构进行优化设计来实现。传统叶片设计方法往往将气动设计与结构设计孤立，设计时注重风能利用效率最大化，使得叶片质量、风能成本均增大。加之其设计模型过于简化，优化结果与真实工程应用存在较大差距。因此，研究气动与结构耦合关系对叶片气动性能的影响，并将其应用于叶片设计与优化，是目前必须解决的关键基础问题，对提高叶片气动性能、结构设计可靠性，具有重要意义。

鉴于此，在第 5 章、第 6 章、第 7 章所建立的风力发电机叶片气动、结构数学模型的基础上，本章构建叶片模型的方法突破传统工程设计思路，将其气动与结构设计相互耦合，对优化设计目标和约束条件进行数学描述，并结合高效多目标遗传算法，考虑叶尖损失、轮毂损失以保证气动性能计算的精确性，以最小质量为目标，对其刚度参数进行约束处理，对叶片进行气动与结构耦合优化设计，使其整体性能达到最佳。

8.1　遗 传 算 法

8.1.1　遗传算法简介

遗传算法(genetic algorithm，GA)是一类借鉴生物界自然选择及遗传机制，求解问题时进行全局搜索的算法，在搜索过程中能自动获取并积累相关搜索空间知识，然后进行自适应控制搜索过程以获取最优解。作为一种以随机理论为基础，模仿生物进化的智能优化算法，遗传算法与传统的优化算法相比，具有很好的并行性，且无须利用梯度信息及具体的数学方程，因此，遗传算法被应用于计算结构特性、非线性优化及并行计算等复杂问题及许多其他领域。其采用群体搜索技术、复制、交叉、变异、评估，使群体一代接一代进化，并反复计算迭代，在搜索空间中逐步逼近优质因子解的区域，最终获取最优解。遗传算法采用一定概率选择部分个体使其繁殖，剩余个体将消亡，向解空间最可能获得改进的区域搜索。因此，不断地研究和改进遗传算法，使其更适合于工程实际应用，已成为解决复杂优化问题强有力的途径。

对遗传算法的描述采用了许多生物学上相关的概念，具体如下。

1）基因

遗传算法优化设计中的设计变量称为基因。

2）基因长度

设置设计变量的边界范围，称之为基因长度。

3）染色体(DNA 或 RNA)

染色体由多个基因组成。

4）个体

个体指染色体带有特征的实体。

5）种群

种群指不同组的个体。迭代起始点种群为基于初始输入参数在一定范围内迭代得到的一定数量的个体。

6）进化

在叶片的优化设计中，进化通常表示为不符合适应度的个体朝着符合适应度个体演变的过程。

7）适应度

判断种群是否满足生存下去的基本条件。不满足适应度的叶片，其设计变量值将会朝着满足适应度的值域范围试探性变化，同时，原有不满足适应度要求的个体消失。需要注意的是，每当产生新一批种群时，对应的适应度要求也变得更为严格。

8）选择

选择指以一定的概率选取若干个体。一般来说，选择是一种根据适应度能力优胜劣汰的过程，在叶片优化设计过程中，不满足适应度要求的叶片设计参数被淘汰，满足的参数将在可行值范围内保持，并以其为基础产生新的个体。

9）复制

细胞在分裂时，新的细胞继承了旧细胞的基因。在叶片的优化设计中，复制表示为被选择的叶片个体分裂成为若干新的个体，新的个体具有原个体满足适应度要求的特征。

10）交叉

交叉是遗传算法区别于其他进化算法的重要操作，是创造新个体的主要方法，在遗传算法中有重要的作用。在叶片优化设计过程中，交叉表示为满足适应度要求的个体交换彼此的设计变量，产生新的个体。

11）变异

变异指满足适应度要求的个体在产生新个体的时候，设计变量参数在复制过程中出现差错，因而产生与原个体略有不同的新个体。变异操作是产生新的个体必不可少的辅助方法，可增强遗传算法的局部搜索能力。

8.1.2 叶片结构优化

采用遗传算法的叶片结构优化思路如下。

1. 编码方案的确定

利用解的某种编码表示作用在问题的解空间，进而表征遗传算法求解问题。编码方案的选取直接影响算法运算效率及性能。

2. 适应度函数的确定

解的质量度量采用适应度值表示，直接影响算法进化过程效率。适应度值通常受环境关系及解的行为影响，采用目标函数来表达。根据优化算法目标函数来选取适当的适应度函数。针对具体问题可直接把目标函数作为适应度函数进行处理，或对其进行尺度变换运算。常采用的尺度变换方法有线性变换、指数变换和幂函数变换。

3. 选取控制参数

控制参数包括进化最大代数、种群规模以及遗传操作的概率等。

4. 选择遗传算子

遗传算子主要包括复制(选择)、变异及交叉等操作。

8.1.3 遗传算法过程

遗传算法运算基本过程如图 8-1 所示。

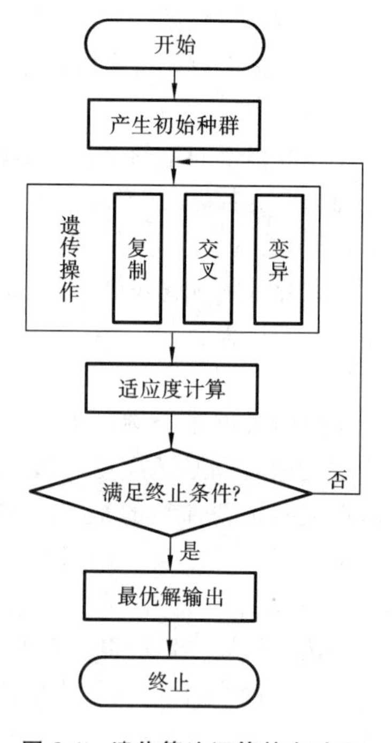

图 8-1 遗传算法运算基本过程

8.1.4 遗传算法对约束条件的处理

确定约束条件是进行优化必不可少的过程。遗传算法目前尚未对处理各种约束条件的方法加以界定，常有搜索空间限定法、可行解变换法与罚函数法，其各自特点分别如下。

(1) 搜索空间限定法。

对遗传算法首先限定搜索空间，使得表示个体的点与解空间中某个可行解的点保持对应关系。

(2) 可行解变换法。

由个体基因型转换为个体表现型，并使相关约束条件的处理过程增加，使个体基因型与个体表现型呈多对一的变换关系。

(3) 罚函数法。

计算适应度时，在解空间中未对应解的个体情况下除以罚函数，以降低个体适应度，进而减小个体因子被遗传至下一代群体的概率。可采用式(8-1)对个体适应度进行调整处理：

$$F'(x)=\begin{cases} F(x) & x\ \text{满足约束条件} \\ F(x)-P(x) & x\ \text{不满足约束条件} \end{cases} \tag{8-1}$$

式中：$F(x)$——原适应度；

$F'(x)$——调整后新适应度；

$P(x)$——罚函数。

据此，选取罚函数时，应考虑解对约束条件的满足程度及计算效率问题。

8.2　叶片外形参数优化数学模型的建立

叶片外形设计直接影响着风力发电机的运行功率。设计参数包括叶片的几何参数和特性参数(叶片数、风轮直径、叶尖速比)、空气动力参数(翼型分布、叶片弦长、扭角等)。目前工程上采用的叶片设计理论主要有 Wilson 理论和 Glauert 理论。Glauert 理论是考虑了风轮后涡流流动的叶素理论，引入了气流轴向诱导因子和周向诱导因子；Wilson 理论实际是改进了的 Glauert 理论，增加了普朗特叶尖损失和升阻比对叶片最佳性能的研究，并且考虑了风轮在非设计工况下的性能。Wilson 设计方法计算精度更高，更为先进，考虑因素更为全面，有利于使整个风轮气动性能达到最优。结合优化问题的定义，叶片扭角及弦长均为连续变量，可作为气动模块设计变量，叶片铺层厚度作为叶片结构模块的设计变量，在实际制造过程中，以单层材料厚度的整数倍定义层合板厚度，因此，叶片结构设计变量呈现离散分布，可增强优化程序搜索能力，尽可能处理好离散问题的全局优化解。无论在定桨距还是变桨距叶片的设计中，采用 Wilson 设计方法设计的叶片在设计点产生的功率系数均较大，被视为“最优”叶片。

8.2.1　确定的设计变量情况

风轮捕获风能的效率取决于叶片外部形状，其形状由叶片弦长 $c(r)$、半径、扭角 $\varphi(r)$以及相对厚度决定。弦长和扭角可用式(8-2)、式(8-3)表示：

$$\begin{cases} c(r)=c_{\min}(r)+\dfrac{c_{\max}(r)-c_{\min}(r)}{2^N-1}g_N(r) \\ g_N(r)=[0;2^N-1] \end{cases} \tag{8-2}$$

$$\varphi(r)=\varphi_{\min}(r)+\frac{\varphi_{\max}(r)-\varphi_{\min}(r)}{2^N-1}g_N(r) \tag{8-3}$$

式中：$c(r)$——弦长；

N——叶片段数；

$g_N(r)$——基因个数；

$\varphi(r)$——扭角。

8.2.2 确定优化目标

叶片在定速方式下工作，其风轮转速为恒定值，结合风轮功率特性曲线，应寻求与最大功率系数相对应的最佳叶尖速比。要使风轮在低风速工况下运行时能获取更多风能，必须保持风轮功率系数在低于额定风速下运行时具有较大值；大于额定风速时，可通过调整桨距角使整机输出功率控制在额定功率之内。

叶片气动性能的优化目标为风能利用率最大，同时考虑时间参量并以风力发电机组年发电量最大为目标，风能的估算可用风能分布概率密度表示。构造如下目标函数：

$$O=\max(\mathrm{AEP})=\max\left[\int_{v_1}^{v_n}P(v)f(v)\mathrm{d}v\right] \tag{8-4}$$

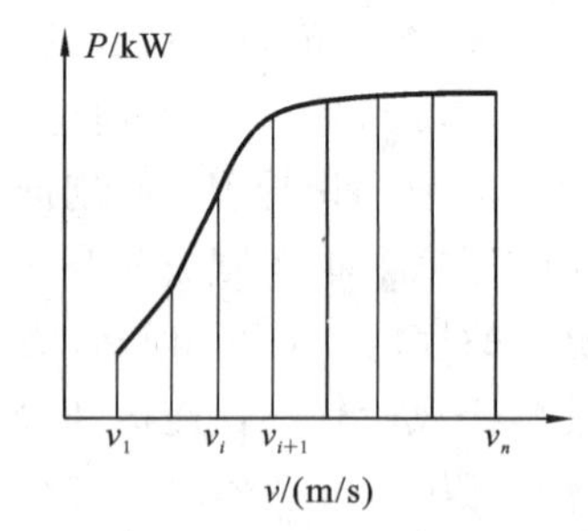

图 8-2 风力发电机组输出功率和风速关系

式中：AEP——区间总发电量(kW·h)；

v——来流风速(m/s)。

位于 v_i 和 v_{i+1} 之间风速概率为 $f(v_i<v_0<v_{i+1})$，$i=[1,n]$。将该概率乘以每年总小时数，得到每年位于区间 $v_i<v_0<v_{i+1}$ 风速小时总数。将该小时数乘以风速位于 v_i 和 v_{i+1} 之间时风力发电机组功率(kW)，可得到该区间总发电量(kW·h)。将离散间隔值设置为 1 m/s，风速离散成 n 个离散值(v_i，$i=1,2,\cdots,n$)，如图 8-2 所示。

风力发电机功率曲线和风的概率密度函数直接影响年发电量，不同区域、时期，风场尺度参数 C 和形状参数 K 值不同。

$$\mathrm{AEP}=\sum_{i=1}^{n-1}\frac{1}{2}[P(v_{i+1})+P(v_i)]\cdot f(v_i<v_0<v_{i+1})\times 8760 \tag{8-5}$$

8.2.3 设计的适应度函数

风力发电机组年能量输出为风力发电机组年平均功率与年总时间的乘积，而年总时间为常数，因此，以年平均功率作为优化函数设计目标，适应度函数 $f(x)$ 为

$$f(x)=\bar{P}=\int_{v_{\mathrm{in}}}^{v_{\mathrm{out}}}f_{\mathrm{W}}(v)P(v)\mathrm{d}v \tag{8-6}$$

式中：$\bar{P}$——平均功率(W)；

v——风速(m/s)；

v_{in}——切入风速；

v_{out}——切出风速；

$f_W(v)$——风速 Weibull 分布密度函数；

$P(v)$——风轮在风速为 v 时的输出功率(W)。

8.3　叶片气动性能优化设计程序

对于气动参数优化计算，尤其涉及遗传算法的优化计算，通过给定不同气动参数(弦长和扭角)，计算叶片年发电量，在整个迭代过程中，气动参数逐渐向目标参数逼近。值得注意的是，从年发电量角度计算叶片气动参数，基于遗传算法求解问题，从叶片形状角度寻找最佳变量(年发电量)，优化参数及约束条件，然后把其设计要求嵌入遗传算法固有模式。建立气动计算模型时考虑叶尖损失、轮毂损失，以保证气动性能计算精确性。叶片气动优化设计流程如图 8-3 所示。

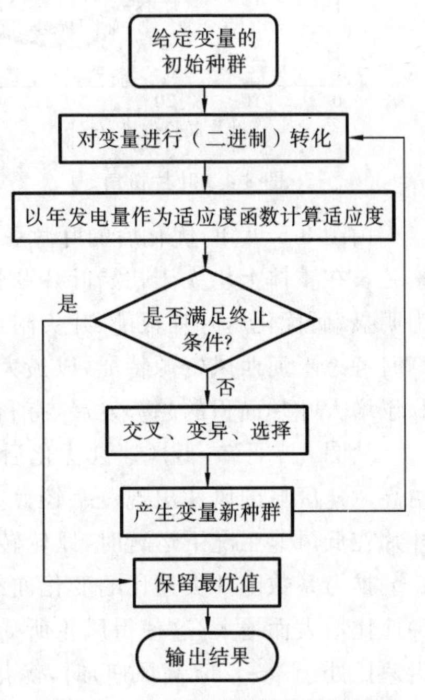

图 8-3　叶片气动优化设计流程

由图 8-3 可知，叶片气动优化设计和遗传算法之间存在的纽带是，以年发电量作为适应度函数计算适应度，气动性能的准确度对优化结果精度影响较大，在求解个体适应度函数值时，需求解个体气动性能，本章采用第 5 章建立的叶片气动数学模型，以保证优化设计结果的正确性。

8.4　优化结果分析

采用 BEM 理论并结合改进的叶尖损失修正模型建立复合材料叶片空气动力学模型，进行风力发电机组功率及载荷特性研究。采用改进遗传算法，经过几轮优化求解，并与结构计算相协调，进而确定叶片气动外形参数。优化后所得扭角如图 8-4 所示。

从图 8-4 可知，叶片扭角分布呈现出非线性特性，在扭角优化值刚度条件下整体有增加趋势。优化前扭角最大值在 20％位置处，优化后扭角最大值在 15％位置处，优化后叶片扭角最大值出现位置更靠近叶片根部，扭角分布更具光滑性，更有利于加工。这说明计及区域风载的影响，叶根部分扭角明显大于初始叶片扭角，这正是叶根弦长增大的主要原因;同时,这样有利于减小叶片根部载荷,进一步延长叶片使用寿命。优化前后计算所得弦长如图 8-5 所示。

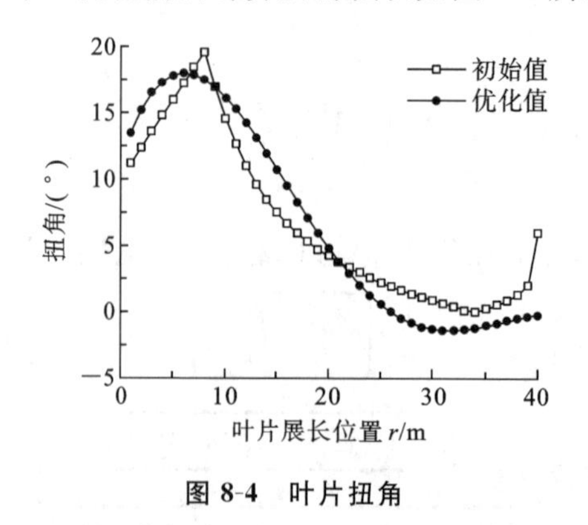

图 8-4 叶片扭角

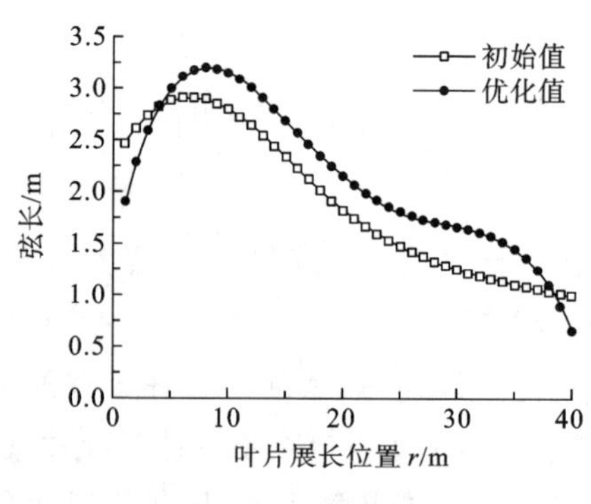

图 8-5 叶片弦长

由图 8-5 可知,优化后的叶片弦长沿展向分布呈现较强的非线性特性。每个叶素弦长在整体上均大于初始叶片弦长,且优化后叶片弦长分布更光滑,在叶片中部尤为明显;而优化后叶片根部、叶尖附近的弦长明显小于初始叶片的弦长,这是由于计算时考虑了河西风资源特征,以最大风能利用系数为目标函数,在寻优过程中朝着有利于增大叶片面积的趋势发展,有利降低有关成本及减小叶片承受载荷。

从图 8-6 可知,低风速区优化后转矩系数略减小,而高风速区转矩系数增大,说明高风速区域的风速出现概率较大,可增大高风速区域风能利用率;同样,优化后的叶片在低风速工况下运行时,风轮转矩均可保证。

推力系数随叶尖速比的变化曲线如图 8-7 所示。由图可知,风轮推力系数随叶尖速比增大而增大,这使得风轮所受轴向推力也随叶尖速比变化呈同向变化。在叶尖速比处于 4～7.5(高风速)时,优化后叶片所受推力相比原始风轮所受推力有减小趋势,这一趋势有利于降低整机载荷。当叶尖速比大于 8.5 时,优化后推力系数显著增大。而风力发电机整机载荷变化幅度不大,可通过失速、变桨调节等措施减小推力系数。

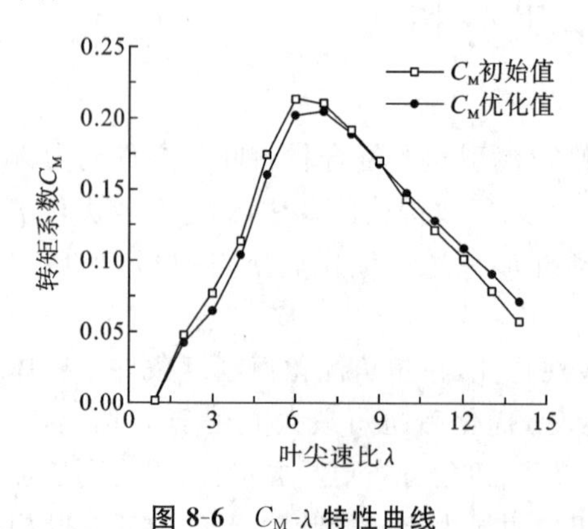

图 8-6 C_M-λ 特性曲线

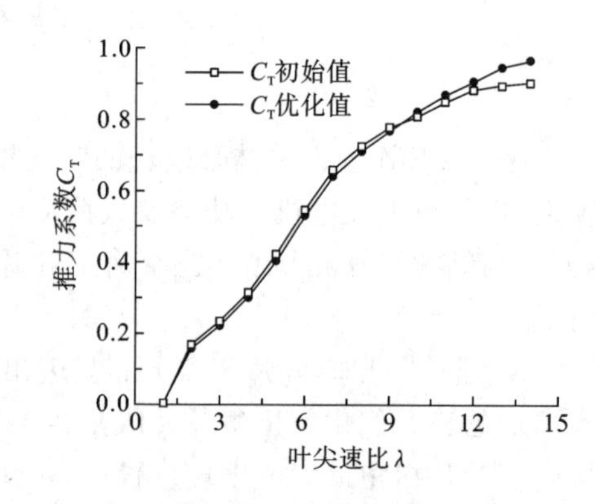

图 8-7 C_T-λ 特性曲线

优化前后风能利用系数随叶尖速比变化的曲线如图 8-8 所示。

从图 8-8 可知，在叶尖速比为 9～12 时，优化后叶片风能利用系数大于初始叶片的，这是由叶片气动外形参数变化引起的。优化前当翼型叶尖速比在 8～10 之间，叶片风能利用系数最大，其最大值为 0.452，与贝茨极限 0.593 相比差距较大，这说明在叶片展长 $0.2R \sim R$ 处风能利用率较高，相反，在叶根处风能利用率不高，说明叶片在优化后风速利用范围更宽，风轮风能利用率相比优化前有所提高，证明采用遗传算法对叶片外形进行设计计算具有一定的优越性，进而验证了气动模型建立的合理性。

叶轮功率优化前后对比如图 8-9 所示。叶轮启动风速在优化后变化不明显，小于额定风速时，风轮功率在优化后有所增加，说明叶片经优化设计后捕风能力得以提高。当风速 $v<10$ m/s 时，风轮功率略高于 10 m 高度观测数据；当 $v>10$ m/s 后，风轮功率恒定保持在 1.5 MW，这是因为风力发电机组在叶轮达到额定风速后通过调节桨距角保证输出功率恒定，和实际运行功率保持一致。优化后年发电量提高 17%。

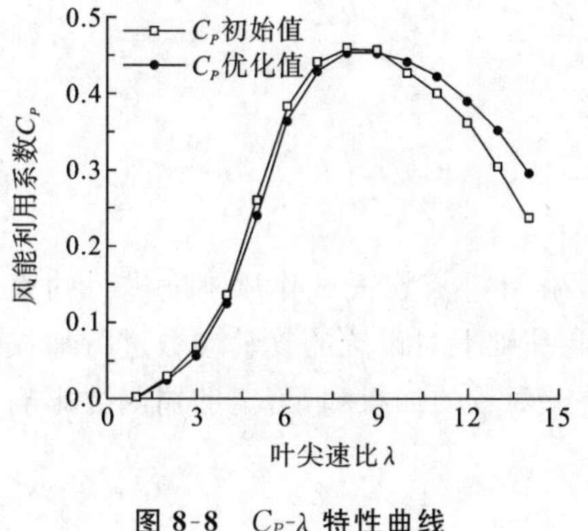

图 8-8　C_P-λ 特性曲线

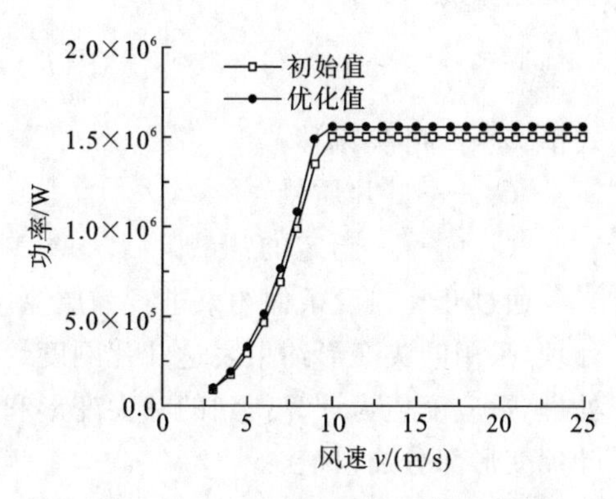

图 8-9　叶轮功率优化前后对比

8.5　叶片结构优化数学模型

叶片结构设计及优化包括叶片内部结构参数(蒙皮厚度、腹板厚度、宽度、位置等)的设计与分析，以及叶片动力特性、稳定性、强度、刚度和疲劳分析等，同时在叶片结构特性分析基础上进行叶片及翼型形状的修型、改良以及叶片结构参数的优化设计等。在满足气动性能的情况下，叶片结构优化设计实质为计算其铺层厚度。优化前，在保证叶片气动外形的前提下，对其结构参数进行计算，如主梁放置位置等参数。通过给定铺层厚度初始值进行叶片铺层厚度优化运算，然后研究叶片剖面几何特性、所受载荷分布情况及内力大小，然后根据已定刚度和强度约束对其铺层厚度进行优化计算。

以复合材料叶片质量作为优化函数的优化目标，以其变形为约束控制。随着风力发电机组叶片向超大结构方向发展，目前，叶片主梁结构为双抗剪腹板主梁或盒形主梁。在满足叶片刚度和强度的前提下，双抗剪腹板主梁结构可有效减轻叶片重量。

8.5.1 构建质量最小的叶片优化数学模型

复合材料本身的可设计性以及复合材料结构往往是材料与结构一次成形，给复合材料结构设计提供了极大的自由空间，也因此产生新的设计思想与方法。叶片质量直接影响其成本，且叶片质量越大，对塔架、旋转轴等其他整机部件的要求越高，因此，尽可能控制叶片质量较小为佳。本小节以叶片质量最小为设计目标。

1. 适应度函数

在遗传算法中，目标函数及约束函数都以适应度函数的形式描述。风轮捕获风能的效率取决于叶片形状，本小节在气动理论基础上，选用遗传算法中罚函数处理约束问题，并对叶片叶尖挠度进行约束。适应度函数采用叶片质量与叶尖挠度的加权和描述，表示为

$$F(R)=\frac{G_b}{C_1}+\frac{d}{C_2} \tag{8-7}$$

式中：d——叶尖偏移；

G_b——叶片质量；

C_1、C_2——给定的常量。

通过叶片强度条件约束进行铺层厚度计算，采用罚函数法对叶片刚度进行约束处理，采用叶尖变形约束表达叶片刚度约束，在此基础上对设置的气动参数进行加权处理，适应度值为计算得到的叶尖变形和叶片质量两者的加权和，给定的罚函数影响叶尖变形部分加权值。

2. 约束条件

根据遗传算法原理，编制遗传算法优化程序，基因采用二进制编码，其染色体长度在用户指定设计变量的约束条件后由程序自动生成。以在叶片气动性能优化约束条件下获取的外形参数作为初始值，以关键约束变量为展弦比，以展弦比要求修正叶片弦长及其他相关参数，具体约束如下：

$$\begin{cases}\beta_{tip}=\beta_n\leqslant\beta_{n-1}\leqslant\cdots\leqslant\beta_1=\beta_{root}\\ h_{tbtip}=h_{tbn}\leqslant h_{tbn-1}\leqslant\cdots\leqslant h_{tb1}=h_{tbroot}=D_{yb}\\ h_{tbi}\geqslant h_{ti}\quad i=1,2,\cdots,n\end{cases} \tag{8-8}$$

$$S_{prmin}\leqslant S_{pr}\leqslant S_{prmax}$$

式中：S_{prmin}、S_{prmax}——最小、最大展弦比；

β_{root}、β_i、β_{tip}——叶根、截面 i 及叶尖处扭角；

h_{tbroot}、h_{tbi}、h_{tbtip}——叶根、截面 i 及叶尖处厚度；

D_{yb}——叶根处直径；

h_{ti}——第 i 个截面处满足的许用应力最小值。

叶片结构刚度条件使叶片变形满足 GL 规范标准，在此，采用刚度参数进行约束，强度条件满足设计要求。即

$$d < C_2 \tag{8-9}$$

8.5.2　铺层优化设计计算

铺层是复合材料层合板的基本单元，叶片层合板设计复杂，涉及铺层角度的确定、顺序的排列及数量的计算等，铺层好坏影响叶片结构的气动力学性能。层合板中铺层的方向依据层合板所受的载荷确定。为了避免铺层方向过多造成叶片层合板设计及制造的复杂化，铺层方向限定于选择 0°、90°、+45°方向。

根据遗传算法原理，计及复合材料叶片的弹性变形，气动力由程序计算反馈并进入下一轮迭代，直至气动载荷与结构弹性均满足给定收敛条件。结合叶片气动参数计算其剖面的几何特性、所受载荷的叶片变形，并将所得数据反馈，再更新气动参数与结构参数。叶片优化设计基本流程如图 8-10 所示。

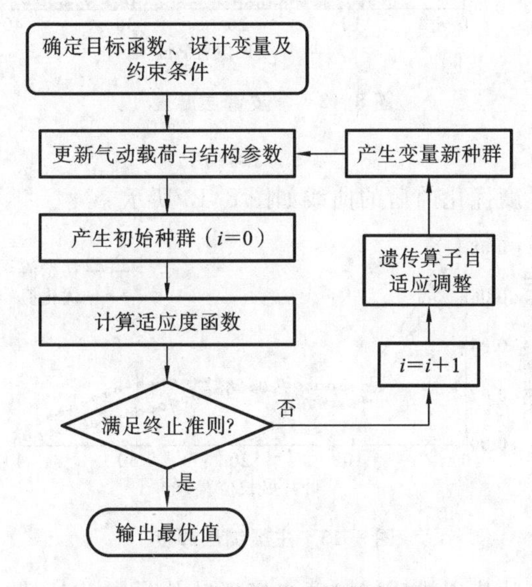

图 8-10　叶片优化设计基本流程

叶片在随机风作用下旋转而受到空气动力载荷、重力载荷及离心力载荷的作用。根据铺层方向承载特点确定各方向上铺层厚度比例。若不计叶片增强层与叶根部厚度，在其工作区域内选叶片铺层厚度作为优化目标，叶片腹板铺层厚度及蒙皮铺层厚度变化曲线分别如图 8-11 和图 8-12 所示。

从图 8-11 和图 8-12 可知，叶片腹板铺层厚度优化前后变化不明显，优化后在中间往叶尖部分附近蒙皮铺层厚度有增加趋势。由于叶片蒙皮铺层厚度及腹板铺层厚度相对较小，其数值一旦产生较小波动，对叶片整体结构铺层就有显著影响，因此对蒙皮铺层厚度和腹板铺层厚度的参数采用三次多项式拟合以保证曲线的平

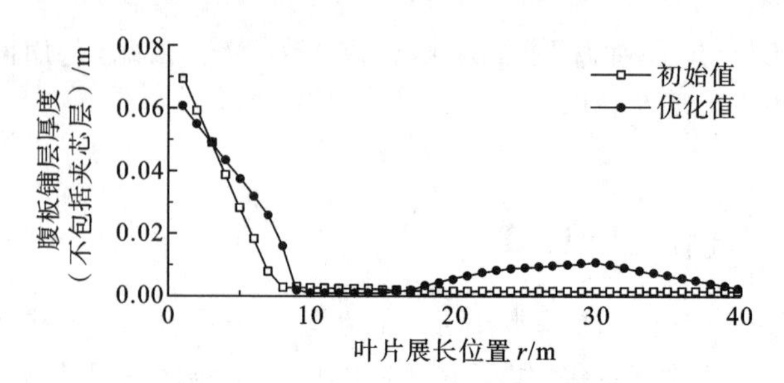

图 8-11　腹板铺层厚度

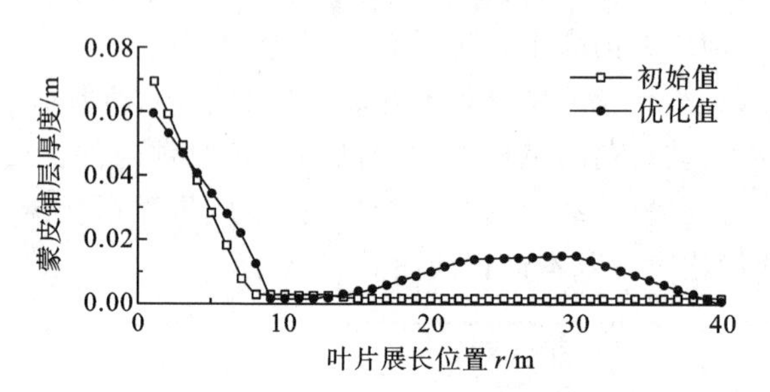

图 8-12　蒙皮铺层厚度

整、光滑性。

叶片主梁铺层厚度优化前后的曲线如图 8-13 所示。

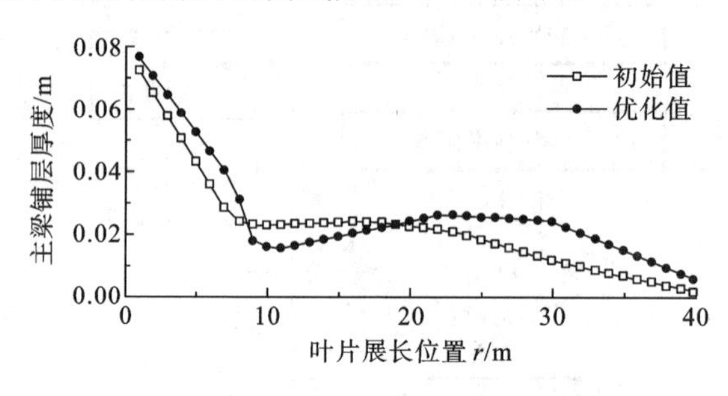

图 8-13　主梁铺层厚度

由图 8-13 可知，叶片主梁铺层厚度在接近叶片最大弦长处呈增加趋势，而在叶片中部主梁铺层厚度减小，接近叶尖处其铺层厚度有所增加。从叶片主梁铺层厚度整体变化趋势来看，叶片质量将向叶根和叶尖两边分散，叶尖处转移较明显。这是因为，优化过程中以叶尖偏移量作为约束控制，将导致叶尖处刚度增加，并使该处铺层厚度有所增加，与此同时，导致叶尖偏移量减小。为了确保叶片质量最小，在不影响其结构性能的前提下，叶片中部铺层厚度呈减小趋势。

8.5.3　叶片主梁结构优化模型

复合材料柔性叶片主梁位置和宽度参数直接影响叶片结构特性，其截面不同，主梁参数亦不同。叶片沿展向是变截面分布，翼型变化影响其剖面变化，使计算简单，有利于设计制造。将叶片主梁位置参数定义为主梁前抗剪腹板到前缘端点之间的距离与翼型截面弦长之比 a，主梁宽度参数定义为截面主梁宽度与截面弦长之比 b。

1. 目标函数

以叶片质量的线密度为目标函数：

$$\tilde{G} = \min\left(\sum_{i=0.2R}^{R} G_i\right) \tag{8-10}$$

主梁位置和宽度参数分别用 a、b 表示，则式(8-10)简写成

$$G_i = f(a, b)$$

2. 约束条件

迎风型叶片在受载后容易产生弯曲变形，较大变形可能导致叶片与塔架相撞，因此在叶片运行中叶尖位移也是需要考虑的因素。在叶片优化过程中对其刚度参数进行约束处理，叶片挥舞刚度为考虑因素，即叶片剖面相对第一主轴的抗弯刚度 EI_1，约束 $\max(EI_1) \geqslant C$。其中，C 为常数。虽然叶片每个截面刚度不尽相同，但通过刚度约束可满足柔性叶片结构使其整体性能达到设计要求。

3. 叶片主梁结构优化设计流程

叶片主梁结构优化设计流程如图 8-14 所示。

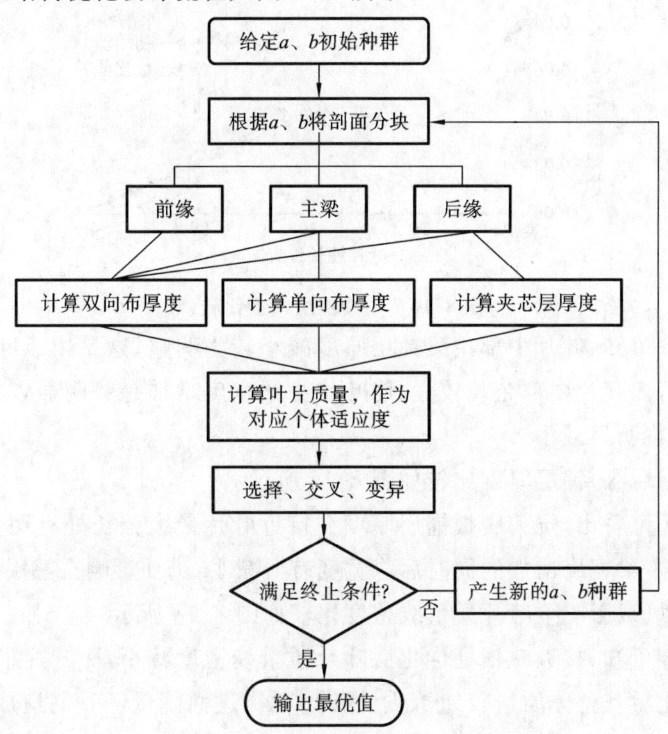

图 8-14　叶片主梁结构优化设计流程

图 8-14 主要包括三部分，分别为基于改进的遗传算法优化，叶片双向布、单向布、夹芯层厚度优化以及以叶片质量作为对应个体适应度的优化，遗传算法快速收敛的优点得到充分显现。

前缘蒙皮铺层厚度比较如图 8-15 所示。

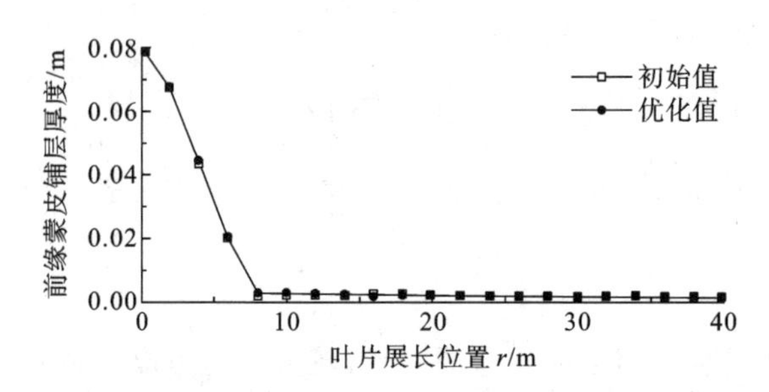

图 8-15　前缘蒙皮铺层厚度比较

由图 8-15 可知，前缘蒙皮铺层厚度变化不明显，因为前缘只采用双向布铺设，双向布铺层厚度估算与前后抗剪腹板间的距离有关，优化后主梁宽度变化不大，所以，双向布厚度基本和原来保持一致。

复合材料叶片主梁铺层厚度比较如图 8-16 所示。

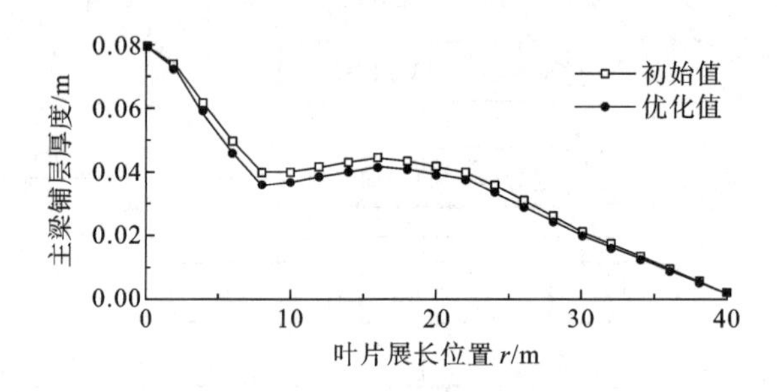

图 8-16　主梁铺层厚度比较

从图 8-16 可知，叶片中部主梁铺层厚度减小较为明显，这是由于叶片主梁宽度增加比例较小，而叶片中部弦长较大，使叶片主梁宽度增加趋势明显，与之对应的该部分铺层厚度将明显减小。

抗剪腹板(后缘)铺层厚度比较如图 8-17 所示。

从图 8-17 可看出，抗剪腹板铺层厚度在接近叶片最大弦长处有明显减小趋势，这是由于叶片主梁宽度增加的同时后缘宽度有所减小，进而影响夹芯层铺设量。

两种工况风载影响下叶片质量线密度比较如图 8-18 所示。

由图 8-18 可知，接近叶根处优化后叶片质量线密度减小，而叶片根部是叶片质量聚集区，优化后其整体质量较初始质量降低 7%，进而降低叶片制造成本。由于受到刚度约束影响，叶片优化后质量减少量较小。

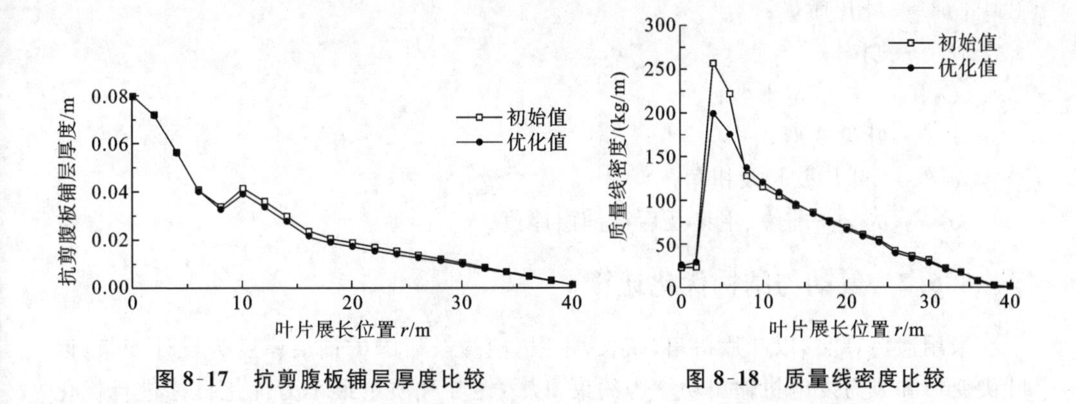

图 8-17　抗剪腹板铺层厚度比较　　图 8-18　质量线密度比较

8.6　柔性叶片气动、结构参数耦合优化

给定叶片初始气动及结构相关参数，然后依据给定参数计算所受载荷及叶片剖面几何特性，通过对叶片的变形计算，以叶片气动参数及叶片变形作为约束对相关变量进行优化目标参数控制。将获取的数据迭代循环以更新叶片气动与结构参数，优化计算流程如图 8-19 所示。

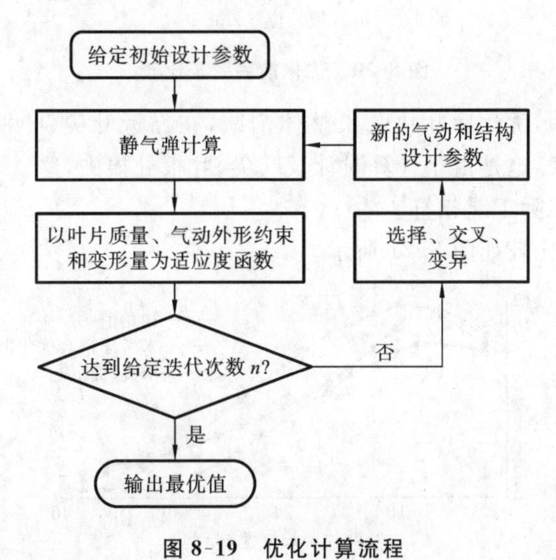

图 8-19　优化计算流程

8.6.1　优化设计的建模

$$
\begin{aligned}
&\min(m)=F(c,\theta,\delta_1,\delta_2,\delta_3)\\
&\text{s.t.}: P\geqslant C_1,\quad L\leqslant C_2
\end{aligned}
\tag{8-11}
$$

式中：m——叶片质量；

P——功率；

C_1、C_2——给定常数；

L——叶尖变形；

c、θ——叶片弦长及扭角；

δ_1、δ_2、δ_3——前缘、主梁及后缘铺层厚度。

8.6.2 气动与结构优化计算

采用遗传算法，以叶片扭角，弦长，主梁、前缘及后缘的铺层厚度为设计变量，以叶尖变形和风力发电机输出功率为约束，以柔性叶片质量最小为优化目标进行优化设计。优化过程中，计及叶片扭转及弯曲变形。优化前后叶片弦长比较如图 8-20 所示。

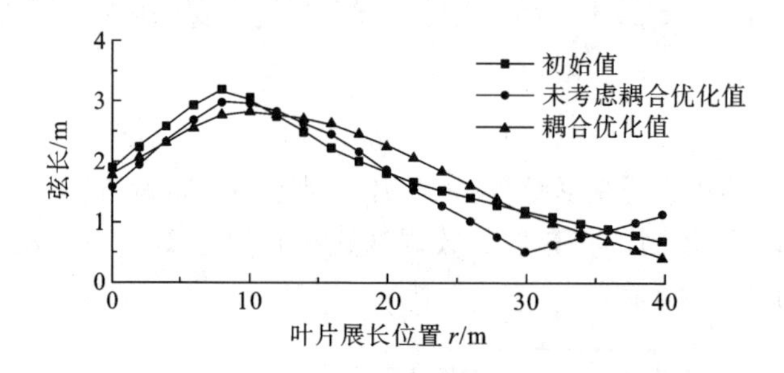

图 8-20 优化前后弦长比较

从图 8-20 可知，优化后叶片弦长整体削减，在靠近叶尖、叶根处减小量相对较小，而弦长有所增大，这是由于计算时计及叶尖、叶根处损失，这一现象在刚度条件下表现更为突出，与实际工况相符。

优化前后扭角比较如图 8-21 所示。

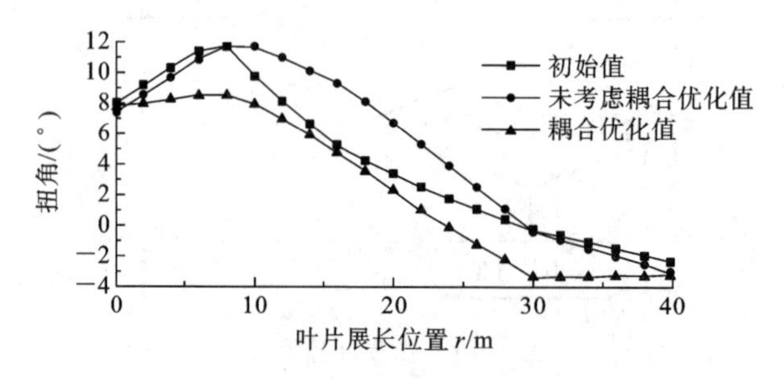

图 8-21 优化前后扭角比较

从图 8-21 可看出，在刚度条件下，耦合优化后其扭角数值整体减小，考虑气弹影响，优化后弦长数值变小，在功率主要贡献区域扭角呈增大趋势，这说明在这种情况下可弥补因弦长减小引起的能量损失。接近叶根部位扭角减小，也是导致叶根弦长增加的主要原因。

优化前后叶片主梁铺层厚度比较如图 8-22 所示。

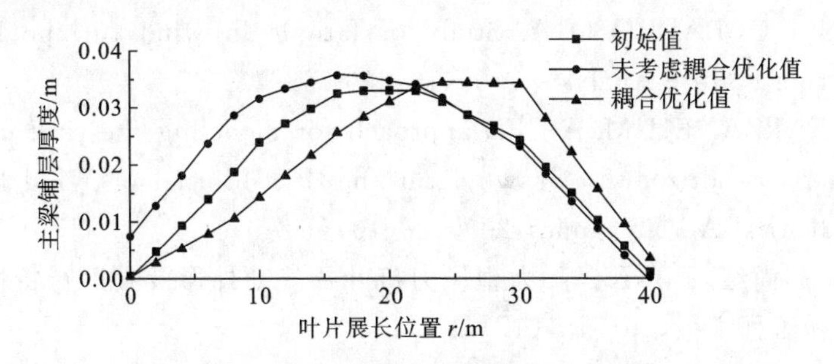

图 8-22　优化前后主梁铺层厚度对比

从图 8-22 可知，在刚性条件下，接近叶根处，耦合优化后主梁铺层厚度有所减小，相反，靠近叶尖处铺层厚度有所增大。在靠近叶根部分，计及气弹影响后主梁铺层厚度优化值有所减小，而在叶尖处数值有所增大。

本章参考文献

[1] COX K, ECHTERMEYER A. Effects of composite fiber orientation on wind turbine blade buckling resistance[J]. Wind Energy, 2014, 17: 1925-1943.

[2] FUGLSANG P, BAK C. Development of the Risø Wind Turbine Airfoils [J]. Wind Energy, 2004, 7(4): 158-162.

[3] JURECZKO M, PAWLAK M, MEZYK A. Optimization of wind turbine blades [J]. Journal of Materials Processing Technology, 2005, 167(10): 463-471.

[4] KONG C, BANG J. Structural investigation of composite wind turbine blade considering various load cases and fatigue life [J]. Energy, 2005, 30(4): 2101-2114.

[5] 李敏强，寇纪淞，林丹. 遗传算法的基本理论及应用[M]. 北京：科学出版社，2002.

[6] 王小平，曹立明. 遗传算法——理论、应用与软件实现[M]. 西安：西安交通大学出版社，2002.

[7] PALUCH B, FAYE A. Combining a finite element programme and a genetic algorithm to optimize structures with variable thickness [J]. Composite Structures, 2008, 83(5): 284-294.

[8] JOHANSEN L, LUND E. Failure optimization of geometrically linear/nonlinear laminated composite structures using two-step hierarchical model

adaptivity[J]. Computer Methods in Applied Mechanics and Engineering, 2009, 89(10): 2421-2438.

[9] MARIN J C, BARROSO A. Study of fatigue in wind turbine blades[J]. Engineering Failure Analysis, 2009, 16: 656-668.

[10] FU P, FARZANEH M. A CFD approach for modeling the rime-ice accretion process on a horizontal-axis wind turbine[J]. Journal of Wind Engineering and Industrial Aerodynamics, 2009, 28(10): 1-8.

[11] 戴巨川,赵尚红,尹喜云,等.大型风力机叶片气动外形及其运行特性设计优化[J].机械工程学报,2015,51(17):138-145.

[12] LUND E. Buckling topology optimization of laminated multi-material composite structures [J]. Composite Structures, 2009, 91(4): 158-167.

[13] 郑玉巧,赵荣珍,刘宏.大型风力机叶片气动与结构耦合优化设计研究[J].太阳能学报,2015,36(8):1812-1817.

[14] DIVYA K C, RAO P S N. Models for wind turbine generating systems and their application in load flow studies[J]. Electric Power Systems Research, 2006, 76(10): 844-856.

[15] 王梦成,袁建平,李彦军,等.混流泵叶轮的三维反问题设计多目标优化[J].哈尔滨工程大学学报,2020,41(12):1854-1860.

[16] 赵清鑫,张兰挺.基于径向基神经网络的风力机叶片铺层优化[J].太阳能学报,2020,41(4):229-234.

第 9 章　叶片模态参数提取及灵敏度

9.1　风力发电机叶片模态分析

风力发电机模态分析主要是指获得风力发电机主要部件及整机的各阶自振频率以及对应的振型。其目的在于使风力发电机设计者能够通过各种手段保证风力发电机运行在非共振区，从而避免叶片共振而损坏，延长风力发电机寿命，减少维护成本。结构模态分析通常有两种方法。一是实验测试。实验测试法的主要优点是所得结果正确可信。二是数值分析法。数值分析法中最常用的方法有传递矩阵法和有限元方法。结构优化作为改善结构性能卓有成效的方法，在叶片结构设计制造中发挥着重要作用。

本章将叶片离散化为块区域，选择各个不同区域铺层厚度作为结构优化设计变量，以叶片一阶挥舞与摆振模态固有频率为驱动目标。首先，对所有离散块区域铺层厚度模态灵敏度进行求解，根据模态灵敏度结果研究不同区域铺层厚度对叶片一阶挥舞与摆振固有频率的影响规律，继而筛选对叶片频率影响显著的铺层厚度参数作为优化设计变量，最后，采用遗传算法对叶片结构进行优化，从而得到叶片最佳铺层厚度分布。

模态分析理论是综合振动理论、数理统计、数据分析、信号分析及自动控制理论于一体，并结合自身发展形成的一套独特理论。模态分析本质上是一种数值分析，即将结构振动微分方程组的物理坐标转换为模态坐标，从而使得方程组解耦成一组以模态坐标描述的独立方程。模态分析的最终目的是识别结构模态参数，为结构振动分析及动力学特性优化设计提供理论依据。结构模态参数包括固有频率、振型及阻尼，n 自由度结构需有 n 个独立物理坐标描述其参数模型。对于一个多自由度结构，其运动微分方程一般形式为

$$\boldsymbol{M}\ddot{\boldsymbol{v}}(t)+\boldsymbol{C}\dot{\boldsymbol{v}}(t)+\boldsymbol{K}\boldsymbol{v}(t)=\boldsymbol{P}(t) \tag{9-1}$$

式中：$\boldsymbol{M}$——结构质量矩阵；

$\boldsymbol{C}$——阻尼矩阵；

$\boldsymbol{K}$——刚度矩阵；

$\boldsymbol{P}(t)$——载荷矩阵；

$\boldsymbol{v}(t)$——质点位移；

$\dot{\boldsymbol{v}}(t)$——质点速度；

$\ddot{\boldsymbol{v}}(t)$——质点加速度。

假设结构发生自由振动，则结构有阻尼固有频率 ω_{D} 和无阻尼固有频率 ω 之间具有如下关系：

$$\omega_{\mathrm{D}}=\omega\sqrt{1-\xi^2} \tag{9-2}$$

式中：ξ——结构阻尼比。

通常情况下结构阻尼比 $\xi<20\%$，因此阻尼对结构有阻尼固有频率的影响极其微弱，可忽略不计，则无阻尼自由振动微分方程为

$$\boldsymbol{M}\ddot{\boldsymbol{v}}+\boldsymbol{K}\boldsymbol{v}(t)=\boldsymbol{0} \tag{9-3}$$

假设结构做简谐振动，则结构任一质点位移可表示为

$$\boldsymbol{v}(t)=\boldsymbol{\phi}\sin(\omega t+\theta) \tag{9-4}$$

可得结构特征方程为

$$(\boldsymbol{K}-\omega^2\boldsymbol{M})\boldsymbol{\phi}=\boldsymbol{0} \tag{9-5}$$

式中：ω——结构自由振动固有圆频率；

$\boldsymbol{\phi}$——结构自由振动振型向量。

结构任一质点位移分量 v_i 都可由该质点振型向量分量 ϕ_i 乘以振型幅值分量 y_i 表示，由此可得到结构总位移 v 为

$$v=\phi_1 y_1+\phi_2 y_2+\cdots\phi_N y_N=\sum_{i=1}^{N}\phi_i y_i \tag{9-6}$$

式(9-6)可简写为

$$\boldsymbol{V}=\boldsymbol{\phi}\boldsymbol{Y} \tag{9-7}$$

式中：$\boldsymbol{\phi}$——模态转换矩阵；

$\boldsymbol{Y}$——模态坐标；

$\boldsymbol{V}$——物理坐标。

将式(9-7)代入式(9-3)中，并在等式两边同时左乘结构第 n 个振型向量的转置 $\boldsymbol{\phi}_n^{\mathrm{T}}$，得

$$\boldsymbol{\phi}_n^{\mathrm{T}}\boldsymbol{M}\boldsymbol{\phi}\ddot{\boldsymbol{Y}}(t)+\boldsymbol{\phi}_n^{\mathrm{T}}\boldsymbol{K}\boldsymbol{\phi}\boldsymbol{Y}(t)=\boldsymbol{0} \tag{9-8}$$

式中，第 n 阶振型对应的质量与刚度矩阵分别可表示为

$$\begin{cases}\boldsymbol{M}_N=\boldsymbol{\phi}_n^{\mathrm{T}}\boldsymbol{M}\boldsymbol{\phi}_n\\ \boldsymbol{K}_N=\boldsymbol{\phi}_n^{\mathrm{T}}\boldsymbol{K}\boldsymbol{\phi}_n\end{cases} \tag{9-9}$$

式中：$\boldsymbol{M}_N$——模态质量矩阵；

$\boldsymbol{K}_N$——模态刚度矩阵。

具体可表示为

$$\begin{cases} \boldsymbol{M}_N = \begin{bmatrix} m_1 & \cdots & 0 \\ \vdots & & \vdots \\ 0 & \cdots & m_n \end{bmatrix} \\ \boldsymbol{K}_N = \begin{bmatrix} k_1+k_2 & -k_2 & \cdots & 0 \\ k_2 & k_2+k_3 & & \vdots \\ \vdots & \vdots & & -k_n \\ 0 & \cdots & -k_n & k_n \end{bmatrix} \end{cases} \tag{9-10}$$

式中：$m_1, m_2, \cdots, m_n$——结构各阶模态质量；

$k_1, k_2, \cdots, k_n$——刚度系数。

由于特征向量$\boldsymbol{\phi}$不为零，将其代入式(9-5)，可解得结构固有圆频率ω，再根据公式$\omega=2\pi f$，即可求得结构固有频率f。

9.2 叶片模态灵敏度

对叶片模态参数进行灵敏度分析，确定对模态参数影响显著的结构参数，从而更加方便地展开结构优化，当结构参数较多时，可避免结构修改的盲目性，从而大大降低计算成本。

9.2.1 模态灵敏度

模态频率灵敏度即结构自由振动频率随结构参数的变化率。结构无阻尼自由振动有限元方程表示为

$$(\boldsymbol{K}-\lambda_i \boldsymbol{M})\boldsymbol{\phi}_i = \boldsymbol{0} \tag{9-11}$$

式中：$\boldsymbol{K}$——结构刚度矩阵；

$\boldsymbol{M}$——结构质量矩阵；

λ_i——结构第i个特征值；

$\boldsymbol{\phi}_i$——结构第i个振型向量。

设第j个设计变量为x_j，对x_j进行求导得

$$(\boldsymbol{K}-\lambda_i \boldsymbol{M})\frac{\partial \boldsymbol{\phi}_i}{\partial x_j} + \left(\frac{\partial \boldsymbol{K}}{\partial x_j} - \lambda_i \frac{\partial \boldsymbol{M}}{\partial x_j}\right)\boldsymbol{\phi}_i = \frac{\partial \lambda_i}{\partial x_j}\boldsymbol{M}\boldsymbol{\phi}_i \tag{9-12}$$

式(9-12)整体左乘$\boldsymbol{\phi}_i^{\mathrm{T}}$，结合式(9-11)得

$$\boldsymbol{\phi}_i^{\mathrm{T}}(\boldsymbol{K}-\lambda_i \boldsymbol{M})\frac{\partial \boldsymbol{\phi}_i}{\partial x_j} = 0 \tag{9-13}$$

由式(9-12)、式(9-13)可得模态频率灵敏度为

$$\frac{\partial \lambda_i}{\partial x_j} = \frac{\boldsymbol{\phi}_i^{\mathrm{T}}\left(\frac{\partial \boldsymbol{K}}{\partial x_j} - \lambda_i \frac{\partial \boldsymbol{M}}{\partial x_j}\right)\boldsymbol{\phi}_i}{\boldsymbol{\phi}_i^{\mathrm{T}}\boldsymbol{M}\boldsymbol{\phi}_i} \tag{9-14}$$

式中：$\dfrac{\partial \boldsymbol{K}}{\partial x_j}$——结构刚度矩阵对 x_j 的一阶导数；

$\dfrac{\partial \boldsymbol{M}}{\partial x_j}$——结构质量矩阵对 x_j 的一阶导数。

本小节采用差分法求解叶片刚度矩阵与质量矩阵灵敏度，该方法具有精度高及计算简便的优点。按式(9-14)可得到叶片振动方程特征根灵敏度，则叶片模态频率灵敏度可表示为

$$\frac{\partial f_i}{\partial x_j}=\frac{1}{2\pi}\frac{\partial \lambda_i}{\partial x_j} \tag{9-15}$$

式中：f_i——叶片第 i 阶模态频率。

9.2.2 叶片模态

依据第 6 章建立的叶片有限元模型，采用 Block Lanczos(分块兰索斯)法对叶片进行模态参数求解。首先依据第 6 章中建立的复合材料叶片有限元模型，对叶片施加固定约束，并指定分析类型为 Modal，指定分析选项为 MODOPT，然后设定模态提取数量为 2，得叶片前 2 阶模态频率，见表 9-1。

表 9-1 初始叶片前 2 阶模态频率

模 态 阶 数	理论值/Hz	测试值/Hz	振型
1	0.75	0.76	一阶挥舞
2	1.06	1.17	一阶摆振

由表 9-1 可知，根据初步铺层方案得到叶片第一阶挥舞与摆振频率分别为 0.75 Hz、1.06 Hz。与某企业叶片模态测试数据进行对比发现，初步铺层方案得到的叶片模态频率均偏低，尤其是一阶摆振模态频率较测试值下降 9.4%。究其原因主要是叶片复合材料结构配置有所差异，在不增加叶片质量的前提下，寻找叶片铺层参数最优配置。

9.2.3 叶片模态灵敏度

叶片沿弦线方向分为前缘、前缘翼面、主梁、后缘翼面、后缘 5 个区域，沿着翼展方向每 1.5 m 为一段，将上述 5 个区域分别划分成 26 个子区域，此外将叶根、叶根过渡段等部位划分为 3 个区域。将划分得到每个块区域的铺层厚度视为一个设计变量。为便于描述，对上述设计变量进行编号，如图 9-1 所示。

由图 9-1 可知，叶根及叶根过渡段 3 个区域分别以 M、N、P 表示，前缘、前缘翼面、主梁、后缘翼面及后缘等 5 个区域分别采用 A、B、C、D、E 表示。叶片 1 阶(一阶挥舞)、2 阶(一阶摆振)固有模态频率对叶根、叶根过渡段、前缘、前缘翼面、主梁、后缘翼面、后缘等部位的铺层厚度灵敏度分别如图 9-2 至图 9-6 所示。

叶片模态频率对叶根、叶根过渡段及前缘设计变量灵敏度如图 9-2 所示。由图

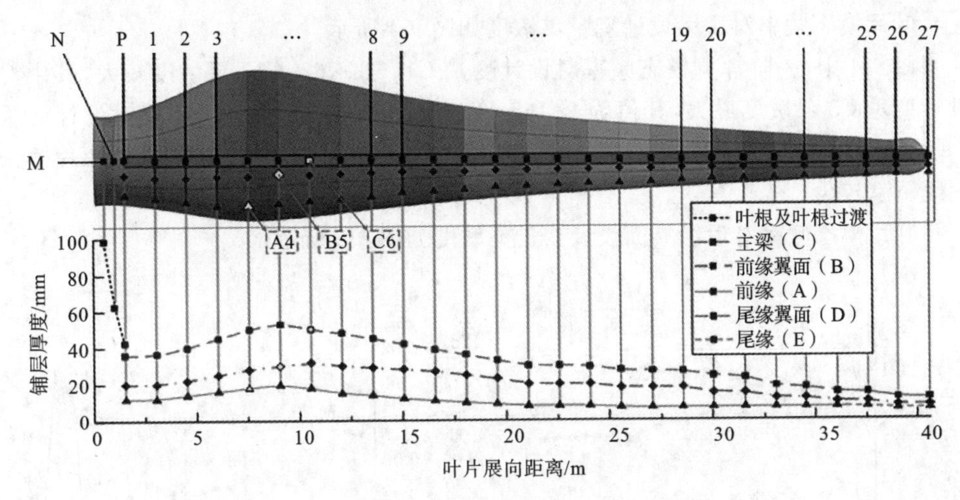

图 9-1　叶片设计变量编号

9-2 可知，一阶挥舞模态频率对设计变量 N、P、A1、A3、A14、A21 灵敏度较大，其中对设计变量 N 灵敏度最大，其值为 0.1224 Hz/mm；一阶摆振模态频率对设计变量 N、P、A1、A2 灵敏度较大，其中对设计变量 A1 灵敏度最大，其值为 0.49 Hz/mm。对一阶摆振模态灵敏度较大的设计变量 N、P、A1，对一阶挥舞模态灵敏度也较大，其中 N、P、A1 分别为叶根过渡段及前缘距叶根 1.5～3 m 部位。

叶片模态频率对前缘翼面设计变量灵敏度如图 9-3 所示。

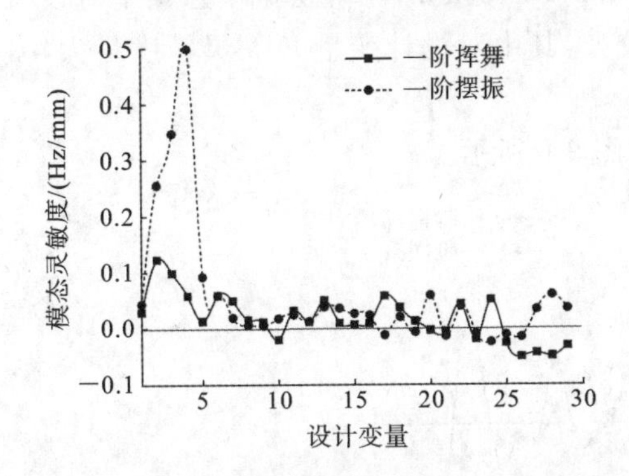

图 9-2　前 2 阶模态频率对叶根、叶根过渡段及前缘设计变量灵敏度

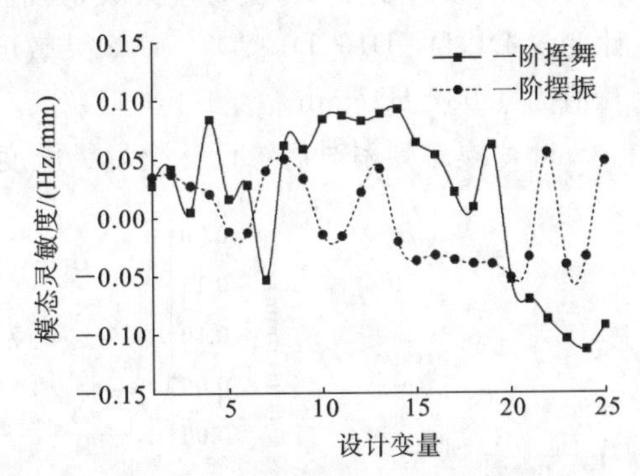

图 9-3　前 2 阶模态频率对前缘翼面设计变量灵敏度

由图 9-3 可知，一阶挥舞模态频率对设计变量 B4、B8～B16、B19 灵敏度相对较大，其中对设计变量 B14 灵敏度最大，其值为 0.092 Hz/mm；一阶摆振模态频率对设计变量 B8、B22、B25 灵敏度较大，其中对设计变量 B22 灵敏度最大，其值为 0.055 Hz/mm。一阶挥舞与摆振模态频率对设计变量灵敏度影响较小，均小于 0.1 Hz/mm，尤其是对设计变量 B20～B26，其灵敏度基本为负值，在选取优化设计变量时可忽略不计。

叶片模态频率对主梁设计变量灵敏度如图 9-4 所示。

图 9-4 中，一阶挥舞模态频率对设计变量 C1、C3、C6～C17 灵敏度较大，其中对设计变量 C3 灵敏度最大，其值为 0.165 Hz/mm；一阶摆振模态频率仅对设计变量 C1 灵敏度较大，其值为 0.13 Hz/mm。这说明主梁增加叶片挥舞刚度，对叶片摆振刚度贡献较少。

叶片模态频率对后缘翼面设计变量灵敏度如图 9-5 所示。

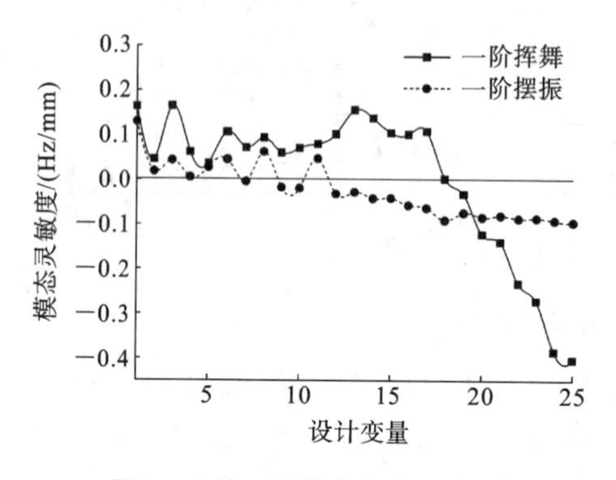

图 9-4　前 2 阶模态频率对主梁设计变量灵敏度

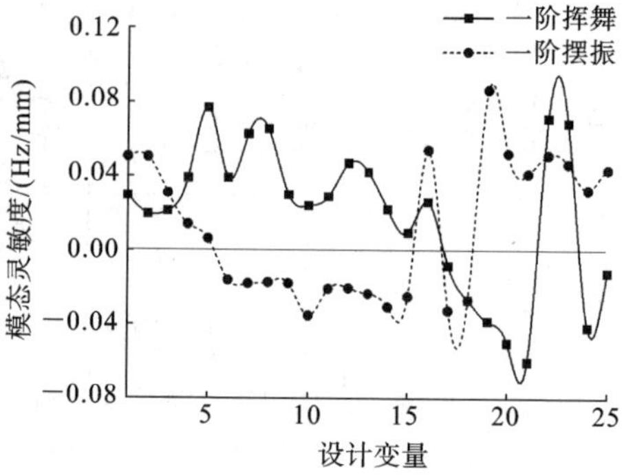

图 9-5　前 2 阶模态频率对后缘翼面设计变量灵敏度

由图 9-5 可知，一阶挥舞模态频率对设计变量 D5、D7、D8、D22、D23 灵敏度较大，其中对设计变量 D5 灵敏度最大，其值为 0.077 Hz/mm；一阶摆振模态频率对设计变量 D1、D2、D16、D19、D20、D22 灵敏度较大，其中对设计变量 D19 灵敏度最大，其值为 0.087 Hz/mm。

叶片模态频率对后缘设计变量灵敏度如图 9-6 所示。

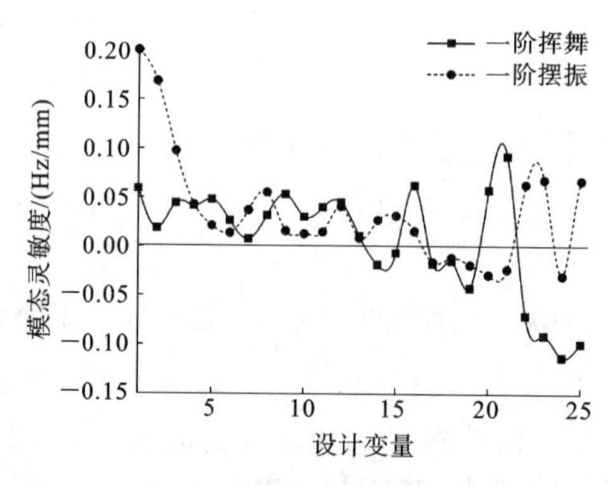

图 9-6　前 2 阶模态频率对后缘设计变量灵敏度

由图 9-6 知，一阶挥舞模态频率对设计变量 E1、E16、E21 灵敏度较大，其中对设计变量 E21 灵敏度最大，其值为 0.093 Hz/mm；一阶摆振模态频率对设计变量 E1、E2、E3、E8、E22、E23、E25 灵敏度较大，其中对设计变量 E1 灵敏度最大，其值为 0.593 Hz/mm。

由此可见，一阶挥舞模态频率对主梁与前缘翼面设计变量灵敏度较大，多数灵敏度值大于 0.05 Hz/mm，且最大值达 0.17 Hz/mm；对后缘翼面及前后缘设计变量灵敏度较小。一阶摆振模态频率对前后缘及后缘翼面设计变量灵敏度较大，最大值为 0.5 Hz/mm；对主梁及前缘翼面设计变量灵敏度很小。

9.3　风力发电机叶片结构参数优化

叶片结构优化设计首先考虑模态特性，叶片模态优化设计以提高低阶模态频率为目标，并保持叶片质量不增加。根据叶片模态求解结果，叶片一阶挥舞与一阶摆振模态频率值均较小，通过优化设计在有效提高叶片模态频率的同时保持叶片质量不增加。依据模态频率灵敏度研究结果，共选取 14 个优化设计变量，采用两种优化数学模型，分别见式(9-16)、式(9-17)：

$$\begin{cases} \text{目标 } F_1 = \max(f_1) \\ F_2 = \max(f_2) \\ \text{约束 } M \leqslant M_0 \\ x_{il} < x_i < x_{iu} \quad i = 1, 2, \cdots, 14 \end{cases} \tag{9-16}$$

$$\begin{cases} \text{目标 } F_1 = \max(f_1) \\ F_2 = \max(f_2) \\ F_3 = \min(M) \\ x_{il} < x_i < x_{iu} \quad i = 1, 2, \cdots, 14 \end{cases} \tag{9-17}$$

式中：f_1——叶片第一阶固有频率；

f_2——叶片第二阶固有频率；

M——叶片质量；

M_0——叶片初始质量；

x_i——设计变量；

x_{il}——设计变量下限；

x_{iu}——设计变量上限。

9.3.1　优化设计方案

依据式(9-16)、式(9-17)所示叶片优化数学模型，共进行 4 个方案优化设计。其中叶片初始质量 M_0 为 7.2 t。具体优化方案描述如下。

方案 1：分别以叶片一阶挥舞与摆振模态频率最大为优化目标，以叶片质量不超过叶片初始质量 M_0 为约束条件，以式(9-16)为优化数学模型。

方案 2:同时以叶片一阶挥舞与摆振模态频率最大及叶片质量最小为优化目标,以式(9-17)为优化数学模型。

方案 3:在方案 1 优化后的基础上做与方案 2 相同的优化,约束条件仍然是叶片质量不超过叶片初始质量 M_0。

方案 4:在方案 2 优化后的基础上做与方案 1 相同的优化。

9.3.2 优化结果及分析

依据上述 4 种优化方案,通过改变叶片叶根与叶根过渡段、主梁、前后缘翼面及前后缘铺层厚度,并采用遗传算法寻找全局最优解,可得各优化方案叶片质量及叶片一阶挥舞和摆振模态频率,见表 9-2。

表 9-2 优化结果

方案	质量/t	一阶挥舞模态频率/Hz	一阶摆振模态频率/Hz
初始	7.2	0.75	1.06
1	7.2	0.82	1.14
2	7.1	0.82	1.13
3	7.2	0.84	1.17
4	7.2	0.83	1.16

由表 9-2 可知,4 种优化方案获得的结果在总体趋势上具有一致性,也就是都可在保证叶片质量不增加的同时,提高叶片一阶挥舞和摆振固有模态频率。方案 3 优化效果最显著,一阶挥舞、摆振模态频率较初始方案分别提高 12%、10.4%。优化前后叶片各部位铺层厚度对比见图 9-7、图 9-8、图 9-9。优化后各区域铺层厚度较初始叶片铺层厚度而言呈现一定规律,各区域最大铺层厚度均明显减小,如主梁最大铺层厚度、前后缘翼面最大铺层厚度分别减小 4.6 mm、2.8 mm,前后缘最大铺层厚度减小 4 mm。各区域靠近叶根与叶尖部分铺层厚度均有不同程度增大,如 3 个区域在叶根过渡部位最大铺层厚度分别增大 5.5 mm、5 mm 和 2.1 mm,在叶尖部位最大铺层厚度分别增大 2.2 mm、1.9 mm 和 1 mm,且满足叶片质量不增加的约束条件。该优化结果使得叶片铺层厚度分布沿叶片展向变化更为平缓,可有效改善前后缘应力集中及铺层结构分层、脱胶等问题。

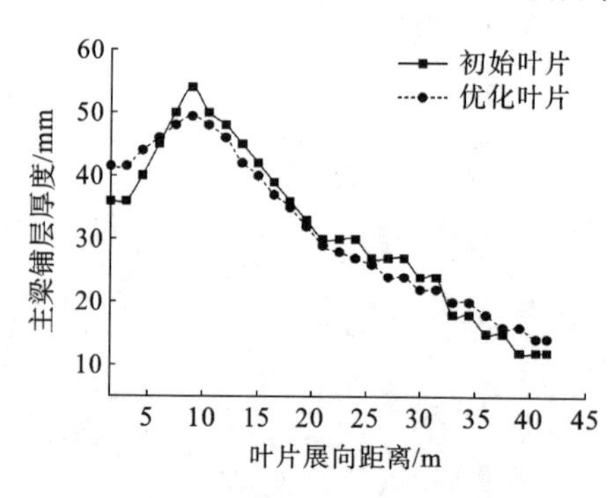

图 9-7 叶片主梁铺层厚度对比

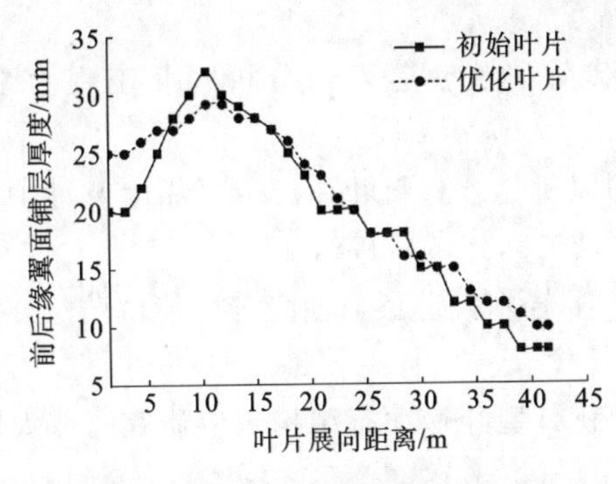

图 9-8　叶片前后缘翼面铺层厚度对比

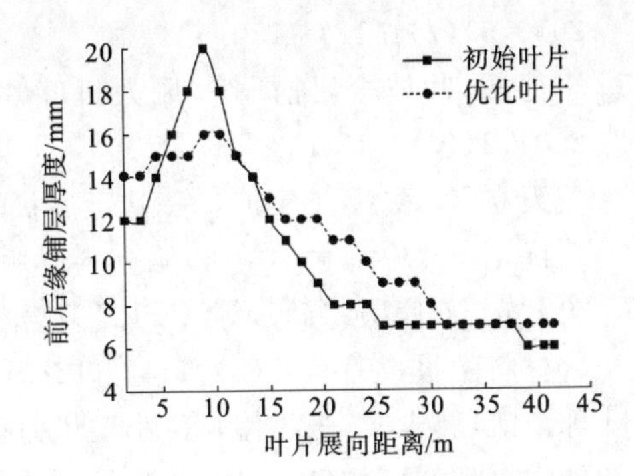

图 9-9　叶片前后缘铺层厚度对比

为进一步验证叶片铺层优化结果的正确性，提取优化铺层参数，重新建立叶片有限元模型，并对其叶根部位施加固定约束，指定分析类型为 Modal，指定分析选项为 MODOPT，最后设定模态提取数量为 2，同样采用 Block Lanczos 法求解优化后叶片模态参数，并与初始叶片模态参数进行对比研究，结果如表 9-3 所示。

表 9-3　初始与优化叶片模态频率对比

模　　型	一阶挥舞模态频率/Hz	一阶摆振模态频率/Hz
初始	0.75	1.06
优化	0.82	1.16

由表 9-3 可知，新叶片仿真模型一阶挥舞模态频率较初始叶片的提高 9.3%，较优化预测结果低 2.6%，但模态频率仍然有明显提高。而新叶片仿真模型一阶摆振模态频率较初始叶片的提高 9.4%，与优化预测结果间误差为 0.9%，均在误差允许范围内。基于叶片模态灵敏度分析，进行叶片结构优化，叶片一阶挥舞与摆振模态频率均有明显提升，与优化预测结果在趋势上保持一致。本小节基于模态灵敏度的叶片结构优化设计方法合理可行。

本章参考文献

[1] 曹树谦，张文德，萧龙翔. 振动结构模态分析[M]. 天津：天津大学出版社. 2014.

[2] 邬广铭，史文库，刘伟，等. 基于模态灵敏度分析的客车车身优化[J]. 振动与冲击，2013，32(3)：41-45.

[3] SHAH O R，TARFAOUI M. The identification of structurally sensitive zones subject to failure in a wind turbine blade using nodal displacement based finite element sub-modeling[J]. Renewable Energy，2016，87：68-81.

[4] 廖猜猜，王建礼，石可重. 风力机叶片截面刚度优化设计[J]. 工程热物理学报，

2010,31(7):1127-1130.
[5] 李德源,叶枝全,陈严等.风力机叶片载荷谱及疲劳寿命分析[J].工程力学,2004,21(6):118-123.
[6] 黄天立,何彦杰,王宁波,等.基于症状的风机复合材料叶片疲劳可靠度及维护策略优化[J].中南大学学报(自然科学版),2018,49(7):1784-1792.
[7] 史慧媛,刘伟庆,方海,等.GFRP复合材料-轻木夹芯梁弯曲疲劳性能试验[J].复合材料学报,2018,35(5):1112-1121.
[8] 郭俊凯,郭志文,张建伟,等.小型风力机新翼型叶片动态结构响应研究[J].太阳能学报,2021,42(10):183-188.
[9] 郑玉巧,刘哲言,马辉东,等.基于模态灵敏度的风力机复合材料叶片结构优化[J].Transactions of Nanjing University of Aeronautics and Astronautics,2021,38(1):153-163.
[10] 朱昱达,乔百杰,符顺国,等.基于响应传递比的转子叶片动应变重构[J].航空动力学报,2021,36(8):1690-1701.

第 10 章　叶片结构稳健性

10.1　Kriging 模型建模理论

叶片的气动外形设计与叶片结构设计之间存在强耦合关系，必须同步研究和设计决定这种交互耦合机制的叶片形状与叶片结构的刚度分布特性。因此，开展复合材料柔性叶片非线性弯扭耦合振动研究是大型叶片结构设计的必然要求和研究重点。任一结构在实际加工过程中，其参数值并不是固定值，而是基于参数设计值服从一定分布波动，若结构性能指标对参数波动过于敏感，则将导致结构性能稳健性显著降低。在进行叶片铺层材料单层厚度尺寸优化时，提出稳健性优化方法，该方法不仅选择叶片固有模态频率作为优化目标，而且将叶片固有频率响应均值和方差也选作优化目标。基于此优化方法，采用优化空间填充实验设计方法生成一定数量样本点，依据这些样本点构建叶片铺层材料单层厚度尺寸与叶片频率响应 Kriging（克里金）近似模型，并基于该模型展开叶片铺层尺寸优化，提出两个优化设计算例，分别采用传统结构优化方法与稳健性优化方法进行计算；最后对两个优化算例得到的结果进行对比分析，客观剖析两种优化方法的适用性。

10.1.1　基于实验设计 Kriging 近似模型

Kriging 模型是由全局模型与局部偏差叠加而成的估计方差最小无偏估计模型。该模型可模拟高度非线性过程，消除数据噪声，并提高优化效率，从而提供相对精确插值，该模型可表示为

$$Y(x)=f(x)+Z(x) \tag{10-1}$$

式中：$Y(x)$——未知近似模型；

$f(x)$——已知多项式函数；

$Z(x)$——均值为零、方差为 σ^2、协方差不为零的随机过程。

$f(x)$提供设计空间全局近似模型，而 $Z(x)$则在全局模型基础上创建局部偏差，其中 $Z(x)$协方差矩阵可表示为

$$\mathrm{Cov}[Z(x^i),Z(x^j)]=\sigma^2\boldsymbol{R}[R(x^i,x^j)] \tag{10-2}$$

式中：$\boldsymbol{R}$——相关矩阵；

$R(x_i,x_j)$——样本点 x_i、x_j 相关函数。

其中相关函数有不同形式，本书选用高斯相关函数，即

$$R(x^i,x^j)=\prod_{k=1}^{n_{dv}}\exp[-\theta_k(x_k^i-x_k^j)^2] \tag{10-3}$$

式中：n_{dv}——设计变量数；

θ_k——未知相关参数。

确定高斯相关函数后，任意实验点 x 的响应表示为

$$\hat{\boldsymbol{y}}=\hat{\boldsymbol{\beta}}+\boldsymbol{r}^{\mathrm{T}}\boldsymbol{R}^{-1}(\boldsymbol{y}-\boldsymbol{f}\hat{\boldsymbol{\beta}}) \tag{10-4}$$

式中：$\boldsymbol{y}$——采样点数为 n_s 的列矢量，即样本数据响应值。

当 $f(x)$ 为常数时，$\boldsymbol{f}$ 是长度为 n_s 的单位列矢量。$\boldsymbol{r}^{\mathrm{T}}(x)$ 表示实验点 x 与采样点 $\{x^1, x^2,\cdots,x^{n_s}\}$ 间长度为 n_s 的相关矢量，即

$$\boldsymbol{r}^{\mathrm{T}}(x)=[R(x,x^1),R(x,x^2),\cdots,R(x,x^{n_s})]^{\mathrm{T}} \tag{10-5}$$

式(10-4)中 $\boldsymbol{\beta}$ 由下式估计：

$$\hat{\boldsymbol{\beta}}=(\boldsymbol{f}^{\mathrm{T}}\boldsymbol{R}^{-1}\boldsymbol{f})^{-1}\boldsymbol{f}^{\mathrm{T}}\boldsymbol{R}^{-1}\boldsymbol{y} \tag{10-6}$$

全局模型方差估计值为

$$\hat{\boldsymbol{\sigma}}=\frac{(\boldsymbol{y}-\boldsymbol{f}\hat{\boldsymbol{\beta}})^{\mathrm{T}}\boldsymbol{R}^{-1}(\boldsymbol{y}-\boldsymbol{f}\hat{\boldsymbol{\beta}})}{n_s} \tag{10-7}$$

通过极大似然估计方法确定相关参数 θ_k 后，即可求解如下非线性无约束最优化问题：

$$\max_{\theta_k>0}\left[\frac{1}{2}(n_s\ln\sigma^2+\ln|R|)\right] \tag{10-8}$$

求解相关参数 θ_k，由式(10-5)可得实验点 x 和已知样本数据之间相关矢量 $\boldsymbol{r}^{\mathrm{T}}(x)$，通过式(10-4)即可得到其响应值，至此完成 Kriging 近似模型构建。在 Kriging 模型构建过程中，实验点选择至关重要。实验点选择的合理性直接影响所建 Kriging 模型精度，鉴于此，本节采用优化空间填充实验设计方法构建 Kriging 模型。优化空间填充实验方法是拉丁超立方实验设计方法的升级，具有能将实验点均匀地分散在设计空间中，且用尽可能少的实验点代表尽可能多的信息等优点。

10.1.2 基于 Monte Carlo(蒙特卡罗)方法模拟稳健性参数

6σ 稳健性优化设计方法是将 6σ 质量控制准则和稳健性优化设计相结合的一种现代设计方法，不仅对产品本身质量提出较高要求，而且规定产品质量均值在 $\pm 6\sigma$ 范围内变化时，产品质量依然满足设计要求。由此可见，稳健性优化对产品质量的要求如下：一是可靠性，即产品性能在 $\pm 6\sigma$ 置信区间内始终满足要求；二是稳健性，即尽量降低产品性能对参数的敏感性。图 10-1 所示为稳健性优化与确定性优化区别示意图。

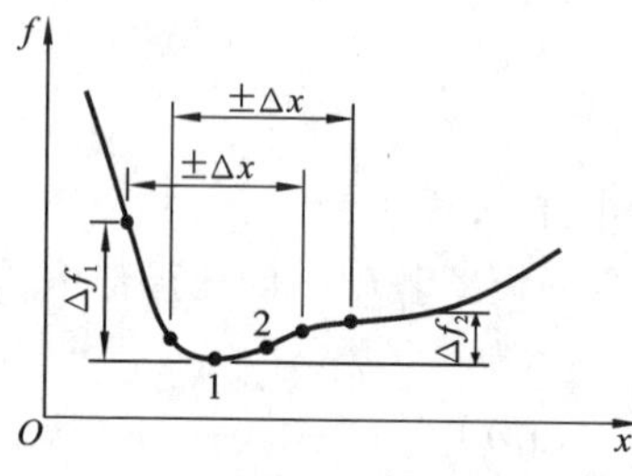

图 10-1　稳健性优化与确定性优化区别示意图

若为确定性优化，则最优解应在 1 点处；若考虑设计参数在一定范围 $\pm\Delta x$ 内波动，则在 1 点左侧响应值产生较大的波动，而在 1 点右侧响应值波动较小，过渡较为平缓，因此对于设计变量点 x，1 点右侧段参数敏感度低。而以同样方式如选择 2 点，则当设计变量向左波动 Δx 时，响应值波动减小幅度大。相比于 1 点，2 点的不足是响应值增大，因此在增加响应稳健性的同时提高产品平均性能显得尤为关键。该稳健性优化中目标函数均值与方差采用 Monte Carlo 方法模拟计算，实现 Monte Carlo 模拟，先借助优化空间填充实验产生足够样本点，再利用这些样本点构建 Kriging 近似模型并进行 Monte Carlo 模拟，根据模拟图求解目标函数均值与方差。

10.2　叶片铺层参数稳健性优化

10.2.1　叶片铺层参数优化数学模型

叶片模态特性包括叶片固有频率、模态振型及其阻尼特性，叶片模态特性直接影响其振动与噪声。其中叶片固有频率是叶片全局特性，即对于同一阶模态而言，叶片固有频率值不随位置改变而发生变化。叶片固有频率优化可预防叶片共振及提高叶片弯曲刚度等，因此在该算例中选择叶片第一阶固有频率作为优化数学模型的优化目标，即

$$f=\max f_1 \tag{10-9}$$

式中：f_1——叶片第一阶模态固有频率。

本小节主要在叶片各区域铺层厚度最优分布研究基础上，采用相同铺层方案，并根据前文优化得到的铺层厚度，对各铺层材料单层厚度进行优化，所有设计变量取值及其所选分布规律见表 10-1。

表 10-1　设计变量取值及其所选分布规律

设计变量	设计值	下限	上限	分布规律
x_1/mm	0.97	0.82	1.12	正态分布
x_2/mm	0.57	0.48	0.66	正态分布
x_3/mm	0.6	0.51	0.69	正态分布
x_4/mm	20	17	23	正态分布
x_5/mm	1.2	1.02	1.38	正态分布
x_6/mm	342	290	393	正态分布

表中：x_1——单轴布单层厚度；

x_2——双轴布单层厚度；

x_3——三轴布单层厚度；

x_4——Balsa 木单层厚度；

x_5——加强材料单层厚度；

x_6——主梁宽度。

针对复合材料结构校核计算，使用常用最大应力校核准则显然难以满足校核精度要求，因此本小节采用 Tsai-Wu 失效准则作为叶片结构校核准则，即在整个叶片结构优化过程中，叶片力学性能参数必须满足如下约束条件：

$$F_1\sigma_1+F_2\sigma_2+F_{11}\sigma_1^2+F_{22}\sigma_2^2+F_{66}\sigma_6^2+2F_{12}\sigma_1\sigma_2\leqslant 1 \quad (10\text{-}10)$$

由于结构无阻尼自由振动频率平方等于结构等效刚度与等效质量的比值，因此当结构质量为常数时，随着刚度增大，结构固有频率以 0.5 为幂指数增大，因此，为保证叶片固有频率随刚度同向变化，以叶片质量不超过初始设计质量为约束条件，即

$$m\leqslant m_0 \quad (10\text{-}11)$$

式中：m_0——叶片初始设计质量。

自适应单目标优化算法集成于 Design Exploration，该算法联合使用 OSF 抽样方法、Kriging 响应面、带计算域缩减技术的 MISQP 算法。其中 OSF 即 optimal space-filling（优化空间填充）抽样方法，该方法是对拉丁超立方抽样方法的优化，具有更好的空间填充能力，适合生成特别复杂的响应面；MISQP 即 mixed-integer sequential quadratic programming（混合整数二次规则）算法，该算法能同时处理连续和离散输入参数，适用于单个输出参数优化。本小节采用自适应单目标优化算法。

10.2.2 叶片结构传统优化算例 1

依据 9.3.1 节中的优化设计方案，采用优化空间填充实验设计方法，通过生成 60 个样本点建立 Kriging 近似模型。在整个优化过程中，最大迭代次数和收敛容差分别设置为 120 和 1×10^{-6}，并选择生成 3 个满足强度要求和约束条件的候选解。算例 1 即 1.5 MW 叶片结构传统优化迭代过程如图 10-2 所示。

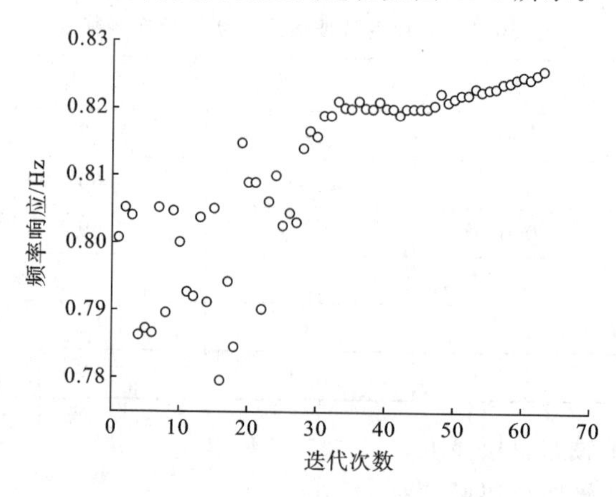

图 10-2　优化迭代过程

由图 10-2 可知，当迭代到 40 次左右时，优化过程已趋于收敛，且优化效果较为显著。此后叶片固有频率响应值基本稳定在 0.82 Hz。综合考虑复合材料铺层制造可实施性，将各铺层材料单层厚度及主梁宽度优化参数进行圆整，见表 10-2。

表 10-2　算例 1 设计变量及响应值优化结果

设计变量及响应值	设计值	优化值
x_1/mm	0.97	0.87
x_2/mm	0.57	0.51
x_3/mm	0.6	0.66
x_4/mm	20	22
x_5/mm	1.2	1.08
x_6/mm	342	307.8
f_1/Hz	0.75	0.82

由表 10-2 可知，初始叶片和算例 1 中叶片固有频率分别为 0.75 Hz 和 0.82 Hz，经过算例 1 中常规结构优化后叶片第一阶固有频率提高 9.3%。对于设计变量，除 Balsa 木和三轴布单层厚度略微增大外，其余设计变量包括其余铺层材料单层厚度和主梁宽度均减小，虽然 Balsa 木和三轴布单层厚度有所增大，但 Balsa 木密度远小于其他铺层材料密度，这不仅保证了叶片强度有所增加，且满足叶片质量相对不增加的约束条件(即式(10-11))。

为评估算例 1 优化结果稳健性，分别对初始叶片和算例 1 优化叶片固有频率进行 6σ 稳健性参数求解，结果如图 10-3 所示。由图 10-3 可见，初始叶片和算例 1 叶片固有频率 6σ 水平分别为 3.1615σ 和 1.23333σ，由此可见，经算例 1 优化后，虽然叶片

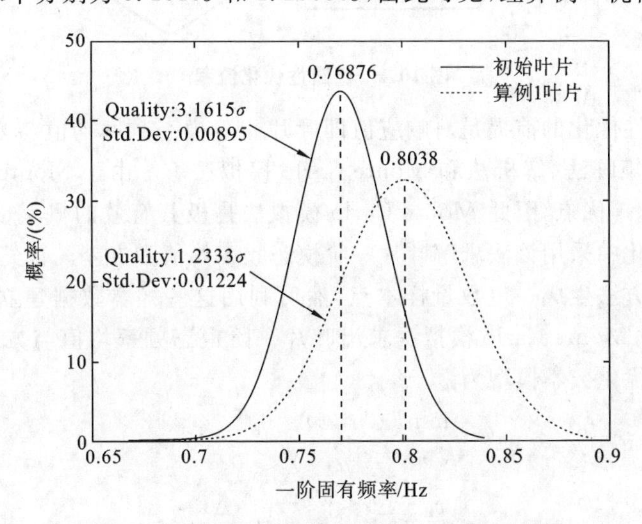

图 10-3　初始叶片及算例 1 叶片 6σ 稳健性分析

固有频率明显增大，但其 6σ 水平却降低 61%。这种情况说明传统结构优化方法只能保证优化目标在一定程度上有所提升，并不能使优化结果稳健性同步增加。因此将优化目标稳健性指标作为优化目标显得尤为必要。

10.2.3 叶片结构稳健性优化算例 2

针对算例 1 中优化目标稳健性差，即优化目标对设计参数变化过于敏感的问题，在算例 1 传统结构优化基础上，提出稳健性结构优化策略。在原来一阶固有模态频率优化目标基础上，提出 2 个优化目标，即原来优化目标的均值和方差。稳健性优化流程如图 10-4 所示。

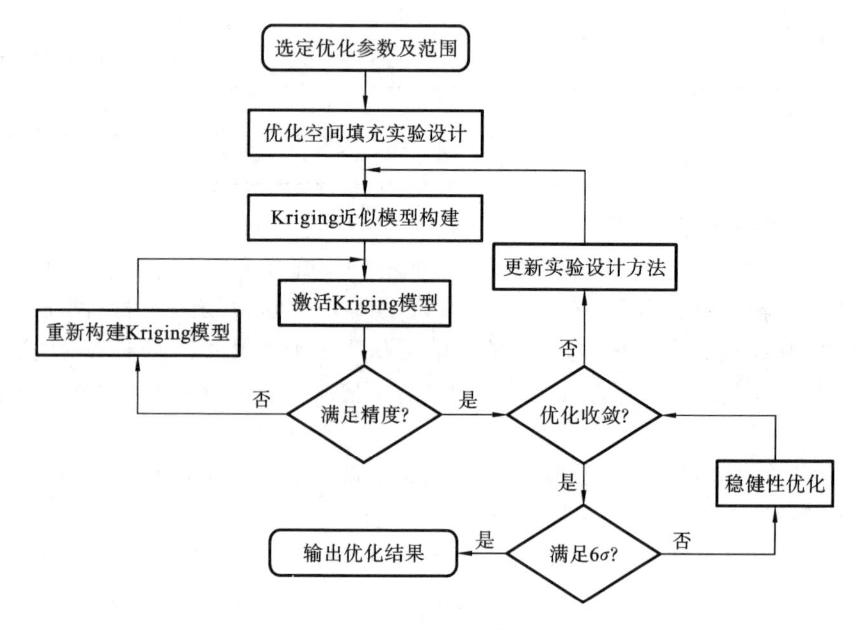

图 10-4 稳健性优化流程

叶片稳健性优化的前提是对响应值即叶片一阶模态频率均值与方差的求解，常用求解方法有矩阵法、解析法和 Monte Carlo 模拟法等。由于 Monte Carlo 模拟法具有简单、快速等优点，因此 Monte Carlo 模拟法是极其有效的概率估计方法，本次叶片稳健性优化中采用该法求解叶片一阶模态频率均值和方差。首先采用优化空间填充实验设计方法生成一定数量样本点，然后利用这些样本数据建立 Kriging 近似模型，最后通过 Monte Carlo 模拟法求出叶片一阶模态频率均值与方差。一个经典结构的稳健性优化数学模型为

$$
\begin{aligned}
& \min F(\mu, \sigma) \\
& \text{s.t.}\ G_j(\mu, \sigma) \leqslant 0 \\
& x_{\mathrm{L}} + \Delta x \leqslant x \leqslant x_{\mathrm{U}} - \Delta x
\end{aligned}
\tag{10-12}
$$

式中：x——设计变量；

j——约束方程数量；

x_U、x_L——设计变量上限、下限；

μ——目标值的均值；

σ——目标值的方差。

该优化数学模型中优化目标 F 可表示为

$$F = \sum_{i=1}^{m}\left[(+/-)\frac{w_{1i}}{R_{1i}}\mu_{yi} + \frac{w_{2i}}{R_{2i}}\sigma_{yi}^2\right] \tag{10-13}$$

式中：w_{1i}、w_{2i}——权重系数；

R_{1i}、R_{2i}——比例因子；

m——目标函数数量。

式中正负号选择原则是：若是最大化优化目标，则为正，反之为负。

在算例 1 优化基础上，以叶片各铺层材料单层厚度和一阶固有频率为设计变量和优化目标，采用优化空间填充技术生成 200 个设计点，并依据这些设计点建立 Kriging 近似模型。选择决定系数 R^2 和平均相对误差 RAE 作为评价 Kriging 近似模型精度的指标，见表 10-3。

表 10-3　Kriging 模型精度检验

评价指标	指标值
R^2	0.976
RAE	0.022

R^2 越大或 RAE 越小，则表示 Kriging 近似模型精度越高。由表 10-3 可知，所建立的 Kriging 近似模型 R^2 和 RAE 值分别为 97.6%和 2.2%，可见该模型具有足够精度以执行叶片结构稳健性优化过程。

在叶片铺层参数确定性优化基础上，依据式(10-12)、式(10-13)所示典型稳健性优化数学模型，可得叶片结构稳健性优化数学模型：

$$\begin{aligned} &\min \mu[f] + 6\sigma[f] \\ &\text{s.t. } \mu[m] + 6\sigma[m] \leqslant m_0 \\ &x_{iL} + 6\sigma[x_i] \leqslant \mu[x_i] \leqslant x_{iU} - 6\sigma[x_i] \end{aligned} \tag{10-14}$$

式中：x_{iL} 和 x_{iU}——设计变量下限和上限；

x_i——设计变量；$i=1, 2, 3, 4, 5, 6$。

10.2.4　结果分析与讨论

叶片结构稳健性优化是在传统结构优化基础上降低目标函数对设计变量的灵敏度，从而提高目标函数稳健性。表 10-4 将叶片传统优化方法(算例 1)结果和稳健性优化方法(算法 2)结果进行了对比。

表 10-4 算例 1 与算例 2 优化结果对比

参数	初始值	算例 1		算例 2	
		优化值	6σ 水平	优化值	6σ 水平
x_1/mm	0.97	0.87	2.78σ	0.85	6σ
x_2/mm	0.57	0.51	5.47σ	0.49	≥8σ
x_3/mm	0.6	0.66	2.65σ	0.7	6σ
x_4/mm	20	22	5.53σ	23	≥8σ
x_5/mm	1.2	1.08	5.74σ	1.16	≥8σ
x_6/mm	342	307.8	3.54σ	298	5.6σ
f/Hz	0.75	0.82	1.23σ	0.81	6σ

由表 10-4 可知，传统结构优化方法(算例 1)将叶片固有频率提高了 9.3%，但却较为显著地降低了叶片固有频率 6σ 水平，较优化前降低约 61%。而稳健性优化方法(算例 2)不仅将叶片固有频率提高了 8%，而且使得大部分设计变量值的 6σ 水平达到甚至超过 6σ。稳健性优化方法不仅提高了叶片固有频率，而且增强了叶片固有频率响应稳健性。

响应值对一个结构参数的灵敏度高低是评价该参数是否对响应值产生显著影响的重要指标之一，结构参数灵敏度越高，则结构稳健性越差，反之亦然。初始叶片、算例 1 叶片及算例 2 叶片模态灵敏度如图 10-5 所示。

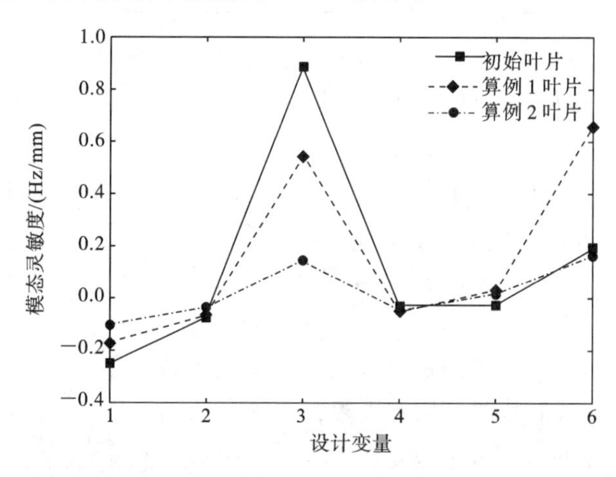

图 10-5 初始叶片、算例 1 叶片及算例 2 叶片模态灵敏度

图 10-5 中，横坐标从 1 至 6 分别表示设计变量 x_1 至设计变量 x_6，纵坐标是各个设计变量的模态灵敏度值。图 10-5 从参数灵敏度角度说明了稳健性优化方法能够提升叶片固有动态性能，尤其从设计变量 x_3 显示，算例 1 和算例 2 中叶片模态灵敏度分别较初始叶片模态灵敏度降低 39%和 83%，由此可见稳健性优化方法可显著降

低叶片设计变量模态灵敏度，提高叶片固有动态性能稳健性。

结构稳健性优化旨在降低参数敏感度，即当设计变量值发生变化时，尽可能减小结构性能指标波动，当设计变量以正态分布在给定范围内变化时，叶片固有频率变化如图10-6所示。图10-6中，除图10-6(f)外，其余图中3条曲线具有一致变化趋势，只是在叶片频率响应幅值大小上都具有如下关系：算例1叶片和算例2叶片频率响应大于初始叶片频率响应；算例2叶片和算例1叶片频率响应在幅值大小上差别不大，算例2叶片频率响应较算例1的更为平缓，可见算例2叶片频率响应随设计变量

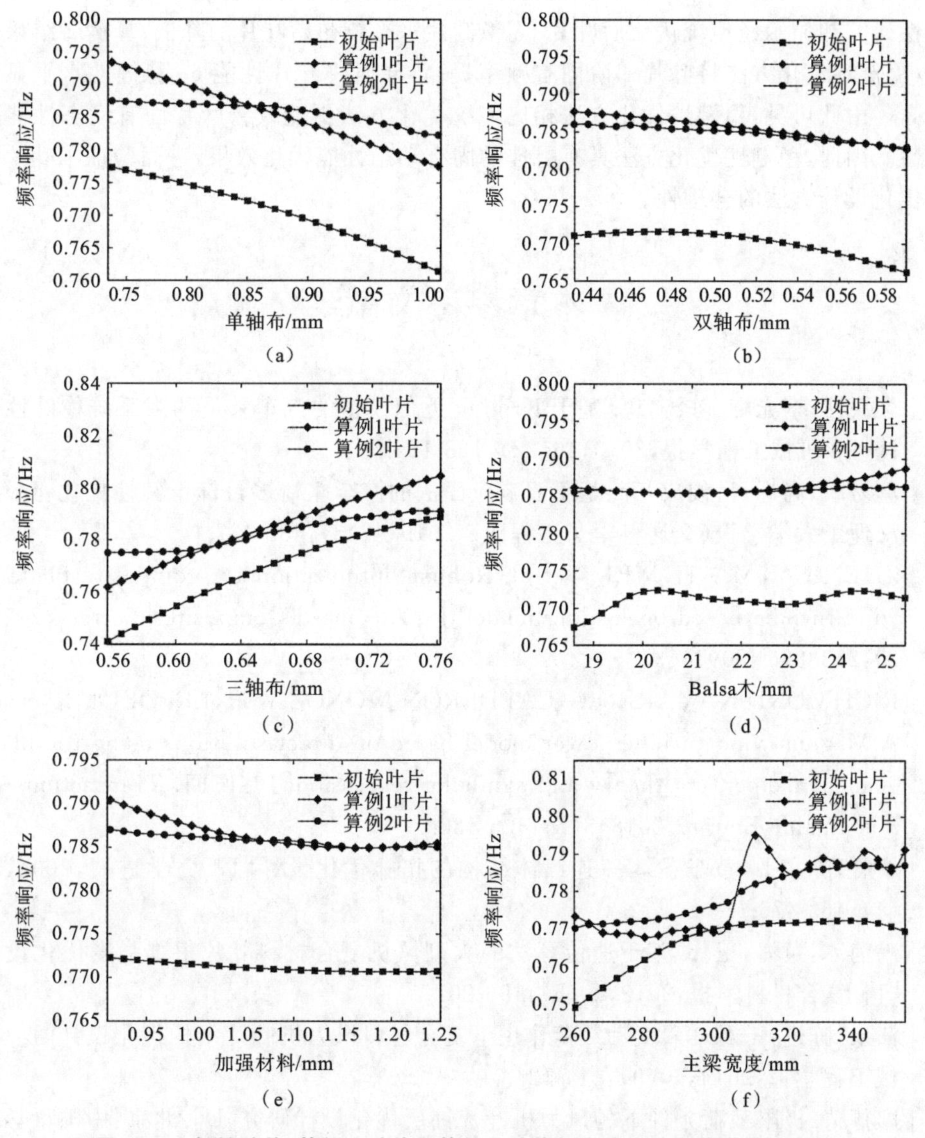

图10-6　初始叶片、算例1叶片及算例2叶片频率响应随设计变量的变化

变化波动更小,稳健性更好。图 10-6(f)所示为叶片固有频率随着设计变量主梁宽度变化而波动的趋势,虽然算例 1 叶片频率响应在主梁宽度超过 300 mm 时有明显波动,但其总体趋势与算例 2 的一致,只是算例 2 叶片频率变化更为平缓,符合总体变化趋势。总之,稳健性优化方法可在最优化目标函数的同时,降低目标函数对设计变量的灵敏度,从而有效改善叶片整体动力学性能。

本章结合两个优化算例:算例 1 采用传统优化方法,未考虑叶片铺层参数波动影响;算例 2 采用稳健性优化方法,将频率响应均值与方差也作为优化目标。研究获得重要结论:算例 1 结果表明,传统优化方法提高了叶片一阶固有频率,而进一步 6σ 稳健性研究却显示经传统优化后叶片 6σ 稳健性水平较初始叶片的降低;算例 2 结果表明,稳健性优化方法将叶片一阶固有频率提高,同时将叶片性能 6σ 稳健性水平显著提高。由此可见,稳健性优化方法相比传统优化方法更能改善叶片固有动态性能稳健性。因此,稳健性优化方法具有更佳的固有动态性能优化效果,进而验证了叶片结构优化设计方法的合理性。

本章参考文献

[1] 李铁柱,李光耀,陈涛,等. 基于 Kriging 近似模型的汽车乘员约束系统稳健性设计[J]. 机械工程学报,2010,46(22):123-129.

[2] 莫易敏,高烁,吕俊成,等. 基于双响应面法的汽车座椅多目标稳健性优化[J]. 武汉理工大学学报(交通科学与工程版),2019,43(3):432-437.

[3] ZHENG Y,MA H,WEI J,et al. Robust optimization for composite blade of wind turbine based on kriging model[J]. Advanced Composites Letters,2020,29:2633366X2091463.

[4] RICHMOND-NAVARRO G,CALDERÓN-MUNOZ W R,LEBOEUF R,et al. A Magnus wind turbine power model based on direct solutions using the blade element momentum theory and symbolic regression[J]. IEEE Transactions on Sustainable Energy,2016,8(1):425-430.

[5] 罗震,陈立平,黄玉盈,等. 连续体结构的拓扑优化设计[J]. 力学进展,2004,34(4):463-476.

[6] 冯消冰,黄海,王伟. 基于遗传算法的大型风机复合材料叶片根部强度优化设计[J]. 复合材料学报,2012,29(5):196-202.

[7] 汪泉,陈进,王君,等. 气动载荷作用下复合材料风力机叶片结构优化设计[J]. 机械工程学报,2014,50(9):114-121.

[8] 廖猜猜. 极限载荷条件下的风力机叶片铺层优化设计研究[D]. 北京:中国科学院研究生院(工程热物理研究所),2012.

[9] 田德，罗涛，林俊杰，等．基于额定载荷的 10 MW 海上风电叶片铺层优化[J]. 太阳能学报，2018，39(8)：2195-2202.

[10] 张龙，贾普荣，王波，等. 考虑弯扭耦合效应的复合材料叶片铺层优化方法[J]. 西北工业大学学报，2018，36(6)：1093-1101.

[11] 郑玉巧，赵荣珍，刘宏. 大型风力机叶片气动与结构耦合优化设计研究[J]. 太阳能学报，2015，36(8)：1812-1817.

[12] 孙鹏文，邢哲健，王慧敏，等. 复合纤维风力机叶片结构铺层优化设计研究[J]. 太阳能学报，2015，36(6)：1410-1417.

[13] 杨阳，李春，叶舟，等. 风力机叶片多目标遗传算法优化设计[J]. 工程热物理学报，2015，36(5)：1011-1014.

[14] 郑玉巧，刘哲言，马辉东，等. 基于模态灵敏度的风力机复合材料叶片结构优化[J]. Transactions of Nanjing University of Aeronautics and Astronautics，2021，38(1)：153-163.

[15] GUO X，HUANG X，WANG Q，et al. The influence of carbon-glass blade structure on the performances of the whole wind turbine[J]. Energy Sources Part A Recovery Utilization and Environmental Effects，2021(1)：1-20.

[16] FARSADI T，KAYRAN A. Flutter study of flapwise bend-twist coupled composite wind turbine blades[J]. Wind and Structures，An International Journal，2021，32(3)：267-281.

第11章　准三维结冰叶片有限元建模方法

11.1　叶片结冰理论简介

极端气候引发的冰雪灾害时常发生，叶片结冰会致使翼型轮廓发生改变，严重影响叶片气动性能，低风速段可使机组发电功率降低60%；另外，叶片结冰将导致风轮质量分布不平衡，引起风力发电机的额外载荷与振动。因此，为定量研究叶片气动性能变化规律与叶片在真实运行环境中的动力学响应，须研究叶片结冰前后的气动性能与载荷变化。

本章对水平轴风力发电机叶片结冰研究所需相关基础理论知识体系进行阐述，主要包括：叶片结冰气象条件、结冰类型以及影响叶片结冰的主要因素；风力发电机运行状态下二维翼型结冰数值计算中的流场计算、水滴运动轨迹模拟与结冰形态计算涉及的物理模型及求解方法。基于二维翼型结冰计算方法对风力发电机叶片各关键截面结冰形态进行预测。在叶片载荷施加方面，利用流体力学计算方法将气动载荷施加在叶片有限元模型上，虽能较好地反映叶片受力情况，但是计算效率低，周期长，计算资源需求庞大，故选用刚性耦合加载方法，将叶片复杂载荷转化为集中力载荷，施加在各叶素扭转中心上，并求解叶片结冰前后整体变形与应力沿着叶片展向的分布情况。

11.1.1　结冰气象条件

寒冷气候地区指遭受大气结冰或者风力发电机长期运行在ISO 12494:2017标准要求温度以下的区域。正常风力发电机设计与生产需满足一定标准，这些标准对风力发电机正常工作环境如温度、风速、湿度、压强等进行范围标定，并对极端情况下的风力发电机可靠性做相应要求。当风力发电机在超出正常低温条件下工作一段时间或者工作于出现大气结冰条件下时，该风力发电机视为工作在寒冷气候。寒冷气候以温度为标准划分为结冰气候与低温气候两种。

11.1.2　结冰类型

大气结冰是指在低温条件下，空气中过冷却水滴或湿雪冻结或黏附于暴露在大气中的物体表面而结冰的过程。通常情况下,结冰类型根据结冰物理过程及性质可分为雨凇、雾凇及混合凇。在寒冷地区,由于风力发电机长期暴露在结冰环境中,随着大气环境不断变化,结冰过程也随之发生变化。

1. 雨凇

雨凇指由高浓度液态水在−5～0 ℃之间形成的透明、喇叭状的冰,其MVD范围为0～500 μm。通常雨凇结冰过程较为连续,冰体内部没有或者存在很少气体,其过程伴随液态水一定程度的飞溅、回流以及积冰融化现象。该现象会造成,在液态水发生相变表面产生一层流动薄膜,使得冰层均匀、透明且光滑,冰层密度超过900 kg/m^3。

2. 雾凇

雾凇发生在温度低于−6 ℃时,空气中过冷却水滴与叶片表面发生碰撞时立即凝结于叶片表面形成雾凇。LWC范围为0～5 g/m^3,MVD范围为0～100 μm,结冰密度范围为100～600 kg/m^3。

3. 混合凇

混合凇同时包括雨凇与雾凇两者的特性,其存在状态受温度变化影响会发生一系列相变。

11.1.3 影响叶片结冰的主要因素

风力发电机叶片结冰涉及多学科交叉,影响结冰的主要因素由风力发电机本身因素与大气环境因素组成,表现为以下七类。

1. 环境温度

叶片出现结冰现象的基本条件为低温。研究表明,叶片结冰大气温度范围在−20～0 ℃且以−10～−2 ℃出现结冰次数最多,在此范围内主要结冰形式为雨凇、雾凇及混合凇。当环境温度在−20 ℃以下时,大气中的水滴直接冷凝成冰晶落至地面,结冰量反而较少。

2. 液态水含量

液态水含量(liquid water content,LWC)指单位体积空气中所包含液态水的质量,其单位为g/m^3。LWC是影响结冰形状和结冰类型的重要参数,在给定温度和水滴粒径的情况下,液态水含量增大将直接导致风力发电机结冰量增加,结冰的冰型由霜冰转变为明冰,同时出现溢流冰现象。

3. 平均水滴粒子直径

空气中的水滴直径尺寸有一定分布,在研究结冰中平均水滴粒子直径(medium volume droplet diameter,MVD)定义为将总粒子分布均分的临界尺寸,即定义直径大于MVD的大水滴的总体积与直径小于MVD的小水滴的总体积相等。MVD直接影响撞击叶片表面的范围、撞击量及结冰冰型。MVD较大的水滴惯性较大,更容易和风力发电机叶片相撞,单位时间内形成的冰层更厚,结冰强度更大。而MVD较小的水滴绕过叶片表面，造成结冰量小，对叶片结冰的影响小。

4. 结冰时间

结冰时间是风力发电机处于结冰环境的时间。风力发电机结冰过程是空气中过冷水滴不断撞击到风力发电机叶片上并凝结成冰的过程，结冰时间越长，风力发电机上的结冰量越大。但是，当叶片结冰量超过一定界限时，积冰量过大可导致覆冰在重力及旋转力作用下从叶片表面脱落。

5. 来流速度

水滴的速度随来流速度的增大而增大，导致水滴的撞击表面区域扩大，结冰范围增加。来流速度增大还会使单位时间内碰到叶片表面的过冷水滴增多，结冰率增加。同时，风速增大会带走更多的结冰释放的潜热，使结冰更为迅速。

6. 回转半径与旋转速度

对于现行的风力发电机，通常要求其在额定转速下运转，随着回转半径的不同，叶片在该位置的翼型的回转线速度不同，其中：回转半径越大，回转线速度也越大；回转半径越小，相应的回转线速度也越小。

对于回转半径较大的叶片翼型，由于其回转线速度大，单位时间划过的距离长，碰撞的过冷水滴多，因此结冰率较大，相应的结冰量也更大，同时结冰释放潜热散失更多，结冰速率更快。对于变速型风力发电机，随着旋转速度的增大，叶片端部结冰趋势将更加明显，结冰速度与结冰总量将相应地增加。

7. 翼型类型

叶片翼型前缘半径增加导致过冷水滴的撞击率降低。这是由于前缘半径增加，空气流线的弯曲程度相对变缓，水滴更容易随空气流动，前缘撞击量降低，水收集率减少。相反，前缘半径越小，收集率越高。其次，叶片翼型的气动光滑性是影响结冰速率的主要原因。

11.2 准三维结冰叶片有限元建模

11.2.1 二维翼型结冰计算方法

风力发电机运行于结冰环境中，飘浮在空气中的过冷却水滴因其较大惯性力而形成不同于空气分子的运动轨迹。当过冷却水滴随空气进行绕流运动时，部分水滴因其较大惯性将偏离流线而与风力发电机叶片发生碰撞，进而形成各种形式的结冰。叶片二维结冰模拟方法较为成熟，其理论主要参考相关文献，现选取二维翼型结冰计算主要理论进行表述。成熟的二维翼型结冰计算包括三部分，分别为流场计算、水滴收集计算与结冰形态计算。

1. 流场计算

水滴在空气中的运动轨迹主要受空气绕叶片流动的流场分布影响，因此在进行叶片结冰计算之前，首先要求解叶片绕流流场分布。航空领域一般选用无黏模型求解空气流场，但是由于风力发电机旋转以及大攻角现象，无黏模型不再适用于风力发电机叶片流场分布计算。随着对流体力学的研究不断深入与计算机技术的不断发展，求解雷诺平均方程(N-S 方程)成为可能，现国内外风力发电机叶片结冰求解较为成熟的方法是势流理论与求解欧拉方程。N-S 方程的通用形式可表示为

$$\frac{\partial \rho\varphi}{\partial t}+\nabla(\rho\boldsymbol{u}\varphi)=\nabla(\Gamma \mathrm{grad}\varphi)+S \tag{11-1}$$

计算过程中视空气绕叶片为不可压缩，因此空气连续性方程可写为

$$\frac{\partial \rho}{\partial t}+\frac{\partial(\rho\boldsymbol{u})}{\partial x}+\frac{\partial(\rho\boldsymbol{v})}{\partial y}+\frac{\partial(\rho\boldsymbol{w})}{\partial z}=0 \tag{11-2}$$

动量方程在 x、y、z 方向上的表达式为

$$\begin{cases}\dfrac{\partial \rho u}{\partial t}+\nabla(\rho\boldsymbol{v}u-\mu_{\mathrm{eff}}\mathrm{grad}u)=-\dfrac{\partial P}{\partial x}+\nabla\left(\mu_{\mathrm{eff}}\dfrac{\partial \boldsymbol{v}}{\partial x}\right)+\rho f_x\\ \dfrac{\partial \rho v}{\partial t}+\nabla(\rho\boldsymbol{v}v-\mu_{\mathrm{eff}}\mathrm{grad}v)=-\dfrac{\partial P}{\partial y}+\nabla\left(\mu_{\mathrm{eff}}\dfrac{\partial \boldsymbol{v}}{\partial y}\right)+\rho f_y\\ \dfrac{\partial \rho w}{\partial t}+\nabla(\rho\boldsymbol{v}w-\mu_{\mathrm{eff}}\mathrm{grad}w)=-\dfrac{\partial P}{\partial z}+\nabla\left(\mu_{\mathrm{eff}}\dfrac{\partial \boldsymbol{v}}{\partial z}\right)+\rho f_z\end{cases} \tag{11-3}$$

式中：ρ——流体密度；

φ——广义变量；

Γ——相应于 φ 的广义扩散系数；

S——与 φ 对应的广义源项；

u,v,w——流体 t 时刻在点(x,y,z)处的速度分量；

$\boldsymbol{u},\boldsymbol{v},\boldsymbol{w}$——流体 t 时刻在点(x,y,z)处的速度矢量；

P——压力；

μ_{eff}——动力黏度。

引入标准 k-ε 湍流模型，湍动能方程为

$$\frac{\partial \rho k}{\partial t}+\nabla(\rho\boldsymbol{v}k-(\mu_{\mathrm{l}}+\mu_{\mathrm{t}}/\mu_{\mathrm{k}})\mathrm{grad}k)=G_{\mathrm{k}}-\rho\varepsilon+G_{\mathrm{b}} \tag{11-4}$$

式中：G_{k}——平均速度梯度引起的湍流动能；

G_{b}——浮力产生的紊流动能；

k——湍流动能；

ε——耗散率。

湍动能耗散率方程为

$$\frac{\partial \rho\varepsilon}{\partial t}+\nabla(\rho\boldsymbol{v}\varepsilon-(\mu_{\mathrm{l}}+\mu_{\mathrm{t}}/\mu_{\varepsilon})\mathrm{grad}\varepsilon)=\frac{\varepsilon}{k}(C_1G_{\mathrm{k}}-C_2\rho\varepsilon) \tag{11-5}$$

其中

$$\mu_{\text{eff}}=\mu_1+\mu_t=\mu_1+\rho C_\mu k^2/\varepsilon \tag{11-6}$$

$$G_k=\mu_t\left(\frac{\partial u_i}{\partial x_j}+\frac{\partial u_j}{\partial x_i}\right)\frac{\partial u_i}{\partial x_i} \tag{11-7}$$

湍流黏度方程为

$$\mu_t=C_\mu\rho k^2/\varepsilon \tag{11-8}$$

式(11-5)与式(11-6)中：

$$C_1=1.44,\quad C_2=1.92,\quad C_\mu=0.09,\quad \mu_k=1.0,\quad \mu_\varepsilon=1.22 \tag{11-9}$$

2. 水滴收集计算

现阶段描述水滴运动轨迹与撞击特性的方法有欧拉(Euler)法与拉格朗日(Lagrange)法。在拉格朗日法中，只有解决流场分布问题，方能单独计算粒子运动轨迹，这使该方法既耗时又对计算资源有很高的要求。通常，为加快仿真计算速度，需选择适当位置注入预计影响机翼结冰的大量水滴。在欧拉法中，将空气和液滴模拟为连续双流体模型，通过求解两组相似方程组(质量、动量)，一组用于气流，另一组用于水滴，准确确定每个单元水滴撞击量，该方法在降低工作量的同时提高了计算效率。故本书选用欧拉法建立水滴运行轨迹并利用Runge-Kutta法对水滴运动方程进行求解。

1) 水滴轨迹运动方程建立

在建立水滴运动轨迹方程之前，需对水滴及其物理特性进行基本假设。

(1) 受力分析。

气流中过冷却水滴随气流流动时叶片表面上的黏性阻力为

$$\boldsymbol{D}=\frac{1}{2}C_D A_D\rho_a\left|\boldsymbol{\mu}_a-\boldsymbol{\mu}_d\right|(\boldsymbol{\mu}_a-\boldsymbol{\mu}_d) \tag{11-10}$$

引入相对雷诺数

$$Re=\rho_a\left|\boldsymbol{\mu}_a-\boldsymbol{\mu}_d\right|d/\mu \tag{11-11}$$

式中：ρ_a——空气密度；

A_D——水滴的迎风面积；

C_D——阻力系数；

$\boldsymbol{\mu}_a$——当地气流速度；

$\boldsymbol{\mu}_d$——水滴速度；

d——过冷水滴直径。

(2) 水滴运动方程建立。

利用欧拉法将空气和液滴模拟为连续量双流体模型，通过有限体积法求解质量与动量相似方程组，即可得到水滴运动轨迹。

引入水滴体积因子$\alpha(\boldsymbol{x},t)$建立其控制方程

$$\frac{\partial\alpha}{\partial t}+\nabla(\alpha\boldsymbol{u}_d)=0 \tag{11-12}$$

$$\frac{\partial \boldsymbol{u}_{\mathrm{d}}}{\partial t}+\boldsymbol{u}_{\mathrm{d}} \nabla \boldsymbol{u}_{\mathrm{d}}=\frac{C_{\mathrm{D}} Re}{24K}(\boldsymbol{u}_{\mathrm{a}}-\boldsymbol{u}_{\mathrm{d}})+\left(1-\frac{\rho_{\mathrm{a}}}{\rho_{\mathrm{d}}}\right)\frac{1}{Fr^2}\boldsymbol{g} \tag{11-13}$$

$$K=\frac{\rho_{\mathrm{d}} d^2 U_{\infty}}{18\mu_{\mathrm{a}} L} \tag{11-14}$$

$$Fr=\frac{U_{\infty}}{\sqrt{Lg_0}} \tag{11-15}$$

式中：K——惯性因子；

Fr——弗劳德常数；

C_{D}——阻力系数；

μ_{a}——空气黏度；

d——水滴直径。

2）水滴轨迹运动方程求解

利用 Runge-Kutta 法将流场速度分布与水滴初始位置作为定解条件求解水滴运动方程：

$$\begin{cases}\dfrac{\mathrm{d}\boldsymbol{u}}{\mathrm{d}x}=f(t,\boldsymbol{u})\\ \boldsymbol{u}(t_0)=\boldsymbol{u}_0\end{cases} \tag{11-16}$$

由四阶 Runge-Kutta 法得

$$\boldsymbol{u}_{n+1}=\boldsymbol{u}_n+\frac{1}{6}(t_{n+1}-t_n)(\boldsymbol{K}_1+2\boldsymbol{K}_2+2\boldsymbol{K}_3+\boldsymbol{K}_4) \tag{11-17}$$

式中：

$$\begin{cases}\boldsymbol{K}_1=f(t_n,\boldsymbol{u}_n)\\ \boldsymbol{K}_2=f\left(t_n+\dfrac{\Delta t}{2},\boldsymbol{u}_n+\dfrac{\Delta t}{2}\boldsymbol{K}_1\right)\\ \boldsymbol{K}_3=f\left(t_n+\dfrac{\Delta t}{2},\boldsymbol{u}_n+\dfrac{\Delta t}{2}\boldsymbol{K}_2\right)\\ \boldsymbol{K}_4=f(t_n+\Delta t,\boldsymbol{u}_n+\Delta t\boldsymbol{K}_3)\end{cases} \tag{11-18}$$

求得u_{d}^{n+1}、v_{d}^{n+1}后，则$t_{n+1}=t_n+\Delta t$时刻水滴位置可表示为

$$\begin{cases}x_{n+1}=x_n+\dfrac{1}{2}(u_n+u_{n+1})\Delta t\\ y_{n+1}=y_n+\dfrac{1}{2}(u_n+u_{n+1})\Delta t\end{cases} \tag{11-19}$$

通过对水滴每一步位置进行计算即可判断水滴与叶片是否发生碰撞。完成水滴运动方程求解，并可根据式(11-20)求解叶片表面水滴收集系数：

$$\beta=-\frac{\alpha \boldsymbol{v}_{\mathrm{d}}\boldsymbol{n}}{(\mathrm{LWC})v_{\infty}} \tag{11-20}$$

式中：α——水的体积分数；

$\boldsymbol{v}_{\mathrm{d}}$——液滴速度；

$\boldsymbol{n}$——表面法向量。

3. 结冰形态计算

风力发电机在结冰环境中运行时,气流中过冷却水滴撞击叶片即发生相变凝结成冰,黏结在叶片表面,从而形成复杂冰形,此结冰过程满足质量与能量守恒定律。

1) 结冰表面质量守恒

雨凇结冰过程中叶片表面结冰不完全,需考虑水膜流动过程,叶片表面单个控制体内质量传递如图 11-1 所示。

由图 11-1 可知,单位时间流进当前控制体的液态水质量分别由所有撞击当前控制体的水滴质量总和 $\dot{m}_{im}$ 与从前一个控制体进入当前控制体的液态水质量 $\dot{m}_{in}$ 组成;从当前控制体流至后一控制体的液态水含量 $\dot{m}_{out}$ 与流进当前控制体的液态水含量 $\dot{m}_{in}$ 相同;留在当前控制体的液态水全部转化为冰,故两者质量相同。计算过程中引入冻结系数 f,该系数定义为当前控制体内冻结为冰的液态水质量与流进该控制体液态水总质量的比值,有

$$\dot{m}_{ice}=f(\dot{m}_{im}+\dot{m}_{in}) \tag{11-21}$$

由二维 Messenger 传质模型可知,在每个计算控制体内均存在质量平衡:

$$\dot{m}_{out}=(1-f)(\dot{m}_{im}+\dot{m}_{in})-\dot{m}_{eva} \tag{11-22}$$

2) 结冰表面热力学模型求解

为计算结冰形状、结冰厚度与结冰发生位置,需考虑过冷却水滴在叶片表面发生相变时的能量转换过程。结冰表面单个控制体内能量传递如图 11-2 所示。

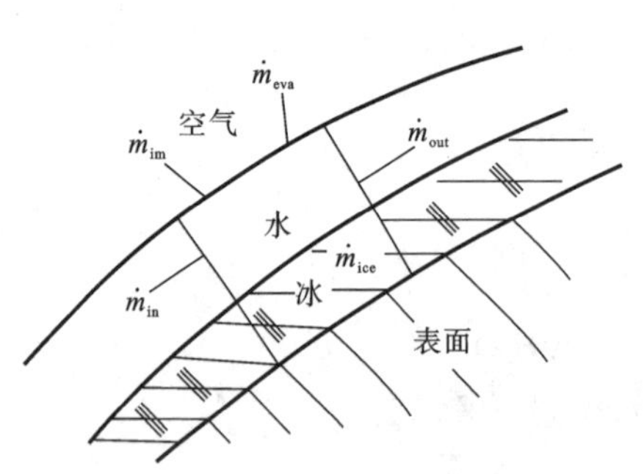

图 11-1 叶片表面单个控制体内质量传递

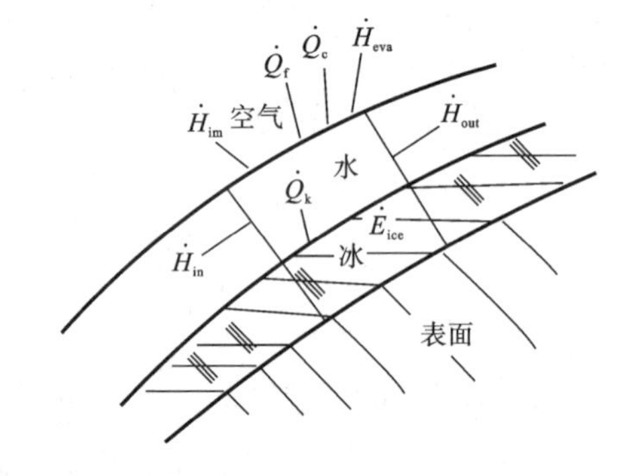

图 11-2 结冰表面单个控制体内能量传递

基于热力学第一定律将控制体内能量平衡方程写为

$$\dot{E}_{ice}+\dot{H}_{eva}+\dot{H}_{out}-\dot{H}_{in}-\dot{H}_{im}=\dot{Q}_f-\dot{Q}_c-\dot{Q}_k \tag{11-23}$$

式中:$\dot{E}_{ice}$ 与 $\dot{H}_{eva}$——冻结水能量与蒸发水能量;

$\dot{H}_{out}$ 与 $\dot{H}_{in}$——流出与流入当前控制体的液态水能量;

$\dot{H}_{im}$——控制体内所有与叶片发生碰撞的水滴所带来的能量;

$\dot{Q}_f$——气流与叶片因摩擦产生的热量;

$\dot{Q}_c$——气流与叶片对流换热能量;

$\dot{Q}_k$——冰层与液态水之间的热传导能量。

为求解式(11-23),对公式中各项的计算分别予以详细说明。

(1) 对流换热计算。

气流与叶片对流换热用牛顿冷却公式计算:

$$\dot{Q}_c = h_c A(T_s - T_e) \tag{11-24}$$

(2) 气流摩擦产热。

由于气流黏性作用,在叶片表面当气流速度由 v_∞ 减小至 0 时气体温升为

$$\Delta T = r_c \frac{v_\infty^2}{2c_a} \tag{11-25}$$

气流与叶片表面因摩擦产生的热量为

$$\dot{Q}_f = h_c A r_c \frac{v_\infty^2}{2c_a} \tag{11-26}$$

式(11-26)中,恢复因子 r_c 表达式为

$$r_c = 1 - \left(\frac{v_e}{v_\infty}\right)^2 [1 - Pr^n] \tag{11-27}$$

式中:v_e——边界层外边界速度;

Pr——普朗特数,其定义为

$$Pr = \frac{\mu c_a}{\lambda} \tag{11-28}$$

当流体为层流时,n 为 1/2;当流体为湍流时,n 为 1/3。

(3) 热传导计算。

利用无限大有厚度平板稳态理论计算水滴发生相变的能量。假设平板表面温度从初始温度 T_0 至结冰温度 T_{ice} 呈均匀变化,平板前后平面传递热流为

$$\dot{Q}_k = \frac{-\lambda(T_0 - T_{ice})}{\sqrt{\pi \chi \tau}} \tag{11-29}$$

式中:χ——热扩散率;

τ——尺度时间。

(4) 过冷却水撞击当前控制体能量。

参考温度 T_0 选取为 273.15 K,v_0 为 0,则当前控制体内所有撞击叶片表面的过冷却水带来的能量为

$$\dot{H}_{im} = \dot{m}_{im}\left[c_w(T_\infty - T_0) + \frac{v_\infty^2}{2}\right] \tag{11-30}$$

(5) 溢流水携带能量计算。

在雨凇计算过程中存在水膜流动,故液态表面溢流水携带能量的计算式为

$$\begin{cases} \dot{H}_{in} = \dot{m}_{in} c_w (T_{in} - T_0) + \dfrac{1}{2}\dot{m}_{in}(v_\infty \cos\alpha_{in})^2 \\ \dot{H}_{out} = \dot{m}_{out} c_w (T_{ice} - T_0) + \dfrac{1}{2}\dot{m}_{out}(v_\infty \cos\alpha_{in})^2 \end{cases} \tag{11-31}$$

（6）发生相变的能量改变。

干表面发生相变时存在热传递且相变后有温度变化，其计算式为

$$\dot{E}_{ice}=\dot{m}_{ice}[c_i(T_{ice}-T_0)-L_f] \tag{11-32}$$

湿表面相变前后温度不变，因此

$$\dot{E}_{ice}=-\dot{m}_{ice}L_f \tag{11-33}$$

（7）因蒸发而损失的能量。

对于干表面，考虑结冰升华现象，损失能量为

$$\dot{H}_{eva}=\dot{m}_{eva}[L_e+c_i(T_{ice}-T_0)-L_f] \tag{11-34}$$

对于湿表面，有

$$\dot{H}_{eva}=\dot{m}_{eva}L_e \tag{11-35}$$

对于液体表面，有

$$\dot{H}_{eva}=\dot{m}_{eva}[L_e+c_w(T_{ice}-T_0)] \tag{11-36}$$

式中：L_e——单位质量液态水转换为水蒸气相变过程能量系数；

L_f——单位质量液态水转换为冰相变过程能量系数。

11.2.2 各关键截面结冰形态

本节利用二维翼型结冰计算方法，求解各关键截面结冰形态。结冰条件假设如下：机组在额定工况下运行，LWC 为 0.5 g/m^3，MVD 为 20 μm，温度为－8 ℃，结冰时间为 120 min。由于翼型弦长在叶尖处最小且结冰现象最为严重，很难精确表征截面冰形，因此，为便于区分结冰形态，将翼型弦长统一设置为 3 m，处理后具体结冰形态见图 11-3。

将各截面翼型轮廓曲线与各翼型冰形曲线经过处理，截取冰形曲线与其对应翼型轮廓曲线段组成冰体截面曲线，将其输出为响应模板文件；借助三维造型方法，沿着 z 坐标轴建立平行于 x-o-y 平面的参考面，在各参考面上以二维曲线格式导入各关键截面冰体截面曲线文件，再利用横扫命令选择引导线，与冰体截面线生成冰体三维实体模型；最后建立其装配文件，将叶片与冰体模型进行首选接触约束，完成旋转叶片准三维结冰模型构建，建模结果如图 11-4 所示。

对叶片实施铺层设计之前，需对叶片进行离散化处理。采用有限元数值分析法，并给定叶片壳单元厚度为 1 mm。采用结构化网格，先进行面尺寸定义，再选取整个叶片进行 Multizone Quard/Tri Method 划分；考虑到叶片沿展向曲率变化较大，运用高级尺寸函数，选取 Curvature 函数进行网格生成与分布控制。由于叶根部分受载最大，叶片前缘与冰体装配，因此这两部分采用小尺寸划分；其余部分对网格精度要求不高，故网格尺寸较大。这种模型离散方案能在提高计算精度的同时充分减少网格数量，切实节约计算资源，提高求解效率。所得离散化叶片总单元数为 47090，网格质量为 0.923，网格整体精度较高。对于冰体装配体，其网格划分宜采用高级尺寸函数 Curvature 控制，离散化冰体总单元数为 11076，网格质量为 0.78，网格精度

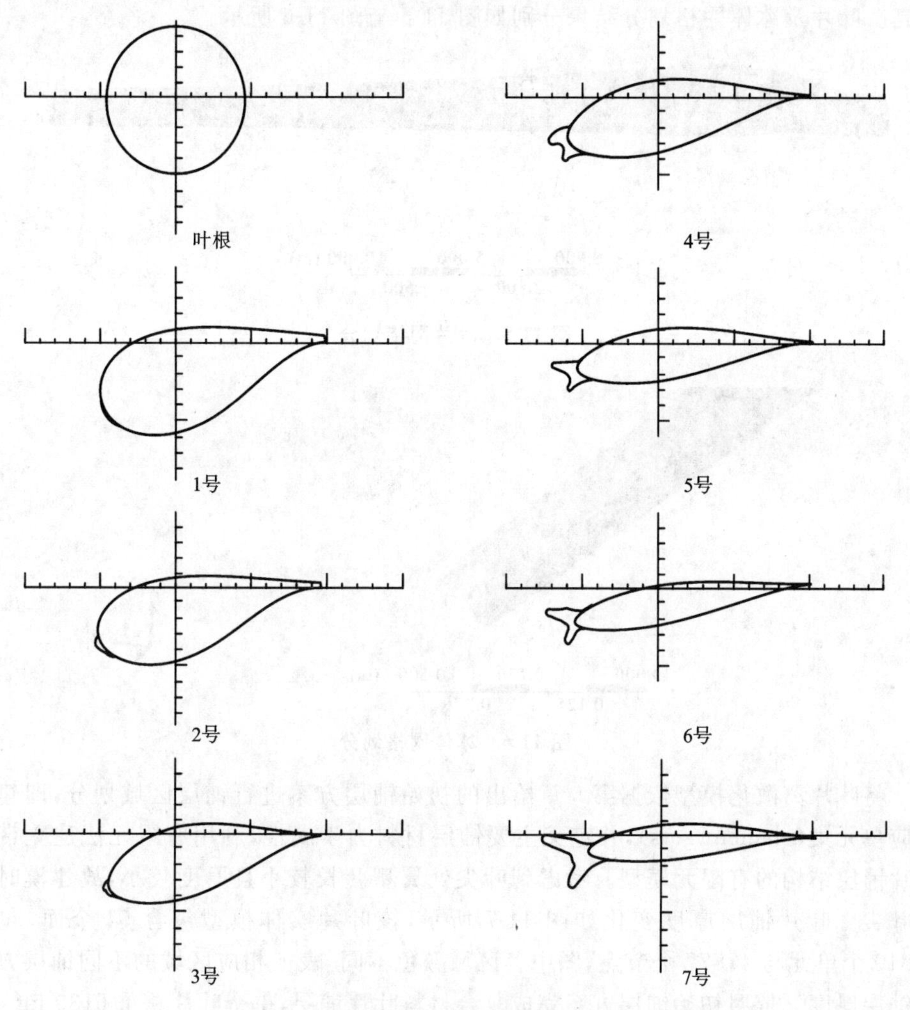

图 11-3　翼型结冰形态

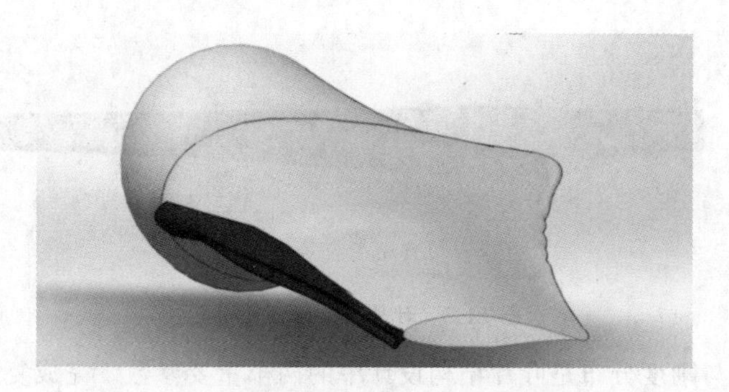

图 11-4　旋转叶片准三维结冰模型

较高。叶片及冰体网格划分结果分别如图 11-5 与图 11-6 所示。

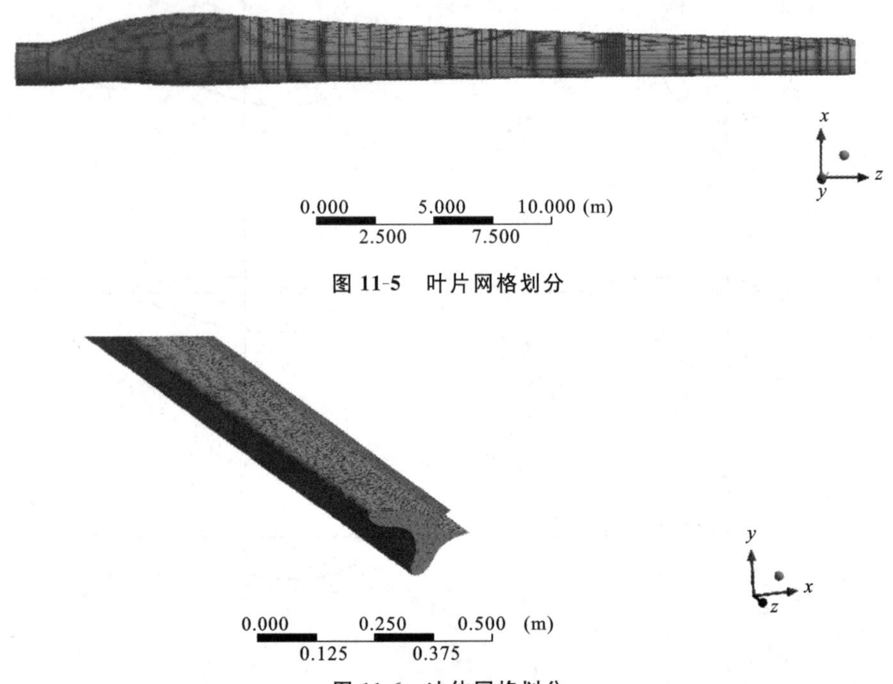

图 11-5　叶片网格划分

图 11-6　冰体网格划分

将叶片离散化模型依据第 6 章给出的初始铺层方案进行铺层区域划分，即建立相应单元集(element sets)，并定义主要铺层材料力学属性，利用有限元法建立带有叶片铺层结构的有限元模型。考虑到叶尖处翼型弦长较小且厚度较小，故建模时忽略叶尖。叶片铺层厚度变化如图 11-7 所示，该叶片实体模型包含 54 个面，包括 47810 个单元与 47877 个节点，图中各区域颜色不同，表征相应区域的不同铺层方式与铺层厚度。依照初始铺层方案完成复合材料叶片铺层，单个叶片总重 6130 kg。

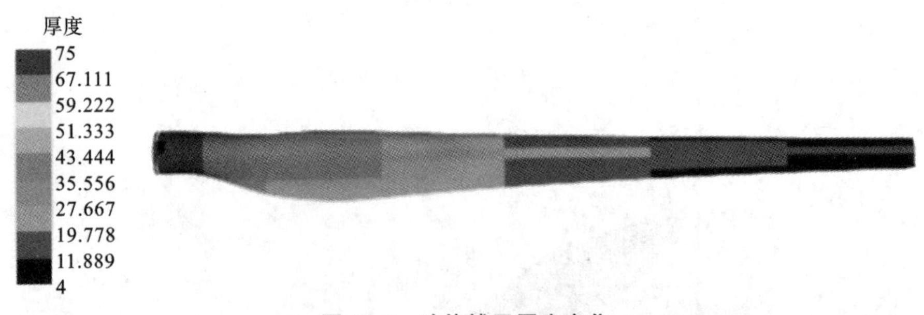

图 11-7　叶片铺层厚度变化

质量分布与刚度分布是叶片结构设计中的两个重要参数。完成复合材料叶片与旋转叶片准三维结冰建模，可得复合材料叶片及准三维结冰实体模型截面刚度特性及质量分布，求解所得叶片结冰前后挥舞刚度、摆振刚度及质量沿叶片展向分布情况，如图 11-8 至图 11-10 所示。

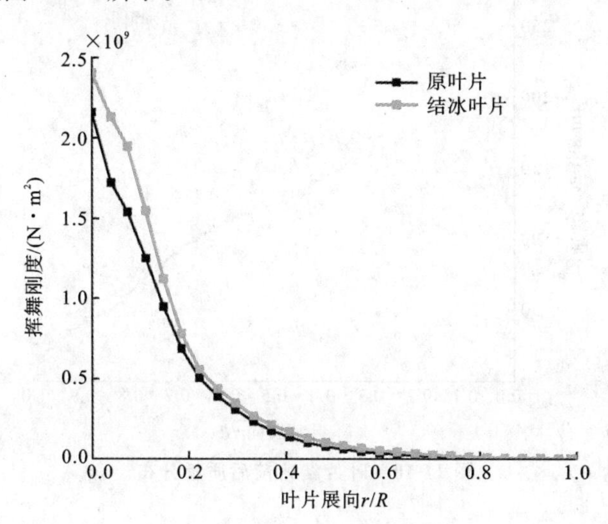

图 11-8　叶片结冰前后挥舞刚度

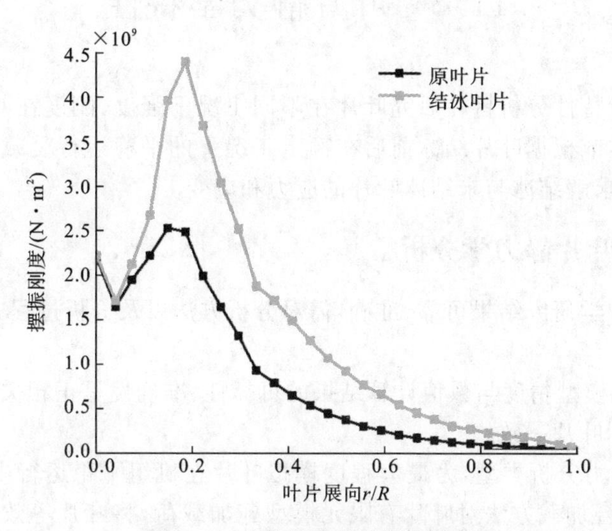

图 11-9　叶片结冰前后摆振刚度

从图 11-8 与图 11-9 分析可知，未结冰叶片除摆振刚度在叶片展向 15％处最大之外，叶片刚度为叶根处最大且从叶根到叶尖整体呈递减趋势，与实际情况吻合。叶片结冰后，挥舞刚度与摆振刚度均有明显增大趋势，其中摆振刚度受结冰影响较大，在截面 $r/R=0.18$ 处增加 76％。由此可见，叶片结冰可增大叶片刚度。

从图 11-10 可知，叶片质量分布从叶根到叶尖呈递减趋势，但叶片结冰使得叶片整体质量增加，尤其在叶尖部分增加较为明显。综上可知，叶根处铺层较厚故其质量最大；叶根处位移最小故其刚度最大；该叶片质量分布与刚度特性皆符合实际情况，可用于后续结冰影响叶片静力学与动力学特性的研究工作。

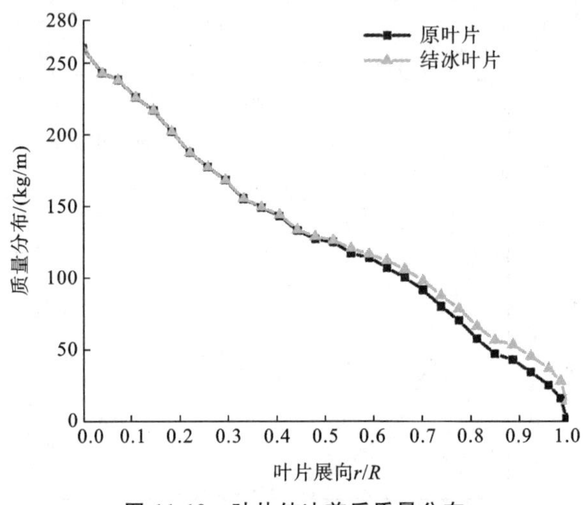

图 11-10 叶片结冰前后质量分布

11.3 叶片静力学特性

叶片静力学特性分析旨在研究叶片在不同工况下强度、刚度在叶片不同展向上的特征关系。本节根据叶片结冰前后在额定工况下的平稳运行受载结果，利用有限元数值分析法，求解结冰与未结冰叶片的应力和应变。

11.3.1 叶片静力学分析

为保证静力学研究结果可靠、准确，需对分析方法以及分析过程中的参数设置进行说明。

（1）有限元模型精度与数值计算结果的可靠性、准确性呈正相关，故有限元模型建立应该与实际叶片一致。

（2）指定静力分析类型，为最大程度模拟叶片在机组平稳运行中的真实受载情况，采用刚性耦合加载方法对叶片有限元模型施加载荷，将叶片等效为悬臂梁，在叶片根部施加刚性约束。

（3）因后期在预应力作用下进行叶片的模态分析，故叶片静力学分析结果以叶片应力沿叶片展向分布为主。

11.3.2 初始条件设置

叶片在额定风速下运行时，叶片载荷计算结果加载至叶片有限元模型，采用刚性耦合加载方式，选取如图 11-11 所示五个不同位置作为载荷加载部位，载荷作用点选取翼型扭转中心，载荷作用点与翼型轮廓周围所有节点刚性耦合。通过该方法将叶片复杂载荷转化为集中力载荷，施加至叶片参数化有限元模型。

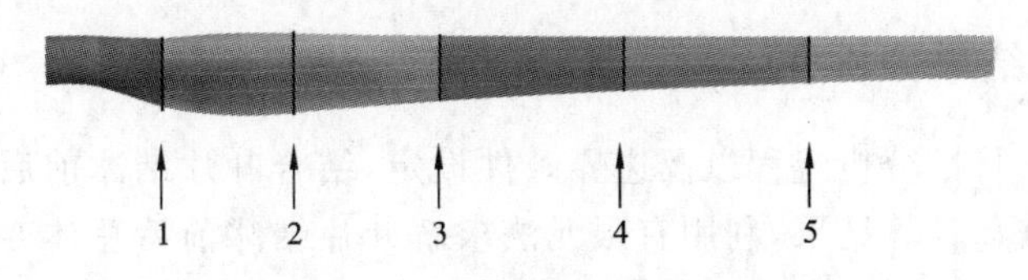

图 11-11　载荷添加位置示意图

载荷施加过程说明如下：

(1) 先提取各截面翼型特征点坐标，计算翼型弦长，以沿弦线方向距离前缘 $0.25c$ 处为扭转中心求解其坐标。

(2) 将扭转中心点与翼型轮廓线上所有节点进行刚性耦合，建立集中力载荷作用点。

(3) 由于弯矩的大小是集中载荷与载荷作用点到叶根距离乘积的代数和，因此叶片只受集中载荷与重力载荷。将表 11-1 中所示各截面所受集中载荷分别施加在载荷作用点，则作用于扭转中心的集中载荷即通过该方法施加至叶片有限元模型上。

表 11-1 所示为额定工况下风力发电机平稳运行时叶片结冰前后在各载荷施加截面所受载荷。

表 11-1　额定风速下叶片所受载荷

工况	截面编号	1		2		3		4		5	
	结冰情况	无冰	有冰	无冰	有冰	无冰	有冰	无冰	有冰	无冰	有冰
载荷	F_x/kN	76.92	78.73	72.74	74.52	62.71	64.38	46.53	47.87	31.75	32.73
	F_y/kN	−22.81	−23.46	−18.09	−18.66	−12.35	−12.77	−7.27	−7.50	−4.23	−4.35
	F_z/kN	268.14	302.53	243.29	277.10	198.41	230.04	130.60	156.21	71.95	90.58
	M_x/(kN·m)	158.14	154.63	92.19	86.50	41.25	34.32	9.03	2.96	0.03	4.44
	M_y/(kN·m)	1693.4	1762.2	1349.2	1409.3	923.69	971.04	476.1	506.06	209.3	225.5
	M_z/(kN·m)	9.76	10.69	7.94	8.82	5.56	6.31	3.18	3.69	1.28	1.59

依据载荷施加步骤，设置叶片静力学计算初始条件。图 11-12 所示为对叶片有限元模型施加载荷后的效果。

D: Static Structural
Static Structural
Time: 1. s

A Standard Earth Gravity: 9.8066 m/s²
B Remote Force: 2.7989e+005 N
C Remote Force 2: 2.5457e+005 N
D Remote Force 3: 2.0845e+005 N
E Remote Force 4: 1.3886e+005 N
F Remote Force 5: 78762 N
G Fixed Support

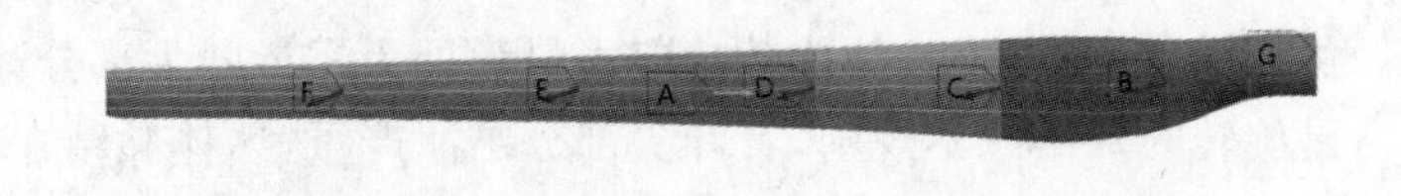

图 11-12　载荷施加效果

11.3.3 结果分析

根据静力学特性分析流程以及边界条件设定，结合叶片结冰前后在额定工况下平稳运行时的载荷计算结果，利用有限元法求解叶片结冰前后总体变形以及等效应力的变化情况，具体结果分别如表 11-2 及图 11-13 所示。

表 11-2 叶片结冰前后总体变形

项　目	结　冰　前	结　冰　后
叶尖位移/mm	739.02	258.44

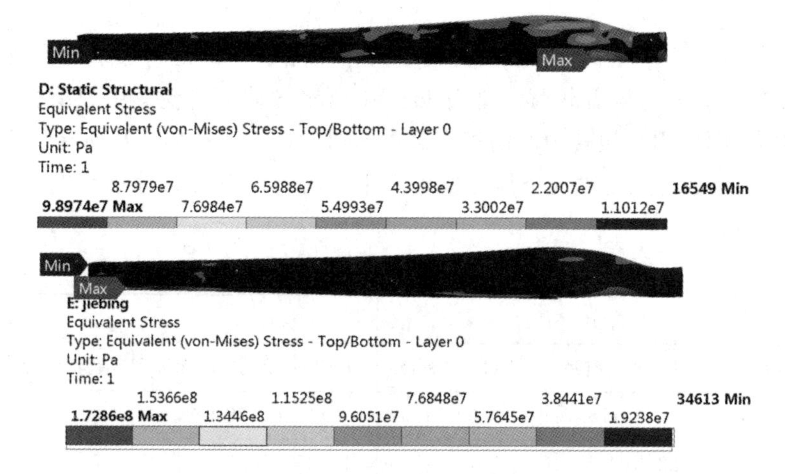

图 11-13 额定工况下叶片结冰前后等效应力

结合表 11-2 可知，叶片结冰前后最大变形出现在叶尖部分，结冰后叶尖位移减少 65%，其主要原因是结冰叶片受冰体刚度影响，叶片整体刚度增大，使得位移变小。叶片结冰前后总体变形均沿叶片展向逐渐增加，符合之前叶片悬臂梁假设的变化趋势。

由图 11-13 可得，叶片结冰前后最小应力有所增加，主要原因是结冰使得叶片整体质量增大；应力变化在叶片尾缘处较为显著，因为尾缘曲率沿叶片展向变化较大，因此更容易产生应力集中；未结冰叶片等效应力从叶根到叶尖整体呈减小趋势，最大应力出现在过渡段与翼型前缘加强的连接部分，这是因为复合材料叶片在该部分铺层厚度变化较大，可通过细化铺层方案解决该问题，同时也为复合材料叶片铺层方案优化设计提供思路；结冰叶片应力最大处为靠近叶尖部分冰体与叶片连接处，其原因是旋转叶片结冰不规则，且叶尖部分结冰严重，冰体黏结在叶片表面且不产生相对位移，致使叶片靠近叶尖前缘部分出现局部应力集中。

本章首先进行叶片复合材料铺层方案初始设计。其次，通过数字化建模手段建立叶片三维曲面模型，借助于有限元法精确建立复合材料叶片结冰前后参数化有限元模型。最后，利用刚性耦合加载方式，基于复合材料叶片结冰前后有限元模型，求解叶片结冰前后沿着叶片展向总体变形与等效应力变化规律，并获得相应结果。研究结果表明，刚性耦合加载方式可较为真实地模拟叶片受载情况，得到的研究结果精确可靠；叶片结冰后整体刚度增大，致使叶尖最大变形位移减少 65%，同时由于不规则冰体与叶片之间的黏结作用，结冰叶片前缘易出现应力集中。

本章参考文献

[1] 张龙，贾普荣，王波，等. 考虑弯扭耦合效应的复合材料叶片铺层优化方法[J]. 西北工业大学学报，2018，36(6)：1093-1101.

[2] 汪泉. 风力机叶片气动外形与结构的参数化耦合设计理论研究[D]. 重庆：重庆大学，2013.

[3] 王建康，曹晓卫，王庆凯，等. 冰层弯曲强度和弹性模量与等效冰温的试验关系[J]. 南水北调与水利科技，2016，14(6)：75-80.

[4] 刘维波，李光伟，王鲁云. 用扭转试验研究淡水冰的剪切强度及模量[J]. 大连理工大学学报，1999，39(1)：31-33.

[5] 郭耀，李刚，贾成艳，等. 冰力学参数的超声波测试研究[J]. 极地研究，2016，28(1)：152-157.

[6] 杜晓光. 风力机叶片参数化设计与分析[D]. 北京：中国地质大学，2012.

[7] RICHMOND N G，CALDERÓN M W R，LEBOEUF R，et al. A Magnus wind turbine power model based on direct solutions using the blade element momentum theory and symbolic regression[J]. IEEE Transactions on Sustainable Energy，2016，8(1)：425-430.

[8] 胡良权，陈进格，沈昕，等. 结冰对风力机载荷的影响[J]. 上海交通大学学报，2018，52(8)：904-909.

[9] JIN J Y，VIRK M S. Study of ice accretion along symmetric and asymmetric airfoils [J]. Journal of Wind Engineering & Industrial Aerodynamics，2018，(179)：240-249.

[10] ZANON A，GENNARO M D，KÜHNELT H. Wind energy harnessing of the NREL 5 MW reference wind turbine in icing conditions under different operational strategies[J]. Renewable Energy，2018(115)：760-772.

[11] 王绍龙. 水平轴风力机叶片结冰分布数值模拟与冰风洞试验研究[D]. 哈尔滨：东北农业大学，2017.

[12] MANATBAYEV R，BAIZHUMA Z，BOLEGENOVA S，et al. Numerical simulations on static Vertical Axis Wind Turbine blade icing[J]. Renewable

Energy,2021(170):997-1007.
[13] 郑玉巧,潘永祥,魏剑峰,等.叶片翼型结冰形态及其气动特性[J].南京航空航天大学学报,2020,52(4):632-638.
[14] 李岩,王绍龙,冯放.风力机结冰与防除冰技术[M].北京:中国水利水电出版社,2017.

第 12 章　覆冰对叶片气动性能的影响

12.1　二维结冰计算方法

叶片结冰对风力发电机的气动性能影响较大。由于气候条件不同和叶片自身参数不同，结冰后的风力发电机性能变化也有差异。本章内容以某商业 1.5 MW 风力发电机叶片为研究对象，对该叶片 $r/R=0.8$ 截面处的叶素进行不同工况下的结冰形态预测，借助流体力学相关理论对结冰翼型气动特性进行深入分析；基于机械行业标准 JB/T 10399—2004 《离网型风力发电机组风轮叶片》建立叶片坐标系，根据二维翼型结冰预测模型，精确求解叶片两小时结冰质量及分布，在气动载荷、重力及惯性载荷共同作用下计算结冰与未结冰叶片在额定工况平稳运行时的载荷分布。

12.1.1　验证方法

本小节使用对比分析法验证利用数值模拟方法求解叶片结冰形态的正确性，即对比结冰形态数值模拟结果与风洞结冰试验结果。风洞结冰试验是进行风力发电机结冰及其防护系统研究的最基本手段。但是风力发电机结冰研究开展得较晚，专门针对风力发电机结冰研究的冰风洞还未见报道，现有的冰风洞均应用于航空领域。由于具有通用性，因此航空风洞结冰试验对风力发电机结冰同样适用。与普通常规风洞试验相比，风洞结冰试验增加了一套模拟结冰环境的系统以及风洞的防冰装置，风洞的稳定段前装有大容量的冷却器，稳定段中装有喷雾装置，便于在试验模型中模拟真实的结冰条件。同时为了维持风洞的正常工作，风洞增加了必要的除冰设备。例如导流片常用蒸汽加热以防止积冰堵塞；增加观察窗电加热功能以防止结冰影响透明度；风压传感器采用电加热方式以防止结冰导致结果不稳定；风扇上游设置防护网以防止冰块击打叶片造成损伤。

叶片结冰试验在人工气候室内进行，选取 NE-100 叶片进行试验，试验结束后获得各截面处的结冰形态。考虑到叶尖积冰现象更加明显，故通过仿真计算 NACA 4409 翼型在叶尖部分的结冰形态并将其与试验结果进行对比，以验证数值模拟方法的正确性。风洞结冰测试条件见表 12-1。

表 12-1 风洞结冰测试条件

参数	温度/℃	风速/(m/s)	转速/(r/min)	MVD/μm	LWC/(g/m³)
值	−2	5	494	20	0.71
	−4				
	−6				

12.1.2 NACA 4409 翼型网格划分

基于叶素理论，将 NACA 4409 翼型沿着叶片展向方向拉伸 0.0075 m，借助有限元法求解结冰二维形态。对 NACA 4409 翼型进行仿真试验，翼型弦长为 0.03 m。对翼型创建一 C 型流场，前场半径为 $10c$，后场长度为 $20c$。为确保 $y+$(C 型流场的约束条件)等于 1，边界层外边界第一层网格厚度为 5.08×10^{-5} m，以节点增长率为 1.05 进行离散，共拉伸 80 层。因叶片结冰现象主要出现在叶片前缘，故为获取精确的结冰形态与厚度，将前缘以 1×10^{-4} m 为准均等离散，每个离散单元尺寸沿着翼型表面逐渐改变。对于该翼型，三维结构网格整体最小质量为 0.86 g。在进行网格无关性检验过程中，分别对 2 万、5 万与 8 万网格进行结冰求解，结冰质量变化范围为 ±2 g，故选取 5 万网格进行仿真计算。NACA 4409 翼型计算网格分布如图 12-1 所示。

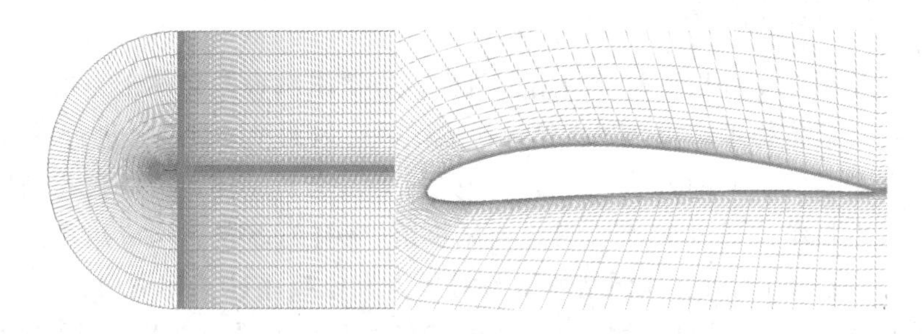

图 12-1 NACA 4409 翼型计算网格分布

12.1.3 验证结果分析

计算时，可求得近壁面雷诺数 $Re=4.65\times10^{6}$，在攻角为 0°，温度分别为 −2 ℃、−6 ℃、−10 ℃时进行结冰形态求解。仿真得到的结冰形态在翼型表面分布情况与人工结冰试验结果对比如图 12-2 所示，图中横、纵坐标分别代表翼型前缘 x、y 坐标相对于 1 m 弦长的无量纲坐标。

对比分析可知，数值模拟结冰形状与人工结冰试验结果在一定程度上吻合性较好，可开展后续研究。在仿真计算时采用多时间步法进行结冰计算，即将总结冰过程分为五个周期，每一个计算周期增加一个冰层并进行网格重构，将重构后的网格作为

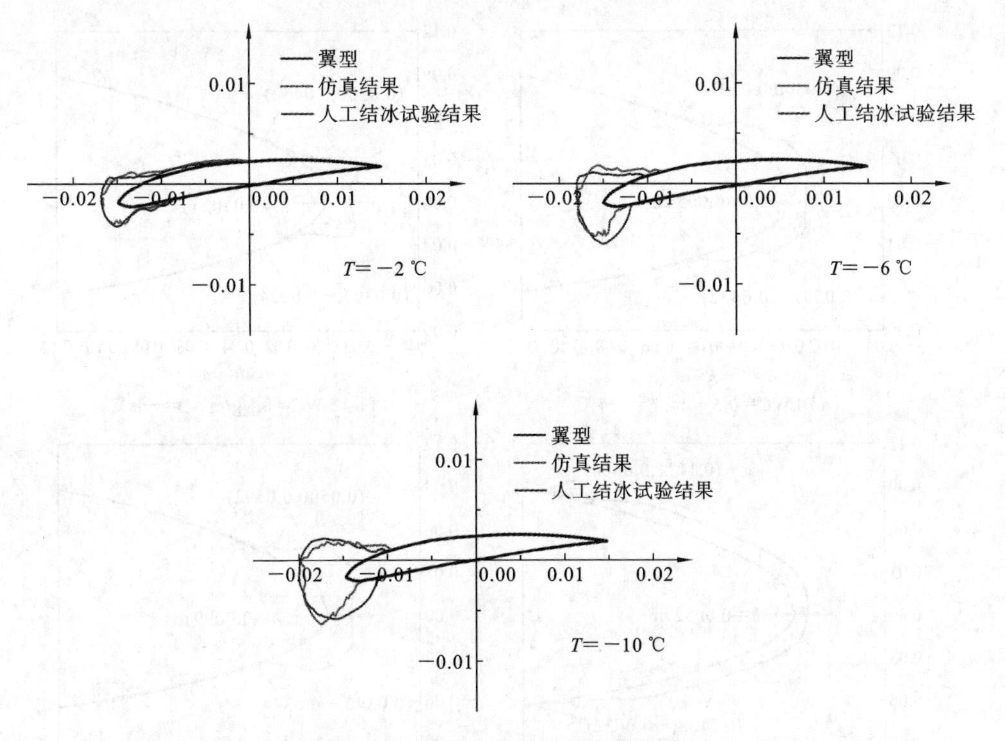

图 12-2　仿真与人工结冰试验结果对比

下一个周期的初始计算网格，迭代五次后得到总结冰形态。由于在整个计算过程中，分步迭代方法可较好地模拟叶片结冰过程中结冰形状和液态水相的瞬态变化，因此可更加精确地求解结冰形状及位置。

12.1.4　结冰翼型气动性能预测

叶片结冰过程中翼型轮廓随着结冰时间的推移而发生变化。结合上述分析结果，本小节利用流体力学相关理论对 $r/R=0.8$ 处的翼型结冰形态及气动性能进行预测，探究该翼型在不同工况下的结冰分布以及结冰翼型气动性能变化规律。结冰现象发生在叶片表面，气动参数的改变直接影响流场、热通量和水滴撞击特性。采用多时间步法求解，分别在 −4 ℃与 −8 ℃、液态水含量为 0.5 g/m^3 与 1 g/m^3 工况下对该翼型进行 30 min 结冰过程模拟仿真，求得各工况下该截面翼型结冰形状曲线如图 12-3 所示。

在图 12-3 中，横、纵轴分别为二维翼型前缘部分各点 x、y 坐标相对于 1 m 弦长的无量纲坐标，h 为翼型驻点处的结冰厚度。图 12-3(a)与图 12-3(b)所示为典型雾凇，结冰过程为水滴直接凝结在叶片表面，故结冰范围较大，结冰分布比较均匀平滑且不透明。图 12-3(c)与图 12-3(d)所示为典型雨凇，结冰过程中存在水膜流动，液滴与叶片表面发生碰撞时存在回流及蒸发现象，故形成透明且明显角状冰，结冰范围较

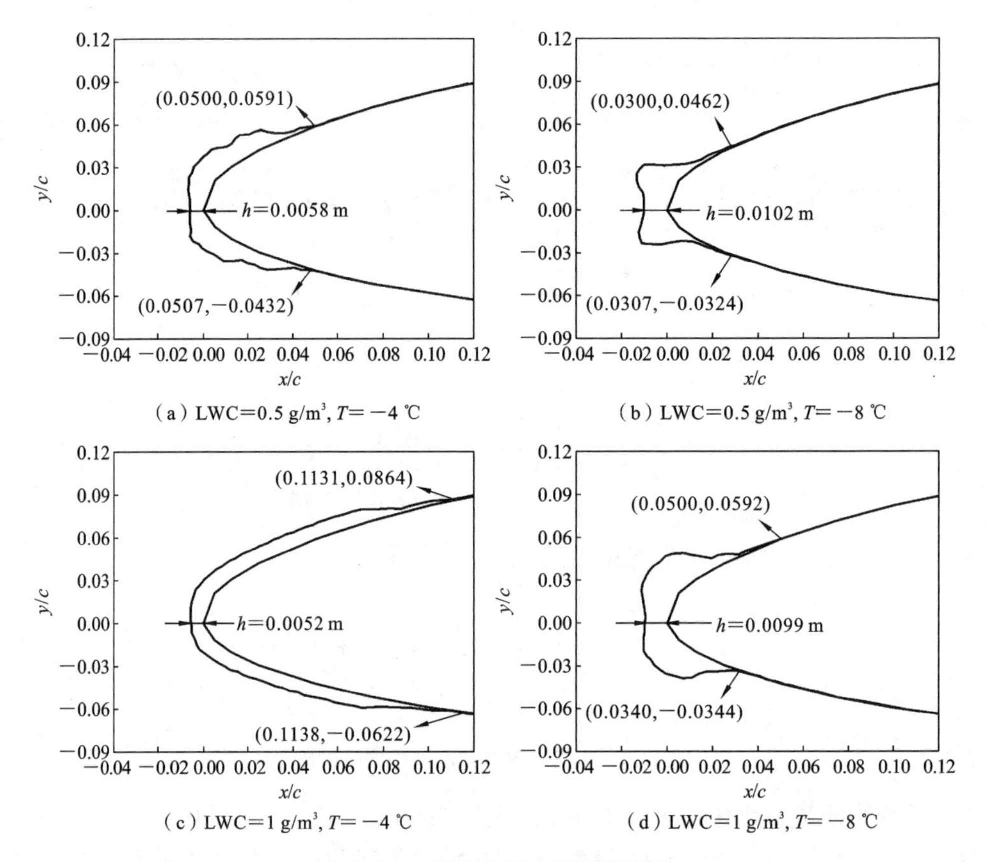

图 12-3　不同工况下冰形仿真结果

小。从图 12-3(a)与图 12-3(c)可知，在固定 LWC 和 MVD 情况下，温度越低，结冰厚度越大，结冰范围越小。由图 12-3(a)与图 12-3(b)可知，LWC 浓度大小决定液滴在单位时间内与叶片表面发生碰撞的次数，LWC 浓度越大，叶片表面吸收液滴越多，结冰质量越大，考虑到飞溅和回流效应，结冰覆盖面积也越大。

依据图 12-3 所示四种冰形，利用流体力学理论对上述四种冰形与干净翼型升、阻力特性进行对比研究。对各结冰翼型分别求解多攻角(−10°～10°，步长为 2°)下的升、阻力系数变化，结果如图 12-4 所示。

由图 12-4 可知，翼型结冰降低其升力系数同时增加其阻力系数。翼型轮廓变化影响周围流场分布，包括驻点出现位置与边界层分离位置。结冰翼型数值模拟升力系数最大变化 20%，阻力系数为干净翼型的 1.4～2.45 倍，且当出现雨凇结冰时升力系数减小程度与阻力系数增大程度更加显著。

结冰翼型失速情况随着结冰工况不同而发生变化，因此为深入研究翼型失速特性，需对不同工况下的结冰翼型失速攻角进行求解。在仿真流体环境中，分别求解攻角 16°附近的四种结冰翼型速度，研究气流在结冰翼型表面的流动情况，以此确定翼

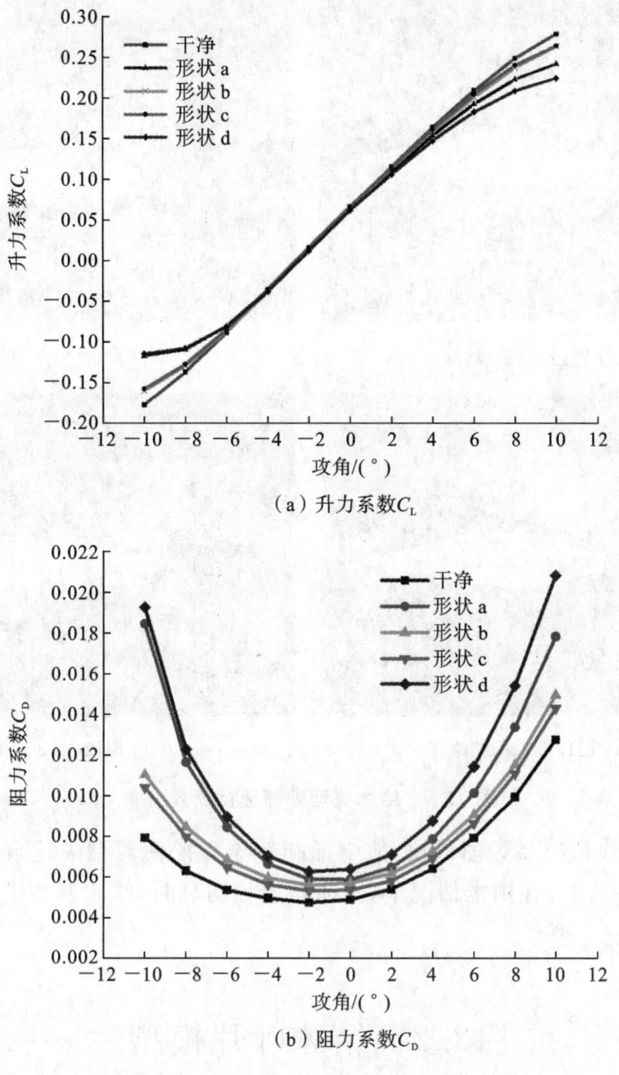

（a）升力系数C_L

（b）阻力系数C_D

图 12-4　干净与结冰翼型升、阻力特性对比

型失速情况，进而大致确定结冰翼型失速攻角范围。四种结冰翼型外部速度流场分布如图 12-5 所示。

图 12-5 为四种结冰翼型对应叶片攻角 12°、14°、12°与 10°时结冰翼型外部速度流场分布图，从图中可明显看出各结冰翼型驻点处流场速度分布不同，尾缘处流场分布也不同。雾凇结冰时，翼型轮廓改变并不显著，上翼面距离尾缘 1/2 处气流与翼型表面开始分离，见图 12-5(a)与图 12-5(b)；翼型处于失速状态，特别是结冰翼型图 12-5(a)前缘形状改变较大，尾缘处已生成明显涡，致使其失速攻角更小；图 12-5(c)为雨凇结冰，上翼面与气流完全发生分离，此时有明显二次涡出现，结冰翼型处于深度失速状态；对比图 12-5(a)与图 12-5(c)可知，虽然两种结冰翼型均在攻角 12°时发生失

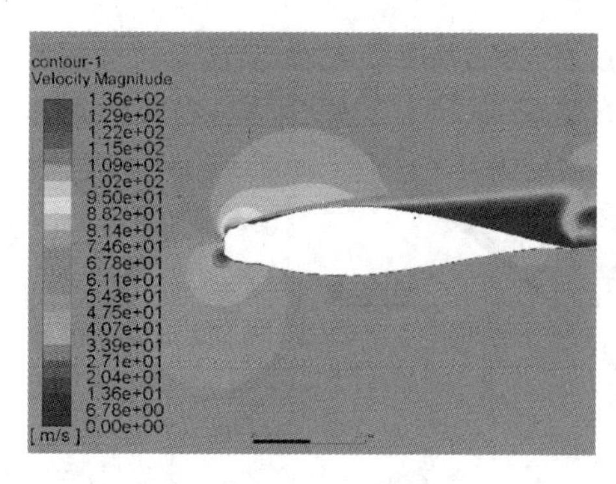

(a) 图12-3 (a) 结冰

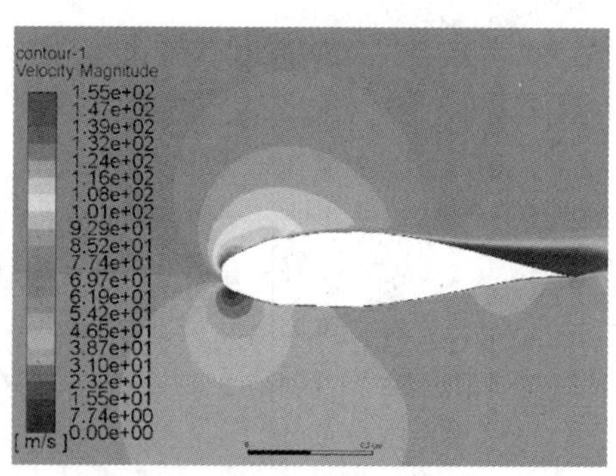

(b) 图12-3 (b) 结冰

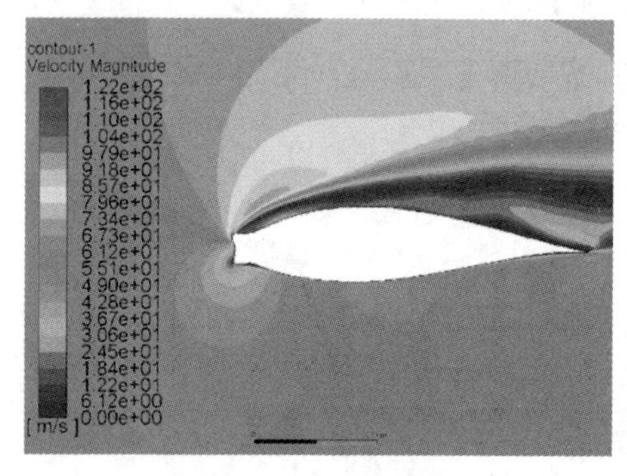

(c) 图12-3 (c) 结冰

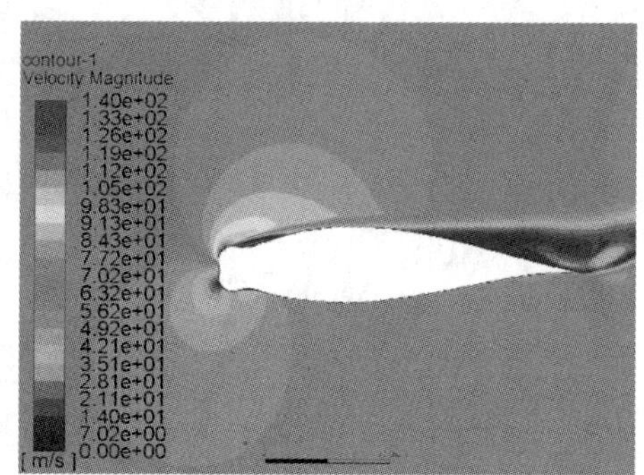

(d) 图12-3 (d) 结冰

图 12-5 结冰翼型外部速度流场分布

速，但雨凇结冰使得翼型失速更快，故雨凇相较于雾凇使翼型失速攻角更小；对比图12-5(c)与图 12-5(d)，在雨凇情况下，当冰角更加明显时，结冰翼型失速攻角更小，二次涡出现更早。

12.2 结冰叶片模型

12.2.1 GL 2010 规范指定结冰质量

德国 GL 2010 规范提出风力发电机叶片在静止状态以及旋转过程中结冰极限载荷分布假设，通过该假设对叶片设计人员进行设计指导，其具体内容如下所述。

1. 静止状态下结冰分布

静止的叶片结冰试验是依据运动的相对性原理和流动相似性原理进行的。根据相对性原理，风力发电机叶片翼型在静止不动的空气中运动受到的空气动力与风力发电机叶片翼型静止不动而空气以同样的速度反方向吹来时的作用力是相同的。同时，由于风力发电机叶片的翼型迎风面积较大，因此迎风面积如此大的气流以相当于飞行速度吹来会消耗巨大的能量。根据几何相似原理通常将翼型做成小尺寸模型，在某些相似参数一致时即可根据试验结果推测出真实的情况。

对于静止且完全暴露在大气环境中的叶片，假定叶片表面全部结冰且均匀分布，结冰厚度为 30 mm，冰层密度恒为 $700\mathrm{kg/m^3}$。

2. 旋转叶片结冰分布

由于风力发电机叶片做的是旋转运动，因此虽然在风力发电机叶片气动设计过程中常将叶片翼型做平动设计，但是结冰过程中，液滴撞击到叶片并凝结的过程中始终受到旋转的离心力作用，其结冰外形也相应地受到影响。

对于旋转叶片，假定其结冰分布于翼型前缘，冰层线密度自叶根至叶中由 0 线性增长至 μ_E，由叶中至叶尖保持不变，μ_E 计算公式为

$$\mu_E = \rho_E k c_{\min}(c_{\min} + c_{\max}) \tag{12-1}$$

$$k = 0.00675 + 0.3\mathrm{e}^{-0.32R/R_1} \tag{12-2}$$

式中：μ_E——旋转叶片冰层线密度(kg/m)；

ρ_E——冰层密度，计算中取恒定值 700 $\mathrm{kg/m^3}$；

R——叶片长度，R_1 取值为 1 m；

$c_{\min}$、$c_{\max}$——翼型弦长最小值与最大值。

叶片在结冰环境下，结冰 30 min 时其气动性能下降 10%～65%，考虑叶片结冰对机组的危害以及对功率输出的影响，30 min 结冰时间成为是否停机的重要判断依据。GL 2010 规范给出的结冰分布指导是大致估算极限状况下的结冰分布及结冰载荷，事实上由前文可知影响结冰的因素众多，对于不同叶片与不同结冰工况，可能存在不同结冰增长趋势。所以，针对不同机组，根据影响叶片结冰的条件，模拟实际结冰工况以精确求解结冰质量及分布。

12.2.2　叶片结冰质量计算方法

1. 结冰质量计算方法

本小节采用数值计算与曲线拟合相结合的方法精确求解叶片结冰质量。为简化计算，先沿着叶片展向将叶片用 28 个截面进行划分，利用 11.2.1 小节中的数值计算方法先求解各叶素段结冰质量，再将叶素结冰质量除以叶素长度即可求出该叶素所在截面结冰线密度 ρ_r(kg/m)，建立各截面与结冰线密度函数关系，可表示为

$$y = F(r, \rho_r) \tag{12-3}$$

式中：ρ_r——截面 r 处线密度。

对构建的函数进行校验，通过对该线密度函数从叶根至叶尖进行积分，即可得到该叶片精确结冰质量，其质量计算公式为

$$M = \int_0^R y\mathrm{d}r \tag{12-4}$$

式中：M——整个叶片结冰质量。

2. 结冰线密度函数建立

实际上，由于叶片所处结冰环境因素在不断地发生变化，因此结冰形态也随之发生变化。为研究方便，先假设结冰条件，然后模拟求解某一结冰条件下的冰形及结冰质量。结冰模拟条件假设如下：风力发电机在额定工况下运行，LWC 为 1 g/m³，MVD 为 20 μm，温度取 −4 ℃，结冰时间为 30 min。根据叶素动量理论可计算各叶素截面入流参数，将叶片进行关键截面划分，基于二维翼型结冰计算方法，对各截面所在叶素进行结冰质量求解，过程采用单时间步法一次完成结冰质量计算。各截面入流参数及结冰质量求解结果如表 12-2 所示。

表 12-2　各截面入流参数及结冰质量求解结果

参数	距叶根距离/m	弦长/m	扭角 a/(°)	结冰后扭角 a'/(°)	叶片截面处参考线速度 v_{ref}/(m/s)	安装角 α/(°)	结冰质量/kg
值	0.0	1.890	0.0000	0.0000	0.00	0.00	0.0000
	3.0	2.330	0.1196	0.1091	10.93	31.60	0.0015
	4.5	2.625	0.1055	0.0473	12.57	25.55	0.0018
	7.5	3.198	0.1279	0.0298	16.56	18.18	0.0021
	9.0	3.144	0.1352	0.0378	19.01	15.47	0.0048
	10.5	2.972	0.1481	0.0350	21.35	13.86	0.0067
	13.5	2.543	0.1722	0.0227	26.25	11.71	0.0128
	16.5	2.143	0.1765	0.0162	31.31	10.59	0.0512
	19.5	1.837	0.1619	0.0096	36.42	10.08	0.1067
	22.5	1.601	0.1608	0.0073	41.46	9.62	0.2180
	25.5	1.413	0.1693	0.0065	46.90	9.21	0.3229
	30.0	1.173	0.1658	0.0045	54.81	8.95	0.4774
	33.0	1.023	0.1765	0.0036	60.10	8.12	0.5565
	36.0	0.878	0.792	0.0030	65.40	7.45	0.6486
	39.0	0.731	0.2161	0.0031	70.73	6.58	0.7369
	40.0	0.683	0.2291	0.0035	72.50	6.31	0.7668

3. 结冰质量求解结果分析

经数值计算得到各截面叶素结冰质量，将其进行换算，得到结冰线密度增长曲线，再将其与 GL 2010 规范指定旋转叶片结冰极限工况下结冰线密度增长曲线进行对比，结果如图 12-6 所示。

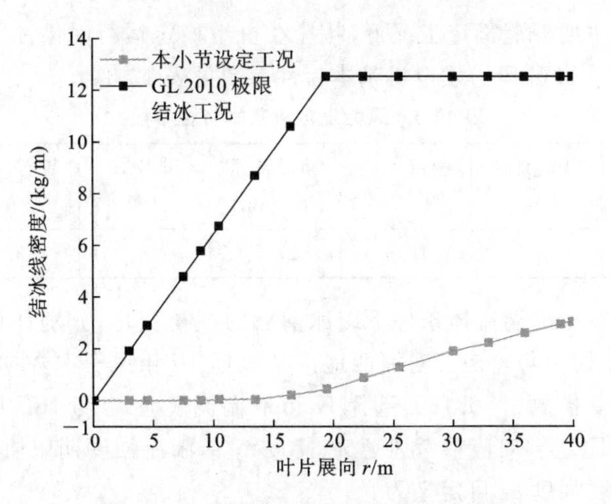

图 12-6　叶片结冰线密度增长曲线对比

由图 12-6 可知，在本小节假定的结冰 30 min 工况下，利用旋转叶片结冰质量计算方法求解所得结冰线密度增长趋势与 GL 2010 规范中指定的不同。其原因在于该规范指定的是极限工况下的结冰线密度分布，且该工况下并未指定影响结冰的参数。事实上影响叶片结冰的因素众多，因此规范中的结冰计算指导只能用于简单计算，但不适用于所有机组。本小节按照既定结冰模拟方案，求解额定工况下风力发电机正常运行前 30 min 的结冰线密度分布，结果与理论一致，显然该方案更加适合精确求解叶片结冰载荷。

从图 12-6 中可知，叶片结冰在 $r/R=0.48$ 截面之前，结冰线密度以幂函数形式增长，在此截面之后以近似线性形式增长。因此，为保证精度，将结冰线密度函数曲线进行分段处理。采用 Levenberg-Marquardt 算法在 $r/R=0.48$ 截面之前，将结冰线密度曲线进行二阶多项式拟合，函数模型判定系数 $R^2=0.998$；在 $r/R=0.48$ 截面之后将其进行一阶线性拟合，模型判定系数 $R^2=0.931$。分段函数各自判定系数皆接近于 1，说明函数整体拟合精度较高。结冰线密度分段函数为

$$f(r)=\begin{cases}0.0021r^2-0.0224r+0.0366 & 0.0<r\leqslant 19.5\\ 0.1273r-1.990 & 19.5<r\leqslant 40.0\end{cases} \tag{12-5}$$

由图 12-6 可知，30 min 结冰质量沿叶片展向方向在 19.5 m 之前增长较为缓慢，结冰线密度最大为 0.4268 kg/m，在 19.5 m 之后以线性形式增长，在叶尖处最大结冰线密度为 3.0672 kg/m。根据本小节结冰质量计算思想，结合公式(12-5)，对该叶片从叶根到叶尖进行积分，计算得 30 min 内单支叶片结冰质量为 37 kg。

12.3　叶片稳态载荷计算

精确计算风力发电机运行时叶片所受载荷是后续叶片静力学特性与动力学研究

的基础。故本节主要开展额定工况下,叶片在机组稳定运行时结冰与不结冰工况下载荷求解。该 1.5 MW 风力发电机基本特性参数见表 12-3。

表 12-3 风力发电机基本特性参数

参数	叶片长/m	风轮直径/m	额定风速/(m/s)	额定转速/(r/min)	叶片数/支	轮毂高度/m	风速区间/(m/s)
数值	40.5	83	10.4	17.2	3	65	3～25

为研究叶片在标准湍流体条件下结冰前后的载荷变化,分别计算叶根处挥舞方向、摆振方向的剪切力与转矩。对河西地区某风场 10 年风资源数据进行统计分析,求得该风场风切变指数 $\alpha=0.16$。选择 Kaimal 湍流模型,参考 IEC 风力发电机设计标准,风场选择 IIIC 类,对应参考风速为 37.5 m/s,湍流强度期望值 $I_{\rm ref}$ 为 0.12。标准湍流风纵向关联强度 σ_1 可定义为

$$\sigma_1=I_{\rm ref}(0.75v_{\rm hub}+b_0) \tag{12-6}$$

式中:$v_{\rm hub}$——风力发电机轮毂高度处平均风速;

$b_0=5.6$ m/s。

每个平均风速下的湍流强度 I 可表示为

$$I=100\sigma_1/v_{\rm hub} \tag{12-7}$$

根据式(12-6)与式(12-7)即可计算轮毂高度处的湍流强度,模拟风力发电机叶片实际运行环境并生成湍流风,进而计算平均风速对应的平均载荷。鉴于 11.3.2 小节只计算 30 min 内的结冰质量,但相对于 6 t 叶片,结冰附加质量对载荷影响较小,难以探究对载荷变化的影响,故利用第 11.3.3 小节中的方法计算叶片 2 h 内的结冰质量。经过计算,单个叶片结冰质量为 156 kg。在固定轮毂坐标系下,考虑叶片结冰与未结冰两种工况,在额定风速下研究风力发电机稳定运行时叶片在挥舞、摆振和扭转三个不同方向沿着叶片展向所受载荷分布规律,结果分别如图 12-7、图 12-8、图 12-9 所示。

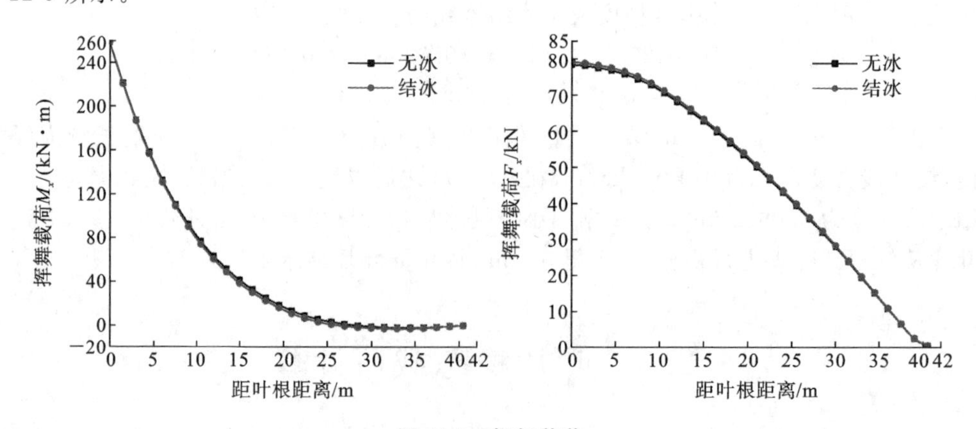

图 12-7 挥舞载荷

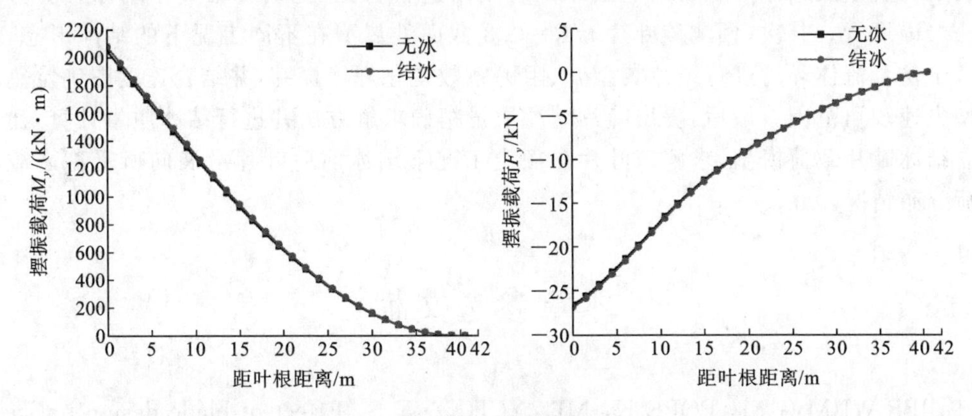

图 12-8　摆振载荷

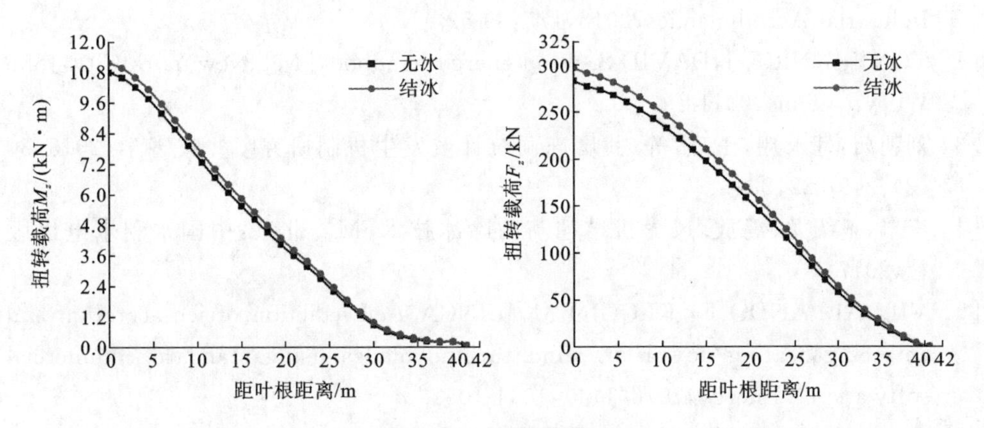

图 12-9　扭转载荷

从图 12-7 可看出叶片结冰前后所受载荷变化并不显著，主要原因为机组在额定工况下结冰 2 h 后单个叶片结冰质量仅有 156 kg，相对于叶片质量 6.3 t 仅增加 2.5%，故结冰前后叶根处的载荷曲线接近重合。

从图 12-7 至图 12-9 可知，在额定工况下，结冰之前叶根处挥舞方向、摆振方向及扭转方向剪切力分别为 78.58 kN、−26.54 kN、283.54 kN，结冰之后分别为 79.31 kN、−26.81 kN、297.34 kN，结冰之后叶片挥舞、摆振、扭转方向剪切力分别增加 0.93%、1.02%与 4.87%。结冰之前叶根处挥舞、摆振及扭转方向所受最大力矩分别为 258.57 kN · m、2044.88 kN · m、10.80 kN · m，结冰之后最大力矩分别为 258.32 kN · m、2075.68 kN · m、11.18 kN · m，结冰之后叶根处挥舞力矩减小 0.10%，摆振与扭转力矩分别增加 1.51%与 3.52%，由此可见，结冰使得叶片所受载荷整体增大，如果在结冰环境中使叶片持续结冰，其载荷变化将更加明显。

本章首先介绍叶片结冰理论，提出二维翼型结冰计算方法并进行验证，将结冰出现位置以及结冰形状与风洞结冰试验结果进行对比，证明二维翼型结冰计算方法严谨可行。其次，预测该叶片 $r/R=0.8$ 截面处翼型在不同工况下的结冰形态，基于仿真流体环境进行结冰翼型升、阻力系数变化规律探究，并结合速度图确定翼型失速攻角范围。最后，提出叶片结冰质量精确求解方法并进行结冰质量计算，建立结冰叶片载荷模型，求解该叶片在额定工况下结冰前后叶片沿展向所受稳态载荷分布情况。

本章参考文献

[1] IBRAHIM G M, POPE K, MUZYCHKA Y S. Effect of blade design on ice accretion for horizontal axis wind turbines[J]. Journal of Wind Engineering & Industrial Aerodynamics,2018,173:39-52.

[2] TONY B,NICK J,DAVID S. Wind energy handbook[M]. New York City:John Wiley & Sons,2011.

[3] 刘朝茹，韩永翔，王瑾，等. 我国冻雨统计及发生机制研究[J]. 灾害学，2015,30(3):219-222,234.

[4] 李岩，王绍龙，冯放. 风力机结冰与防除冰技术[M]. 北京：中国水利水电出版社,2017.

[5] VILLALPANDO F, REGGIO M,ILINCA A. Prediction of ice accretion and anti-icing heating power on wind turbine blades using standard commercial software[J]. Energy,2016(114):1041-1052.

[6] JIN J Y,VIRK M S. Study of ice accretion along symmetric and asymmetric airfoils[J]. Journal of Wind Engineering & Industrial Aerodynamics,2018,179:240-249.

[7] ZANON A, GENNARO M D,KÜHNELT H. Wind energy harnessing of the NREL 5 MW reference wind turbine in icing conditions under different operational strategies[J]. Renewable Energy, 2018,115:760-772.

[8] 易贤，王开春，马洪林，等. 水平轴风力机结冰及其影响计算分析[J]. 太阳能学报，2014,35(6):1052-1058.

[9] 高春彦，刘泽，史治宇. 风电组塔架极限风载荷计算及对比研究[J]. 太阳能学报，2019,40(5):1373-1380.

[10] MANATBAYEV R, BAIZHUMA Z, BOLEGENOVA S, et al. Numerical simulations on static vertical axis wind turbine blade icing[J]. Renewable Energy,2021,170:997-1007.

[11] SHANNON H,SUN Q. Evaluation of operational strategies on wind turbine

power production during short icing events[J]. Journal of Wind Engineering & Industrial Aerodynamics, 2021, 219: 1004-1014.

[12] TONG R, LI P, LANG X, et al. A novel adaptive weighted kernel extreme learning machine algorithm and its application in wind turbine blade icing fault detection[J]. Measurement, 2021, 12(11): 0009-0011.

第13章　风力发电机叶片流固耦合分析及稳定性分析

13.1　叶片运动学微分方程

风力发电机叶片在运转过程中很难避免由于惯性不平衡作用而引起的激振力，激振力难免引起叶片振动，进而导致风力发电机组部件产生很大的变形和动应力，甚至还会造成部分部件发生破坏，导致破坏性事故产生。运动学微分方程是解决结构振动最基本、最核心的方法，固有频率和振型反映叶片固有特性，仅与叶片质量矩阵和刚度矩阵有关，因此，计算过程中忽略阻尼。本节在研究叶片动力学问题时采用"弹簧-质量"系统。其中，在考虑叶片挥舞和扭转变形下，建立单位长度叶片动力学简化模型，如图13-1所示。

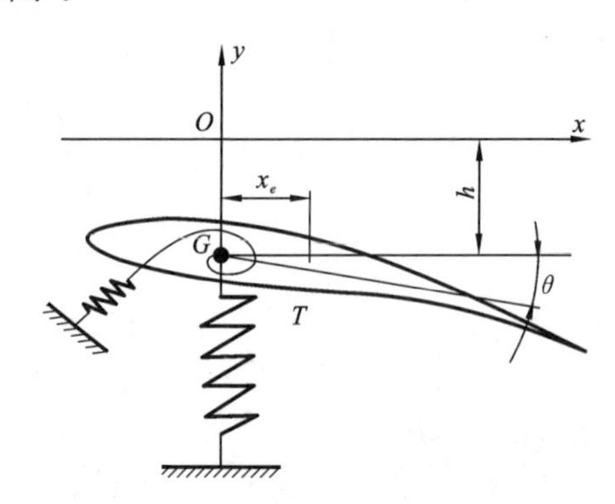

图13-1　单位长度叶片动力学简化模型

图中：G——叶片截面质心；

T——叶片扭转中心；

x_e——质心与扭转中心之间的距离；

h——叶片质心在挥舞方向的平均位移；

θ——绕质心的扭转角位移。

将叶片平均位移 h 和绕质心的扭转角位移 θ 作为广义坐标，则叶片截面任意点垂直位移为

$$h_y = -h - x\theta \tag{13-1}$$

单位长度叶片振动动能为

$$T=\frac{1}{2}m\dot{h}^2+\frac{1}{2}J\dot{\theta}^2 \tag{13-2}$$

式中：m——单位长度叶片质量，$m=\iint_A \rho \mathrm{d}x\mathrm{d}y$；

J——单位长度叶片转动惯量，$J=\iint_A \rho(x+y)\mathrm{d}x\mathrm{d}y$。

同理，可求得单位长度叶片势能为

$$U=\frac{1}{2}k_h(h-\theta x_e)^2+\frac{1}{2}k_\theta\theta^2 \tag{13-3}$$

式中：k_h——叶片弯曲刚度系数；

k_θ——叶片扭转刚度系数。

由虚功原理可得，作用在单位长度叶片面积上气动载荷产生的虚功为

$$\begin{aligned}\delta W &= \int p\delta h_x \mathrm{d}x = \int p(-\delta h - x\delta a)\mathrm{d}x = \delta h\left(-\int p\mathrm{d}x\right)+\delta a\left(-\int px\mathrm{d}x\right)\\ &= \delta h(-F)+\delta a(-M_y)\end{aligned} \tag{13-4}$$

式中：a——轴向诱导因子；

p——风轮气流匀速运动时的压强；

δ——单位长度叶片的虚位移；

F——单位长度叶片垂直力，$F=\int p\mathrm{d}x$；

M_y——单位长度叶片绕 y 轴力矩，$M_y=\int F\mathrm{d}x$。

由拉格朗日方程可得

$$\begin{cases}\dfrac{\mathrm{d}}{\mathrm{d}t}\left[\dfrac{\partial(T-U)}{\partial\dot{h}}\right]-\dfrac{\partial(T-U)}{\partial h}-Q_h=0\\[2ex] \dfrac{\mathrm{d}}{\mathrm{d}t}\left[\dfrac{\partial(T-U)}{\partial\dot{\theta}}\right]-\dfrac{\partial(T-U)}{\partial\theta}-Q_\theta=0\end{cases} \tag{13-5}$$

式中：Q_h、Q_θ——叶片的广义坐标。

于是，单位长度叶片面积上气动力产生的虚功可表示为

$$\delta W=Q_h\delta h+Q_\theta\delta\theta \tag{13-6}$$

式中：Q_h 和 Q_θ 广义坐标定义为

$$\begin{cases}F=Q_h\\ M_y=Q_\theta\end{cases} \tag{13-7}$$

联合式(13-3)、式(13-4)、式(13-5)代入式(13-6)中，整理可得

$$\begin{cases}m\ddot{h}+k_h h-k_h x_e\theta-F=0\\ J\ddot{\theta}-k_h x_e h+k_h x_e^2\theta+k_\theta\theta-M_y=0\end{cases} \tag{13-8}$$

式(13-8)又可写为如下矩阵形式：

$$\begin{bmatrix} m & 0 \\ 0 & J \end{bmatrix}\begin{bmatrix} \ddot{h} \\ \ddot{\theta} \end{bmatrix}+\begin{bmatrix} k_h & -k_h x_e \\ -k_h x_e & k_h x_e^2+k_\theta \end{bmatrix}\begin{bmatrix} h \\ \theta \end{bmatrix}=\begin{bmatrix} F \\ M_y \end{bmatrix} \tag{13-9}$$

13.2 流固耦合环境下的叶片响应分析

13.2.1 建立流固耦合流场计算模型

对风电机组叶片进行流固耦合分析时，除建立叶片的几何模型外，还需在现有叶片设计参数的基础上对其结构进行优化处理，使其与真实工况相符。采用内部挖去叶片后的圆柱区域表征流场模型，叶片的外形被视为内腔。由于风轮为旋转机械，其在运行过程中受旋转载荷的作用影响。风轮风场模型分为两部分，一部分是绕固定转轴做旋转运动的旋转域流场，此旋转域必须包含所有的叶片和转轴；另一部分是外围的静止域流场(也称外流场)。为消除相关尺寸对分析结果的影响，外流场应保持足够大的空间。其模型如图 13-2 所示。

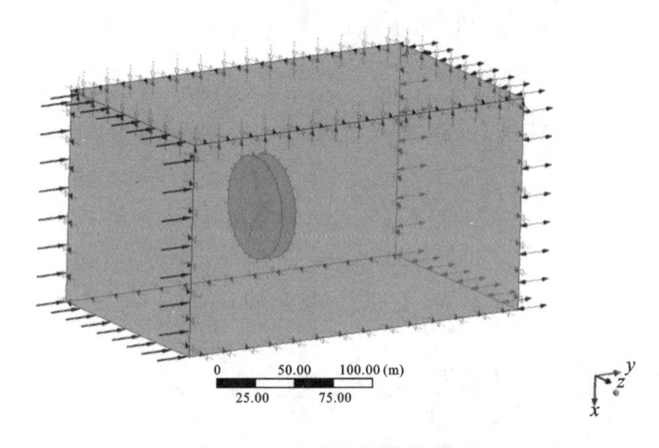

图 13-2　外流场计算域模型

13.2.2 流场网格的划分

复合材料叶片外部形状很难采用完全结构化分网格，对于流场耦合面间要采用滑移网格交界面设置；针对静止域流场，网格精度相对旋转域流场精度较低，但在静止域与旋转域之间有气体流量的传递，存在着气流耦合现象。因此，采用四面体非结构网格对叶片附近的内域网格进行划分处理。静止域流场、旋转域流场网格分别如图 13-3、图 13-4 所示。

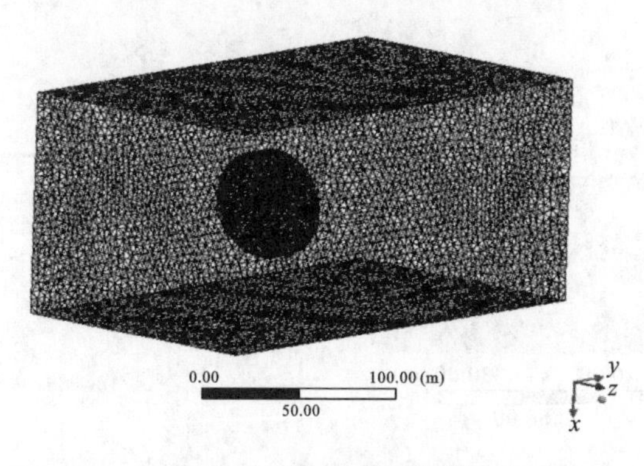

图 13-3　静止域流场网格

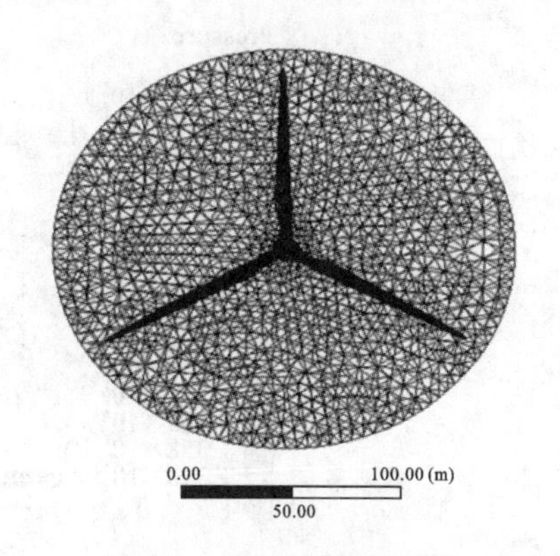

图 13-4　旋转域流场网格

13.2.3　流固耦合的边界条件设置方法

划分叶片流场的网格后，设置流固耦合控制方程所满足的边界条件。首先创建旋转域，由于叶片旋转运行，风轮旋转轴为 z 轴，旋转域流体材料选为 25 ℃空气，参考大气压为 1 个标准大气压，转速可由公式(13-10)计算。静止域流场设置为静态流场，流体材料为 25 ℃空气，参考大气压亦为 1 个标准大气压，入口边界条件为切入风速，压力为 1.01×10^5 Pa；出口设定为开放式出口，出口压力为 0 Pa；地面设定为墙，其余面设定为对称边界。静止域与旋转域交界面网格类型为 GGI，因模拟类型为稳态计算，对初始值采用默认值，同时输出变量也需设置时间间隔。通过关系式(13-10)计算风轮转速：

$$n=\frac{60\lambda v}{\pi D} \tag{13-10}$$

式中：n——风轮转速，单位为 r/min；

v——切入风速；

D——风轮直径；

λ——叶片的叶尖速比。

13.2.4　流固耦合数值模拟结果及分析

在额定风速(10 m/s)工况下，给出一定的来流风速和风轮转速，对叶片进行流固耦合模拟分析，并查看流体分析结果；然后导出风力发电机静止域流场入口风压分布云图，如图 13-5 所示。

从图 13-5 可以看出，在远离风轮及地面的区域风压较小，在接近风轮和地面的区域风压较大。这是因为空气在接近风轮和地面时受到的阻力增大，使得气动压强增大。相对来讲，地面对空气的阻力更大，在地面附近气动压力也最大。

为消除旋转域本身旋转速度后的真实数据，旋转域压力、速度等结果必须设置为变量。导出旋转域流场迎风面和背风面风压分布，如图 13-6 所示。

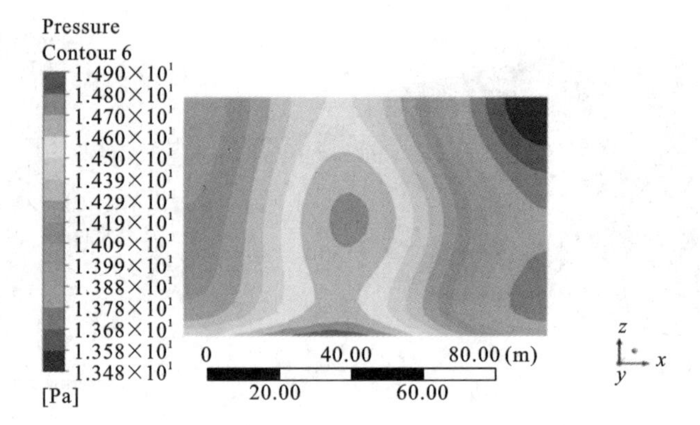

图 13-5　静止域流场入口的风压分布

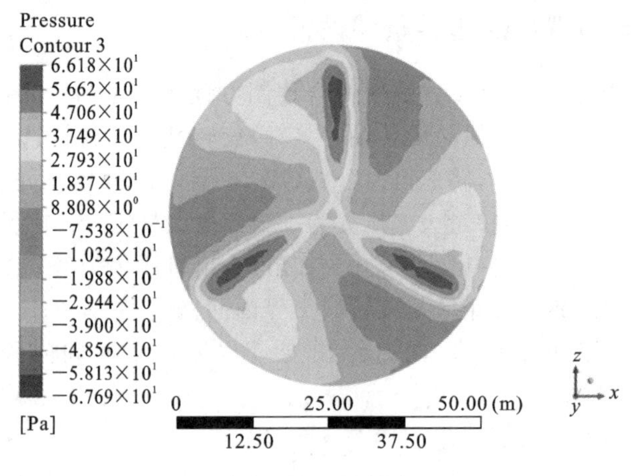

（a）迎风面风压分布

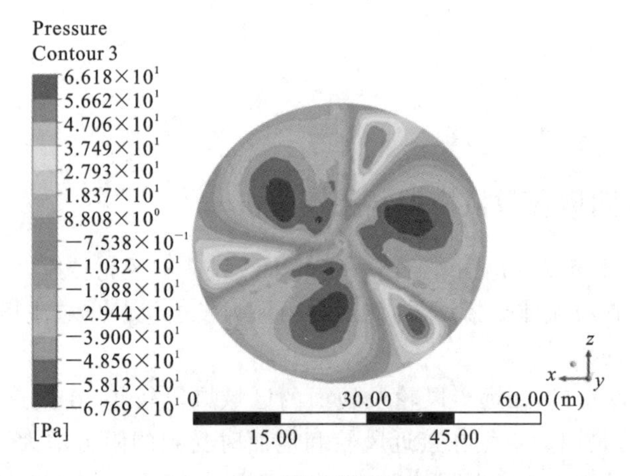

（b）背风面风压分布

图 13-6　旋转域流场风压分布

由图 13-6 可知，在迎风面靠近叶片及转轴处风压最大，背风面风压分布正好相反。这是由于迎风面气流流场未发生较大的变化，在叶片及转轴附近空气受到的阻力更大，导致了气动压强的增大；而在背风面空气流速较小，空气也变得更稀薄，导致压力呈减小趋势。背风面压力表现为以翼型的前缘为中心负压向外扩散，压力随半径的增大而变化较为明显，在沿展向的吸力面上压力变化较为平缓。旋转域流场迎风面和背风面空气流速分布如图 13-7 所示。

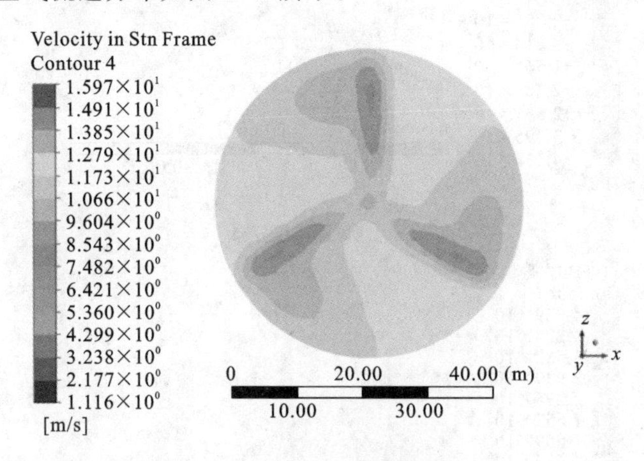

(a) 迎风面空气流速

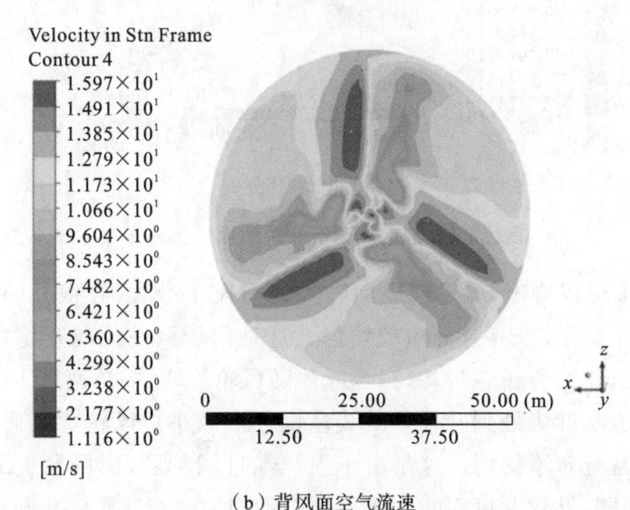

(b) 背风面空气流速

图 13-7　旋转域流场空气流速分布

从图 13-7 可见，迎风面较背风面空气流动速度大，且在背风面叶片及转轴附近风速最小。这是由于风能通过叶轮，部分风能转化为叶轮旋转的动能，导致风的动能下降，即流速也随之降低。额定风速为 10 m/s 时，叶片表面上的风压分布如图 13-8 所示。

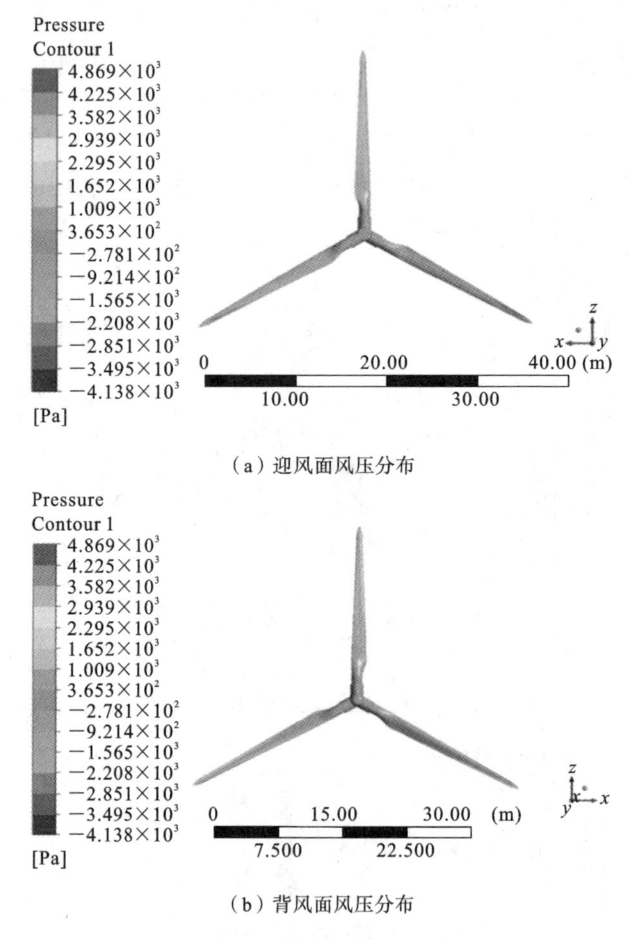

（a）迎风面风压分布

（b）背风面风压分布

图 13-8　额定风速下叶片表面风压分布

从图 13-8 中可以看出，风轮迎风面叶尖处的风压最大，叶根处的风压最小。从叶尖到叶根，风压逐渐减小，且分布较均匀。这是由于风在流向叶轮之前，流场没有发生较大的变化，压力分布表现均匀；当叶片随风轮旋转，在角速度不变时，叶尖处的线速度达到最大，从叶尖处到叶根处其线速度逐渐减小。风轮背风面风压方向与迎风面正好相反，且分布不均匀。这是由于当风经过风轮后，流场发生了很大的变化，气流紊乱现象加剧，导致背风面叶片压力分布不均匀。在叶轮停止转动时，旋转域迎风面在叶轮周围风压最大，且分布很均匀。背风面风压分布与迎风面的相反，背风面压力最小时，迎风面压力为最大值，在该位置出现较大的气动升力。结果表明，优化后新叶片的气动性能较好。风场风速流线如图 13-9 所示。

从图 13-9 可看出，叶片迎风面和背风面风速基本没有发生变化，主要原因是叶轮在旋转过程中带动周围空气运动，叶片从叶尖到叶根线速度逐渐减小，因此，气流速度也随之减小。在静止域流场中气流基本都是沿直线流动的，只在静止域

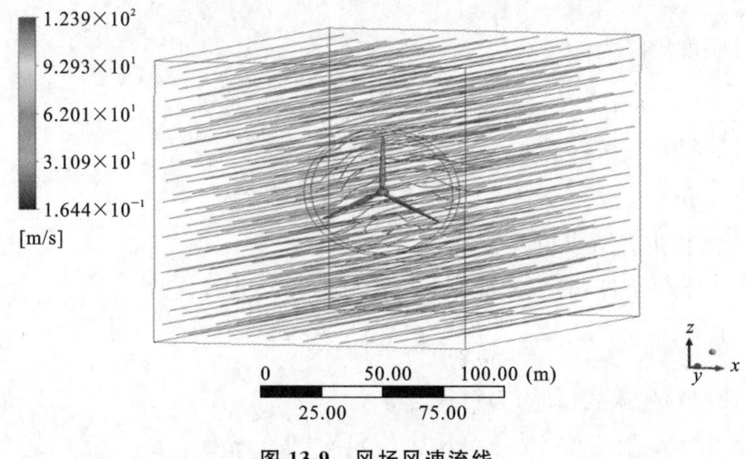

图 13-9　风场风速流线

与旋转域交界面处气流流动有小幅度偏移量，这是因为旋转域部分是随转轴旋转的，使得旋转域中气流气压发生变化，从而使得靠近旋转域的部分气流流动发生偏移。在旋转域流场中气流流动发生了较大的偏移，这是由于旋转域外表面距离风轮较近，风轮的旋转本身带动了周围空气流向的改变，部分气流与风轮发生碰撞而产生较大的偏移量。

13.3　叶片屈曲稳定性

13.3.1　叶片屈曲理论

叶片主要承载结构在承受极限设计载荷下不能发生屈曲。叶片次级部分的应变可受叶片主要承载结构的界面位移控制，且局部刚度影响应变。屈曲和疲劳的相互作用非常复杂，不能应用现有的计算方法预测，且需要单独考虑。叶根与轮毂之间的连接属于刚性连接，通常采用螺栓将叶根与轮毂进行固接。因此，可将叶片简化为悬臂梁结构，叶根处采用全约束方式，即叶根处各节点自由度完全被约束。

屈曲稳定性是在结构线性刚度矩阵中引入微分刚度影响后的稳定性。其中，微分刚度通过应变-位移关系式中的高阶项导出。假设结构线性刚度矩阵为 $\boldsymbol{K}_a$，应变-位移关系式中的高阶非线性项刚度矩阵为 $\boldsymbol{K}_d$，通常 $\boldsymbol{K}_d$ 与所施加载荷 $\boldsymbol{F}_a$ 之间成正比关系，即

$$\boldsymbol{K}_d=\boldsymbol{F}_a\boldsymbol{S} \tag{13-11}$$

式中：$\boldsymbol{S}$——应力刚度矩阵，该刚度矩阵可加强或减弱结构刚度。

当刚度应力是压应力时，随着所施加力逐渐增大，弱化效应随之增加，当达到某一载荷值时，弱化效应将超过结构自然刚度，此时净刚度消失，位移无限增大，结构发

生屈曲失稳。

结构总刚度矩阵为

$$\boldsymbol{K}=\boldsymbol{K}_{\mathrm{a}}+\boldsymbol{K}_{\mathrm{d}} \tag{13-12}$$

从而总应变能为

$$\boldsymbol{U}=\frac{1}{2}\boldsymbol{X}^{\mathrm{T}}\boldsymbol{K}_{\mathrm{a}}\boldsymbol{X}+\frac{1}{2}\boldsymbol{X}^{\mathrm{T}}\boldsymbol{K}_{\mathrm{d}}\boldsymbol{X} \tag{13-13}$$

式中：$\boldsymbol{X}$——结构中各节点位移矢量。

根据静力平衡条件，总应变能应有一个驻值，即

$$\frac{\partial \boldsymbol{U}}{\partial \boldsymbol{X}}=\boldsymbol{K}_{\mathrm{a}}\boldsymbol{X}+\boldsymbol{K}_{\mathrm{d}}\boldsymbol{X}=\boldsymbol{0} \tag{13-14}$$

将式(13-11)代入式(13-14)可得

$$(\boldsymbol{K}_{\mathrm{a}}+\boldsymbol{F}_{\mathrm{a}}\boldsymbol{S})\boldsymbol{X}=\boldsymbol{0} \tag{13-15}$$

使其有非零解，则其系数行列式必须等于零，即

$$\det(\boldsymbol{K}_{\mathrm{a}}+\boldsymbol{F}_{\mathrm{a}}\boldsymbol{S})=0 \tag{13-16}$$

式(13-16)只有在特定 $\boldsymbol{F}_{\mathrm{a}}$ 大小下才可成立，此时 $\boldsymbol{F}_{\mathrm{a}}$ 被称为临界屈曲载荷 $\boldsymbol{F}_{\mathrm{cr}}$，特征值可表示为

$$\lambda_i=\frac{F_{\mathrm{cr}}}{F_{\mathrm{a}}} \tag{13-17}$$

从而式(13-16)可表示为

$$\det(\boldsymbol{K}_{\mathrm{a}}+\lambda_i\boldsymbol{S})=0 \tag{13-18}$$

此时，求解屈曲临界载荷大小 F_{cr} 问题便转化为求解相应特征方程的特征值问题，由式(13-18)可知，所求临界屈曲载荷为

$$F_{\mathrm{cr}}=\min(\lambda_i)F_{\mathrm{a}} \tag{13-19}$$

式中：$\min(\lambda_i)$——失稳临界特征值，即失稳屈曲因子。当该值小于 1 时，结构将发生失稳，此时对应外载荷称为失稳载荷。

13.3.2 屈曲稳定性分析方法

本小节采用数值模拟方法仿真研究大型风力发电机复合材料叶片振动稳定性特性，将叶片静力研究结果作为屈曲稳定性分析初始条件，采用有限元法对叶片进行振动特性研究。叶片整体屈曲，需综合考虑屈曲分析的材料安全系数、载荷安全系数与模型安全系数，求解叶片的全尺寸有限元模型屈曲因子，并分析验证屈曲因子是否满足叶片的稳定性要求，基本流程如图 13-10 所示。

13.3.3 屈曲稳定性分析结果与讨论

风力发电机叶片作为大型旋转弹性结构，在其旋转过程中因离心力存在而产生动力刚化效应，进而对其刚度产生影响。因此，本小节在考虑离心刚化效应条件下对叶片进行屈曲稳定性研究。表 13-1 给出屈曲分析叶片前四阶屈曲因子值。

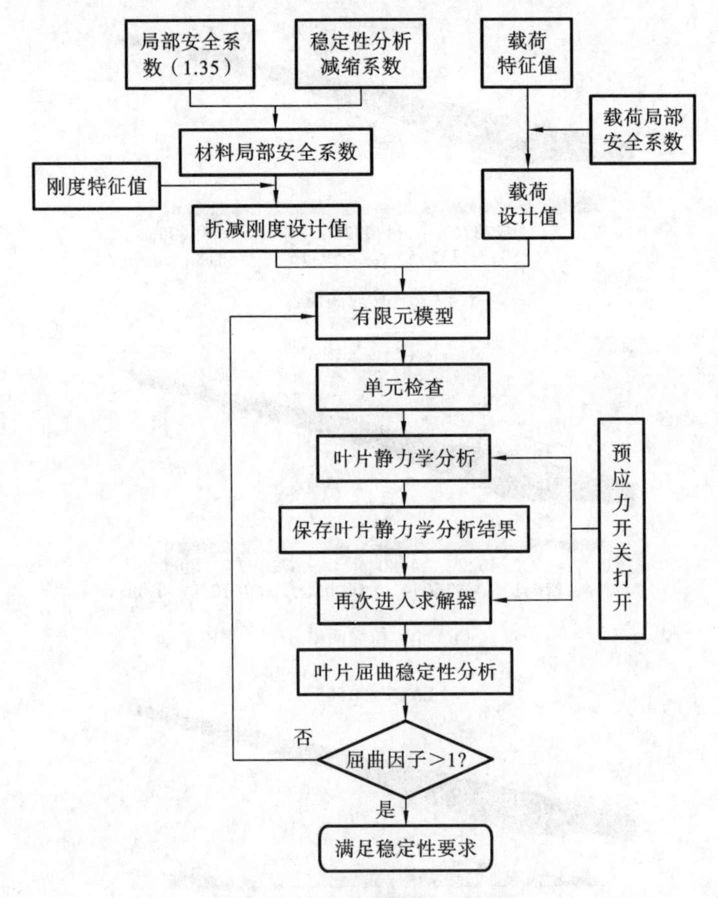

图 13-10　叶片稳定性分析流程

表 13-1 显示，叶片前四阶屈曲因子值均大于 1，结合式(13-17)可知叶片屈曲载荷值均大于实际载荷值，因此额定风速下叶片不发生整体失稳，符合稳定性要求。

表 13-1　叶片前四阶屈曲因子值

阶　次	第　一　阶	第　二　阶	第　三　阶	第　四　阶
屈曲因子值	4.124	4.322	4.585	4.618

叶片为复杂空腹结构，其不同区域有不同铺层方式和铺层厚度，尽管上述计算结果表明叶片不发生整体屈曲，但因不同复合材料层间是通过树脂粘接成形，叶片局部屈曲失稳可导致复合材料出现分层、开裂，最终导致叶片发生破坏失效，因此需对叶片局部屈曲失稳区域进行加强处理。

当叶片所受载荷持续增大直至达到或超过临界屈曲载荷时，叶片结构将发生局部失稳。图 13-11 中显示了额定风速下叶片可能发生局部屈曲失稳的区域。额定风速下，叶片前四阶屈曲模态研究结果显示，失稳主要发生于叶片最大弦长截面处。这

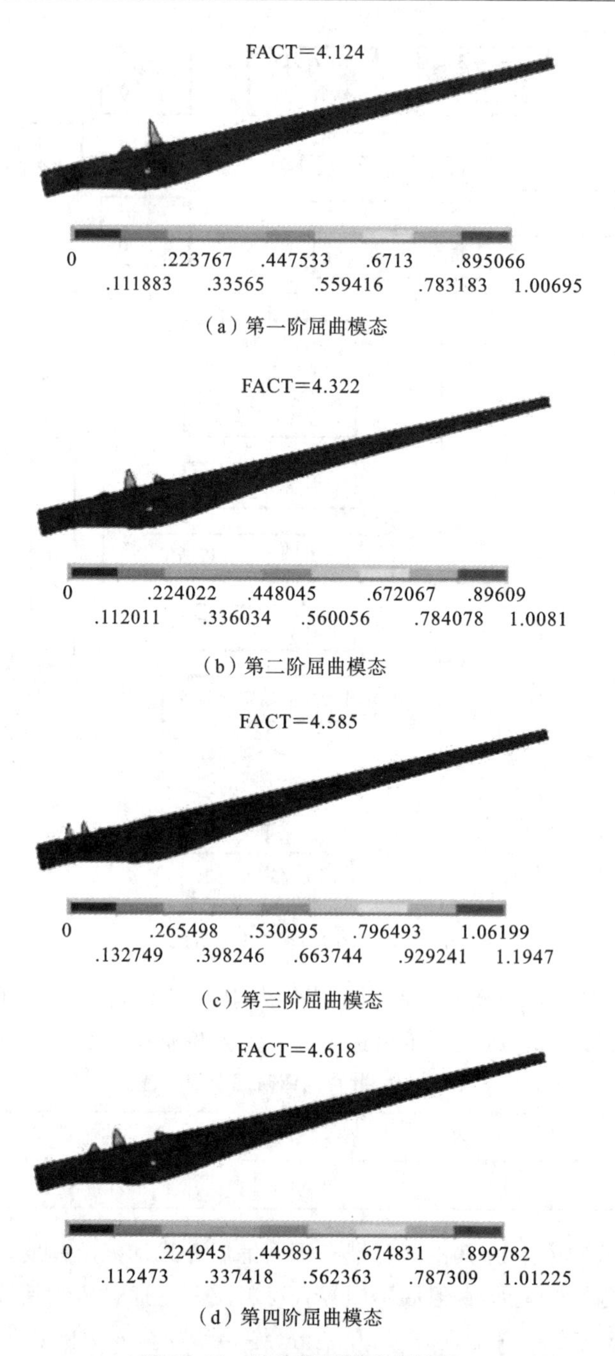

（a）第一阶屈曲模态

（b）第二阶屈曲模态

（c）第三阶屈曲模态

（d）第四阶屈曲模态

图 13-11　叶片稳定性分析结果

不仅是因为最大弦长处是叶根向叶中过渡的几何突变区域，而且也因为前缘与后缘距主梁距离较大，从而在空间上形成一个较大腔体，加之前缘与腹板和后缘与腹板间形成大面积不受支撑的面板，故此区域发生屈曲失稳的概率最大。

本章参考文献

[1] 陈文朴,李春,叶舟,等.基于气动弹性剪裁风力机叶片结构稳定性分析[J].太阳能学报,2017,38(11):3168-3173.

[2] 张立,缪维跑,闫阳天,等.考虑自重影响的大型风力机复合材料叶片结构力学特性分析[J].中国电机工程学报,2020,40(19):6272-6284.

[3] 包文奕,王浩,柯世堂.基于多体动力学方法大型风力机台风致响应特性与偏航影响[J].振动与冲击,2020,39(15):257-265.

[4] 郭俊凯,郭志文,张建伟,等.小型风力机新翼型叶片动态结构响应研究[J].太阳能学报,2021,42(10):183-188.

[5] BANGGA G, LUTZ T. Aerodynamic modeling of wind turbine loads exposed to turbulent inflow and validation with experimental data[J]. Energy, 2021(4): 120076.

[6] Al-HADAD M, MCKEE K K, HOWARD I. Vibration characteristic responses due to transient mass loading on wind turbine blades[J]. Engineering Failure Analysis, 2019, 102: 187-202.

[7] 柯世堂，余文林，徐璐，等. 风雨下考虑偏航效应风力机流场及气动载荷[J]. 浙江大学学报(工学版)，2019，53(10)：1936-1945.

[8] 巫发明，杨从新，王清，等. 大型风力机风轮气动不平衡的特性研究与验证[J]. 太阳能学报，2021，42(1)：192-197.

[9] 韩然，王珑，王同光，等. 台风不同区域中的风力机动力响应特性研究[J]. 太阳能学报，2020，41(10)：251-258.

[10] HU W F, DOHYUN P, CHOI D H. Structural optimization procedure of a composite wind turbine blade for reducing both material cost and blade weight[J]. Engineering Optimization 2013, 45(12): 1469-1487.

[11] 任勇生,林学海.风力机叶片挥舞/摆振的动力失速非线性气弹稳定性研究[J].振动与冲击,2010,29(1):121-124.

[12] HASELBACH P, BITSCHE R, BRANNER K. The effect of delaminations on local buckling in wind turbine blades[J]. Renewable Energy, 2016, 85: 295-305.

第 14 章　风力发电机叶片振动响应分析

14.1　叶片模态分析

叶片动力学特性是探究叶片各阶固有频率与其引起的交变应力激振力谐波发生共振的主要因素。叶片以额定转速运行时，叶片固有频率曲线与风轮某阶激振频率直线相交，表明在该点对应转速下工作时，叶片与风轮将产生共振。如果叶片以低阶固有频率在工作转速范围内与激振频率相交，将产生共振现象，设计时必须避免共振产生，因此叶片振动低阶固有频率为叶片结构设计的关注重点。目前的分析方法主要为数值模态分析方法和试验测试方法。本章所采用的模态分析是通过计算或实验仿真以获取结构在自由振动及无阻尼条件下固有振型和固有频率的方法，每种模态都对应一定模态振型和固有频率，叶片结构按某一频率振动时产生变形的方式、叶片结构性质与材料特性均为影响模态的主要因素。

14.1.1　叶片材料参数和约束

有限元强大的建模和结构分析功能适用于叶片的应力、变形、频率、屈曲、疲劳等分析。叶片采用腹板支撑主梁结构，叶片前缘和尾缘区域有夹芯结构，在气动载荷作用下叶片局部受压区域发生局部屈曲破坏。叶片尾缘夹芯区域较宽，易发生失稳，因此芯层和面层的厚度可采用复合材料夹层结构稳定理论进行计算。

叶片为复合材料空腹结构，通过模拟仿真研究叶片结构动力学特性来建立接近真实叶片的模型。采用收敛速度快、计算精度高的有限元法求解叶片的结构动力学特性。本小节采用 9.3 节建立的叶片三维模型，为保证建立的叶片模型能与轮毂安装、固定以及在各种工况下受力情况与实际相符，需对叶片有限元边界进行约束处理。由于叶片与轮毂之间采用螺栓固定连接，属于刚性连接，因此，叶片在运行过程中可视为简支梁结构，在叶根处约束所有节点自由度。

模型相关材料属性分别定义如下：复合材料叶片蒙皮承载结构为树脂基复合材料，其由单向层和 45°单向层材料按照 5∶1 构成；45°单向层材料选用 1∶1 树脂基复合材料，其密度为 1550 kg/m^3，泊松比为 0.26。叶片所有分区层厚度见表 14-1。

表 14-1　叶片所有分区层厚度　　（单位：mm）

分区	Z1	Z2	Z3	Z4	Z5	Z6	Z7	Z8	Z9	Z10	Z11	Z12	Z13
P1	0.57	0.57	0.57	0.57	0.57	0.57	0.57	0.57	0.57	0.57	0.57	0.57	0.57
P2	0.97	0.97	0.97	0.97	0.97	0.97	0.97	0.97	0.97	0.97	0.97	0.97	0.97
P3	1.39	1.39	1.39	1.39	1.39	1.39	1.39	1.39	1.39	1.39	1.39	1.39	1.39
P4	0.57	0.57	0.57	0.57	0.57	0.57	0.57	0.57	0.57	0.57	0.57	0.57	0.57
P5	0.97	0.97	0.97	0.97	0.97	0.97	0.97	0.97	0.97	0.97	0.97	0.97	0.97
P6	2.28	4.55	4.55	3.42	3.42	3.42	2.28	2.28	2.28	2.28	2.28	2.28	2.28

14.1.2　网格划分

划分网格是建立有限元模型的一个重要环节，所划分的网格形式和大小直接影响着计算精度和计算规模。针对叶片的形状，考虑其铺层设计，主要从叶片的展向和弦向进行网格划分。展向主要考虑以叶片主梁的梯度的变化点为网格划分的控制点；弦向考虑以叶片铺层变化段、腹板缘条为其主要的控制点以及从叶片整体考虑一些关键性部位为控制点进行网格划分。对网格进行合理规划，首先计算出各曲面的合适网格密度，再对各曲面边界布置进行控制。可根据叶片外形，对叶片展向、弦向各四边形曲面区域进行网格划分，通过共节点的方式使其相连，从而生成整体与局部均满足分析要求的网格。

叶片为复杂空间扭曲结构，划分的单元类型及网格疏密程度直接影响其计算结果的准确性。在实际研究过程中，为尽量避免模型复杂性导致划分结果不理想甚至无法划分的情况，应采用自由网格划分。本小节采用线性层状结构进行复合材料有限元研究。叶片弹性模量整体采用三角形网格单元，局部加密，其中节点数为 26363 个，单元数为 9038 个。模态求解采用有限元法，可提取中大型模型大量振型，对壳单元更为有效，能更好地处理刚体振型。叶片有限元模型如图 14-1 所示。

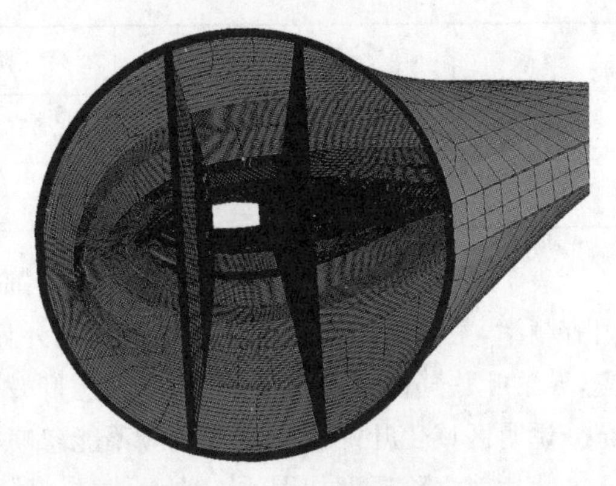

图 14-1　叶片有限元模型

叶片在沿弦向及展向上的铺层均不相同，加之受制造工艺影响，很难依据实际结构区域进行网格划分。由于有限元建模时需进行区域划分，因此，对于铺层设置采用如下简化方法：沿展向按气动布局给每一个翼型截面分区，分成 13 段（见图 14-2）；沿弦向根据结构设计结果按铺层变化位置将上下蒙皮各分为 6 个区（见图 14-3），其中

P6 为腹板分区。

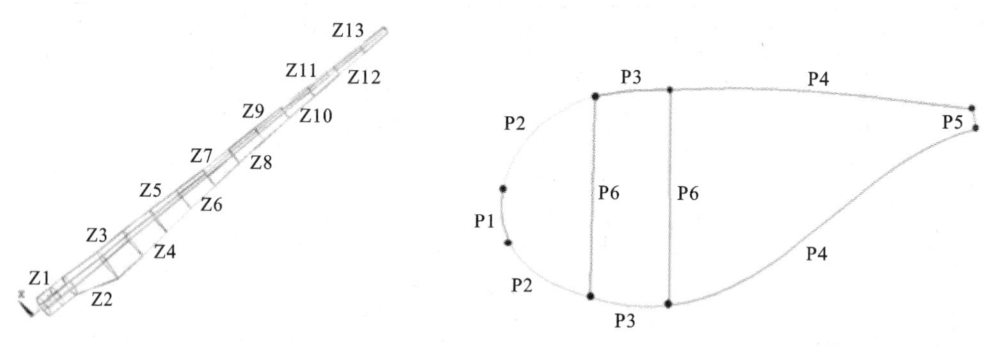

图 14-2 叶片沿展向(z 轴)分区　　图 14-3 叶片沿弦向分区

14.1.3 分析类型及求解选项设置

叶片模态分析有多种求解方法，其中，分块兰索斯(Block-Lanczos)法具有搜索速度快等优点，广泛用于形状由壳或壳与实体组成的模型，可求解特征值大型化问题缺省提取。由于复合材料叶片转速不高，因此只计算叶片前六阶模态。计算零转速工况下的叶片固有频率时，对叶片叶根处采取全约束加载方式，即完全限制叶片根部节点的 6 个自由度，叶片被视为悬臂梁模型。优化后的叶片前六阶固有频率如表 14-2 所示。

表 14-2 叶片前六阶固有频率　（单位：Hz）

阶次	第一阶	第二阶	第三阶	第四阶	第五阶	第六阶
优化叶片	1.3254	2.7531	3.6507	7.0956	7.6972	12.739
某商业叶片	1.61	3.58	—	—	—	—

表 14-2 表明：优化后的叶片第一、第二阶固有频率低于某商业叶片第一、第二阶固有频率，主要是因为区域化叶片受特定外界气流影响，叶片气动与结构产生耦合效应，导致叶片气体密度增大，气流依附至叶片使其质量增加，叶片固有频率降低。这充分说明区域化叶片流固耦合效应不能忽略。

叶片前六阶振型如图 14-4 所示。

从图 14-4 可知，叶片振型主要表现为挥舞振型，前四阶均为挥舞振型，从第五阶振型开始出现摆振、挥舞与摆振、挥舞与扭转的混合振型。在额定风速 $v=10$ m/s 时，根据叶尖速比为 8.5，得到叶尖线速度 $v=85$ m/s；叶片风轮旋转时激振频率为其第一阶挥舞频率，其值为 1.3254 Hz，转化转速为 79.524 r/m，该值远大于叶片运行转速(12.18～17.2 r/min)。因此，在叶片启动与正常工作情况下均不出现共振现象。

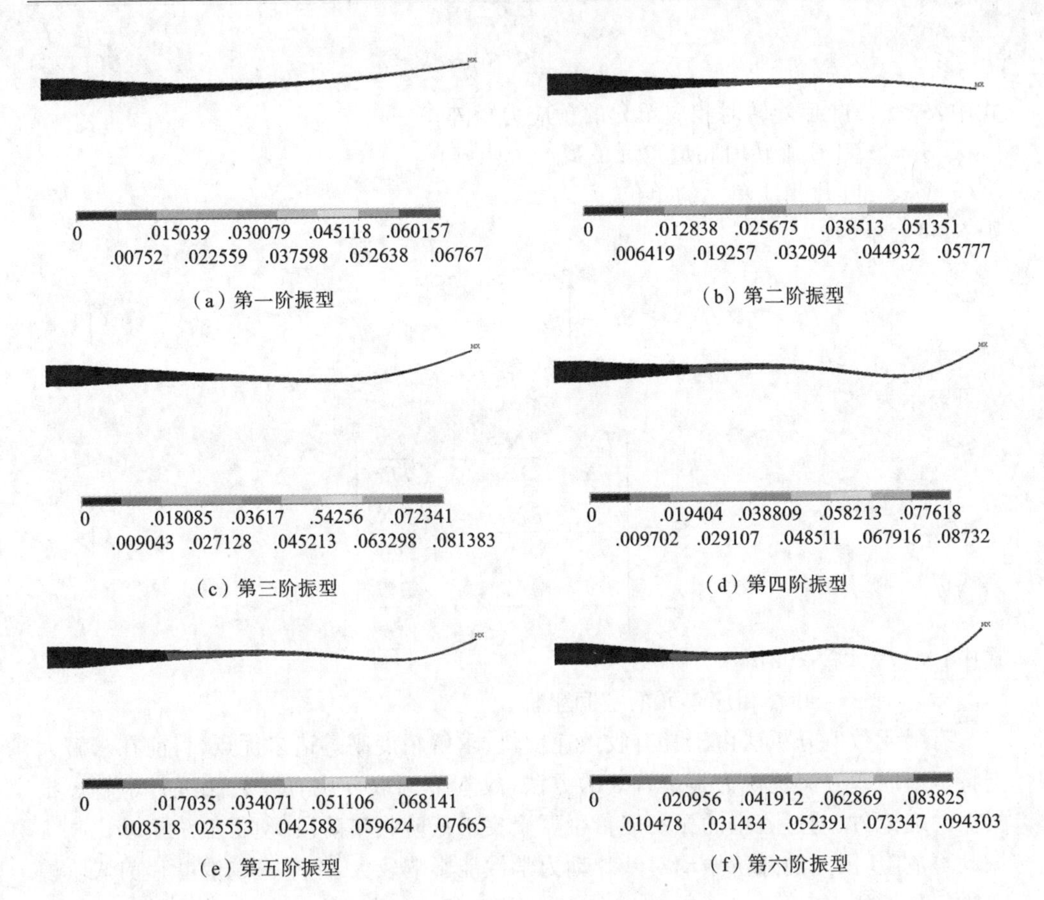

(a) 第一阶振型　(b) 第二阶振型

(c) 第三阶振型　(d) 第四阶振型

(e) 第五阶振型　(f) 第六阶振型

图 14-4　叶片前六阶振型

14.2　叶片预应力模态分析结果与讨论

风力发电机在实际运行中,叶片受重力、离心力与气动力的共同作用,考虑到叶片上气动载荷与离心力的影响,此时叶片的振动方程式可写为

$$\boldsymbol{M}\ddot{\boldsymbol{x}}+\boldsymbol{K}\boldsymbol{x}+\bar{\boldsymbol{S}}\boldsymbol{x}=\boldsymbol{0} \tag{14-1}$$

式中:$\bar{\boldsymbol{S}}$——叶片预应力刚度矩阵。

在运用有限元理论求解的过程中,将叶片的实体单元进行离散化处理,则整支叶片的预应力矩阵 $\bar{\boldsymbol{S}}$ 由任一个单元的预应力矩阵 $\boldsymbol{S}$ 叠加而成,$\boldsymbol{S}$ 可表示为

$$\boldsymbol{S}=\begin{bmatrix}\boldsymbol{S}_0 & \boldsymbol{0} & \boldsymbol{0}\\ \boldsymbol{0} & \boldsymbol{S}_0 & \boldsymbol{0}\\ \boldsymbol{0} & \boldsymbol{0} & \boldsymbol{S}_0\end{bmatrix} \tag{14-2}$$

其中,$\boldsymbol{S}_0$ 可表示为

$$\boldsymbol{S}_0 = \int_V \boldsymbol{S}_g^{\mathrm{T}} \boldsymbol{S}_m \boldsymbol{S}_g \mathrm{d}V \tag{14-3}$$

式中：$\boldsymbol{S}_m$——叶片旋转时相应单元的预应力矩阵；

$\boldsymbol{S}_g$——叶片旋转时相应单元的离心力矩阵；

V——叶片相应单元的单位。

则 $\boldsymbol{S}_m$ 可表示为

$$\boldsymbol{S}_m = \begin{bmatrix} \sigma_x & \tau_{xy} & \tau_{xz} \\ \tau_{xy} & \sigma_y & \tau_{yz} \\ \tau_{xz} & \tau_{yz} & \sigma_z \end{bmatrix} \tag{14-4}$$

$\boldsymbol{S}_g$ 可表示为

$$\boldsymbol{S}_g = \begin{bmatrix} \dfrac{\partial N_1}{\partial x} & \dfrac{\partial N_2}{\partial x} & \cdots & \dfrac{\partial N_i}{\partial x} \\ \dfrac{\partial N_1}{\partial y} & \dfrac{\partial N_2}{\partial y} & \cdots & \dfrac{\partial N_i}{\partial y} \\ \dfrac{\partial N_1}{\partial z} & \dfrac{\partial N_2}{\partial z} & \cdots & \dfrac{\partial N_i}{\partial z} \end{bmatrix} \tag{14-5}$$

式中：$N_i(i=1,2,\cdots,n)$——形函数；

x,y,z——叶片相应单元的空间坐标。

有限元数值分析法由于具有收敛速度快、求解精度高等诸多优点，目前在求解大型特征值问题方面被认为是最有效的方法，故本节选取分块有限元法进行求解。根据振动理论，振动过程中的振动能量主要聚集于低阶频率阶段，使得低阶振动比高阶振动更危险，因此前几阶振动对叶片动力学性能影响较大，本节只选取叶片前八阶模态进行分析研究。

表 14-3 所示为无预应力效应时风力发电机叶片前八阶固有频率和振型。从表 14-3 可知，叶片发生振动时振型是挥舞和摆振弯曲运动，且随着固有频率不断增大，

表 14-3　无预应力效应时叶片前八阶固有频率和振型

阶次	固有频率/Hz	振型描述	是否共振	变形/m
第一阶	0.470	挥舞	否	1.626
第二阶	1.019	摆振	否	2.556
第三阶	1.201	挥舞	否	1.642
第四阶	2.290	挥舞＋扭转	否	3.438
第五阶	3.209	挥舞＋扭转	否	3.060
第六阶	3.523	摆振＋扭转	否	4.190
第七阶	4.494	挥舞＋ 扭转	否	3.327
第八阶	6.559	挥舞＋摆振＋扭转	否	3.776

叶片的振动形式也逐渐变得复杂，高阶振型便是挥舞、摆振及扭转运动的耦合振型。风轮在额定转速(17.2 r/min)时，叶片一阶固有振动频率为 0.47 Hz (28.2 r/min)，与风轮额定转速相差 64%，因此该叶片设计满足结构动力学基本设计要求。

表 14-4 给出在旋转角速度分别为 0 s^{-1}、0.9 s^{-1}、1.8 s^{-1}、3.6 s^{-1}、5.4 s^{-1}、7.2 s^{-1}时的预应力效应下叶片前八阶固有频率。从表 14-4 可知，预应力效应下叶片振动频率随转速的不断增大而增大。在额定转速(17.2 r/min，即 1.8 s^{-1})下，风轮旋转时，预应力效应对叶片固有频率有较大影响，叶片第一阶固有频率从 0.4664 Hz 变为0.5665 Hz，相应地第二阶固有频率由 1.0282 Hz 变为 1.1219 Hz。由此可见，预应力效应使得叶片固有频率变大，主要是因为预应力效应使得叶片整体刚度增大。

表 14-4 预应力效应下叶片前八阶固有频率

阶次	固有频率/Hz					
	0 s^{-1}	0.9 s^{-1}	1.8 s^{-1}	3.6 s^{-1}	5.4 s^{-1}	7.2 s^{-1}
第一阶	0.4664	0.4952	0.5665	0.7452	0.9578	1.1066
第二阶	1.0282	1.0618	1.1219	1.1721	1.2136	1.2901
第三阶	1.1992	1.2148	1.2913	1.6449	2.1459	2.532
第四阶	2.2882	2.3301	2.4499	2.8164	3.2467	3.1185
第五阶	3.1945	3.2055	3.2383	3.3473	3.6714	3.7141
第六阶	3.5072	3.5225	3.565	3.6244	3.8267	4.0933
第七阶	4.4863	4.5290	4.6539	5.0604	5.7523	5.9824
第八阶	6.5587	6.5920	6.6846	5.3151	7.2588	7.1568

图 14-5 所示为预应力效应下叶片前四阶振动频率随角速度变化曲线。从图 14-5 中可知，预应力效应下旋转叶片固有频率随风轮旋转角速度的增大而增大。与此同时，叶片第一、三、四阶振动频率随风轮旋转角速度增大而变化幅度较大，而第二阶振动频率随风轮旋转角速度增大而变化幅度较缓慢，这表明预应力效应对叶片挥舞刚度的影响大于对叶片摆振刚度的影响。

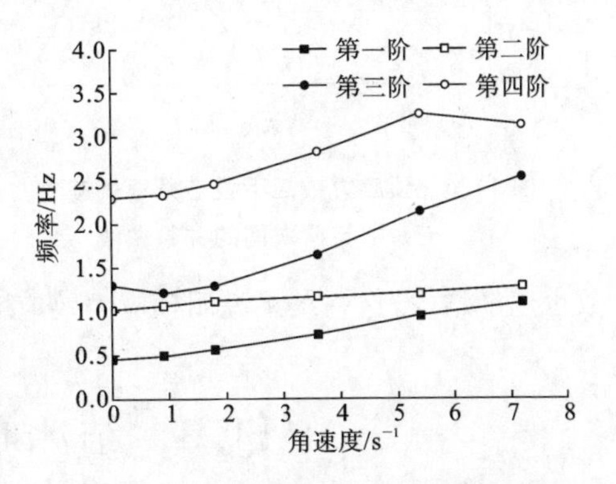

图 14-5 预应力效应下叶片前四阶振动频率随角速度变化曲线

在预应力效应下，探讨转速对叶片模态影响规律，研究额定转速下叶片前八阶模态振型，如表 14-5 所示。挥舞方向叶片首先发生振动，接着摆振方向发生振动，叶片前五阶振动形式为挥舞和摆振振型，从第六阶开始出现明显的扭转变形使得叶片振型逐渐复杂，第七、八阶振型是挥舞、摆振及扭转振动混合振型。随着振动阶次升高，叶片振动形式逐渐复杂化，振动位移逐渐增大。

表 14-5　叶片前八阶固有频率

模态阶次	固有频率/Hz	模态阶次	固有频率/Hz
第一阶	0.56651	第五阶	3.23834
第二阶	1.12193	第六阶	3.56496
第三阶	1.29129	第七阶	4.65394
第四阶	2.44989	第八阶	6.68457

由于风轮转速对风力发电机叶片振动特性有较大影响，为更加直观地研究风轮转速对叶片振动频率的影响，这里引入模态频率偏差系数这一参数评价叶片固有频率响应特性。其中，模态频率偏差系数由式(14-6)确定：

$$\eta_i=\frac{f_{di}-f_{ji}}{f_{ji}}\times 100\% \tag{14-6}$$

式中：f_{di}——在考虑风轮转速时叶片第 i 阶动模态频率；

f_{ji}——在不考虑风轮转速时叶片第 i 阶静模态频率。

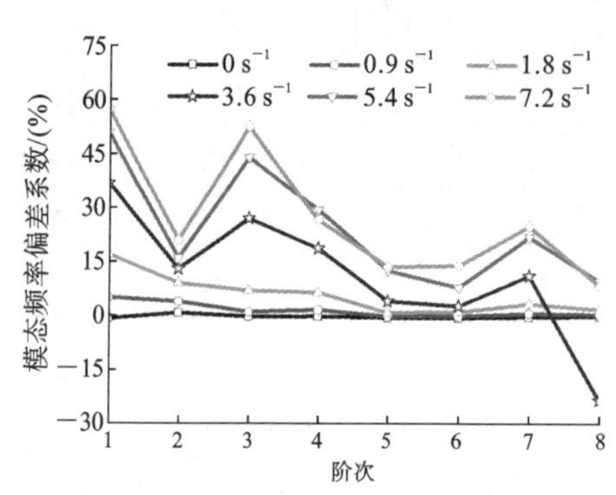

图 14-6　预应力效应下模态频率偏差系数与阶次间的关系曲线

图 14-6 所示为预应力效应下复合材料风力发电机叶片在不同风轮转速下，模态频率偏差系数与阶次之间的关系曲线。从图 14-6 中可知，风轮转速从 0 s^{-1} 增加到 7.2 s^{-1}时，叶片第一阶模态频率偏差系数从−0.71%变到 57.55%，第三阶模态频率偏差系数从−0.13%变到52.58%。由此可见，风轮转速对风力发电机组叶片第一、三阶振动频率影响较大，而对于其余各阶振动频率影响程度不是很大；随着风轮转速不断提高，叶片各阶模态频率偏差系数也逐渐增大，这一结果说明预应力效应下高转速对叶片振动频率有更大影响。

14.3　结冰叶片模态分析

叶片结冰不仅导致叶片质量分布不均匀，而且冰体黏结在叶片表面会直接影响叶片整体刚度。本节采用数值模拟方法模拟复合材料叶片与带有旋转特性准三维结冰叶片两种结冰工况，采用模态分析法探究叶片结冰质量与刚度对叶片模态的影响机制。数值计算过程中结冰密度统一取 917 kg/m^3，现将两种工况进行以下说明。

工况 1:均匀结冰且模态研究过程仅考虑冰体质量但不考虑冰体刚度影响;

工况 2:均匀结冰且模态研究过程同时考虑冰体质量与冰体刚度影响。

当仅考虑结冰质量影响时,考虑到结冰主要集中于前缘,在利用有限元法进行模态计算时,将结冰质量分布于各分段前缘部分,完成工况 1 计算假设并进行数值计算。在工况 2 情况下,在复合材料叶片有限元建模的基础上,再次对冰体三维实体模型进行有限元数值分析,基于 12.2 节冰体材料力学属性进行冰体有限元模型建立;将复合材料叶片有限元模型中的模态计算结果传递至结冰状态下的叶片模态流程中,进入结冰叶片模态分析流程,查看模型导入情况并定义接触对属性,为保证计算过程中冰体与叶片在黏接处不因振动变形而产生相对移动,根据结冰叶片的实际情况,将接触对类型假设为捆绑接触。

利用有限元法计算叶片在不同工况下的模态,求解获得叶片在无冰与两种结冰工况下的固有频率并进行对比,由于低阶振动频率相较于高阶振动频率能量更加集中,产生危害更大,故本节只选取叶片前六阶模态进行研究。无冰叶片前六阶模态固有频率及振型描述见表 14-6。

表 14-6 无冰叶片前六阶模态固有频率及振型描述

模态阶次	固有频率/Hz	模态振型描述	总变形/m
第一阶	0.9262	挥舞	0.057
第二阶	2.3218	摆振	0.048
第三阶	2.7969	挥舞	0.064
第四阶	5.0992	挥舞+扭转	0.079
第五阶	5.8669	挥舞+扭转	0.122
第六阶	6.6894	摆振+扭转	0.043

从表 14-6 中明显可知,叶片低阶振动形式主要以挥舞和摆振弯曲运动为主,且随着模态阶次增加,叶片固有频率逐渐增大,同时叶片振动形式也逐渐由简单变复杂。高阶叶片振动形式是挥舞、摆振与扭转结合的更为复杂的振动形式。

表 14-7 所示为叶片在两种结冰工况与无冰工况下前六阶固有频率对比,图 14-7 所示为叶片在两种结冰工况与无冰工况下前六阶模态振型对比。

表 14-7 结冰工况与无冰工况下叶片前六阶模态固有频率对比

模态阶次	无冰工况	工况 1		工况 2		$(f_2-f_1)/f$
	f/Hz	f_1/Hz	差值/(%)	f_1/Hz	差值/(%)	/(%)
第一阶	0.9262	0.8145	−12.5	0.8979	−3.0	9.0
第二阶	2.3218	2.0774	−10.5	2.2592	−2.6	7.8
第三阶	2.7969	2.4875	−11.1	2.7338	−2.3	8.8

续表

模态阶次	无冰工况 f/Hz	工况 1		工况 2		$(f_2-f_1)/f$ /(%)
		f_1/Hz	差值/(%)	f_1/Hz	差值/(%)	
第四阶	5.0992	4.580	−10.6	5.0100	−1.7	8.4
第五阶	5.8669	5.2666	−10.2	5.7182	−2.5	7.7
第六阶	6.6894	6.0302	−9.8	6.5556	−2.0	7.9

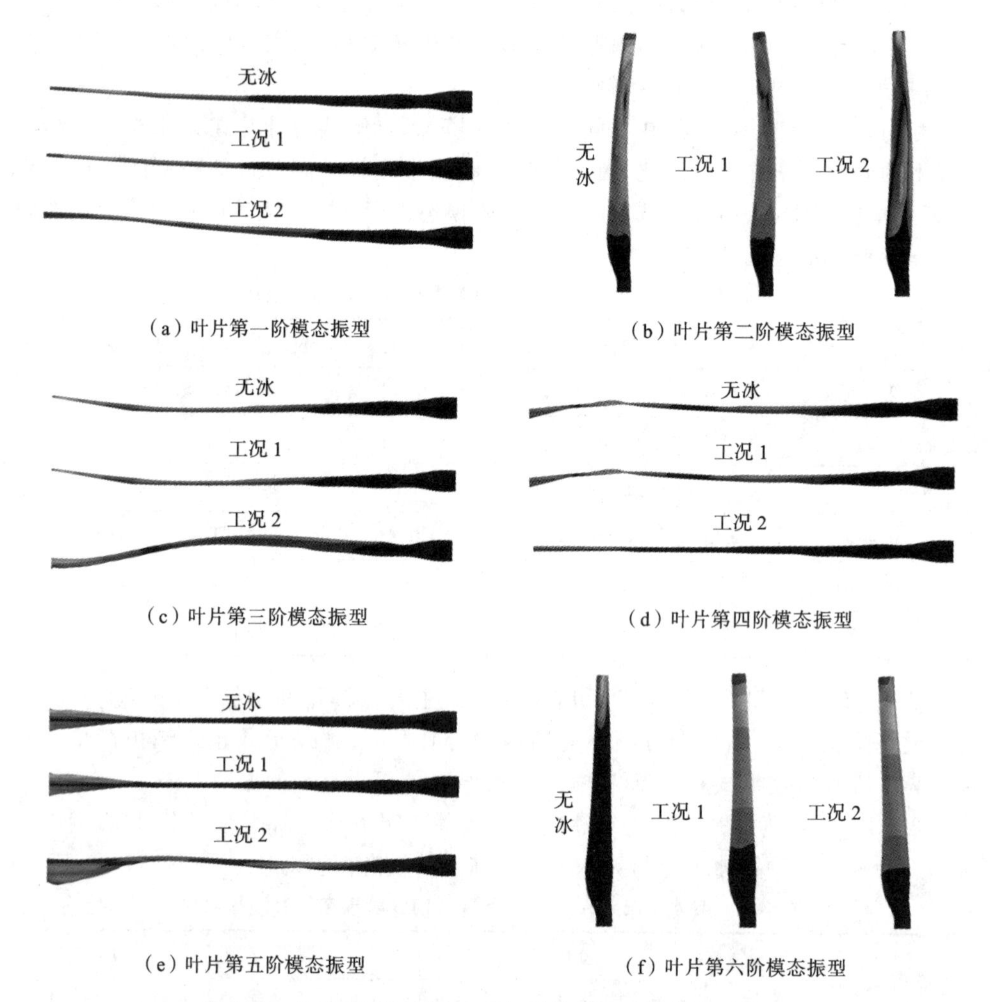

(a) 叶片第一阶模态振型
(b) 叶片第二阶模态振型
(c) 叶片第三阶模态振型
(d) 叶片第四阶模态振型
(e) 叶片第五阶模态振型
(f) 叶片第六阶模态振型

图 14-7 结冰工况与无冰工况下叶片前六阶模态振型对比

从表 14-7 可知，对于工况 1，叶片第一阶挥舞频率最大下降 12.5%，说明在均匀结冰状况下，若只考虑冰体质量对叶片模态的影响，则叶片在复杂载荷作用下发生共振的概率将增大，因此要对叶片采取防冰、除冰措施以防叶片受载而发生振动破坏；

对于工况 2,叶片第一阶挥舞频率最大增长 9.0%,说明在均匀结冰状态下,若冰体黏结于叶片且不发生相对移动、冰体不因载荷作用发生破裂而从叶片脱落,则冰体使得叶片整体刚度增大,进而叶片因结冰质量增加导致固有频率下降幅度减小,使得叶片固有频率远离其共振频率,进而保护叶片安全。

研究风力发电机在预应力状态下的叶片固有频率及振型,图 14-8 为无冰叶片与结冰叶片前六阶固有频率在转动角速度分别为 0 r/min、0.9 r/min、1.8 r/min、3.6 r/min、5.4 r/min 时的变化趋势。

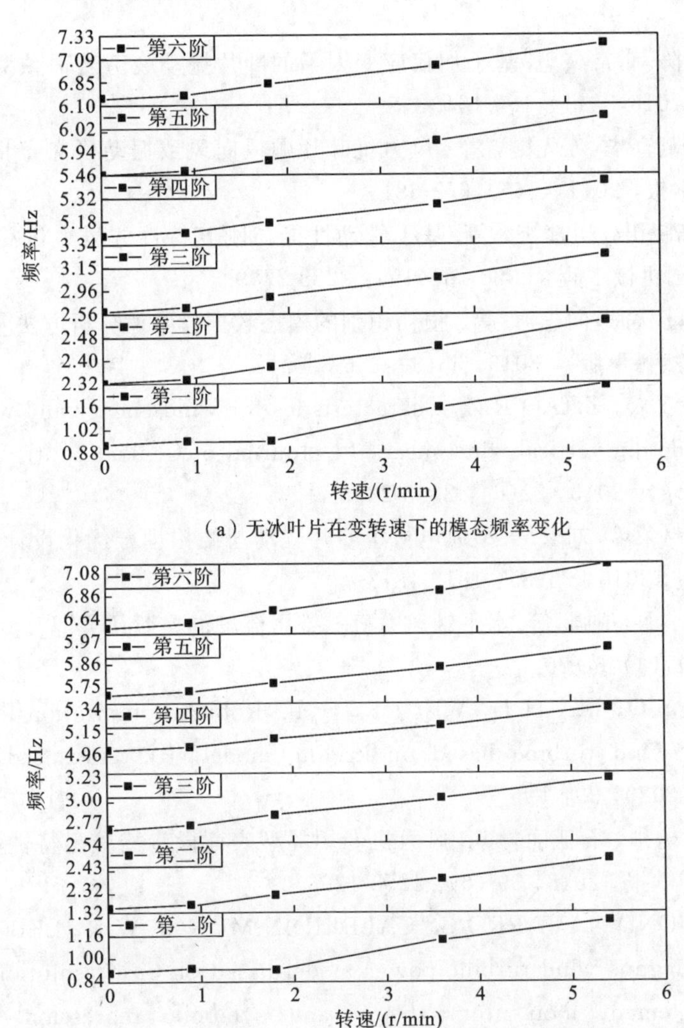

(a) 无冰叶片在变转速下的模态频率变化

(b) 结冰叶片在变转速下的模态频率变化

图 14-8　预应力下叶片前六阶模态频率对比

由图 14-8 可知,在预应力效应下,结冰与无冰叶片固有频率均随着风轮角速度的增加而增大，特别是风力发电机达到额定转速之后，频率增大趋势更加明显，这主要是因为预应力使得叶片整体刚度增大，致使叶片固有频率增大，此时叶片振动频率远离共振频率，有利于风力发电机组安全运行，为复合材料叶片的结构优化设计提供理论依据。

本章参考文献

[1] 樊俊铃，陈莉，常文魁. 基于加权应变因子的叶片振动疲劳寿命预测[J]. 应用力学学报，2016，33(1)：156-161.

[2] 金志昊，范宣华，苏先樾，等. 风力机叶片顺风向风致振动研究[J]. 南京航空航天大学学报，2011，43(5)：677-681.

[3] 汪泉，陈晓田，胡梦杰，等. 基于气动性能与刚度特性的风力机翼型优化设计[J]. 中国机械工程，2020，31(19)：2283-2289.

[4] 缑百勇，陆秋海，向志海，等. 损伤识别的模态数据异常值分析方法[J]. 清华大学学报(自然科学版)，2015，55(3)：356-360.

[5] ZHENG Y Q, ZHAO R Z. Characteristics for wind energy and wind turbines by considering vertical wind shear [J]. Journal of Central South University of Technology, 2015, 22(6): 2393-2398.

[6] 郑玉巧，赵荣珍，刘宏. 大型风电机组叶片气动与结构耦合优化设计研究 [J]. 太阳能学报，2015，36(8)：1812-1817.

[7] 杨瑞，王小丽，王强，等. 水平轴风力机三维尾流场的实验研究[J]. 兰州理工大学学报，2017(4)：66-70.

[8] ZHENG Y Q, MA H D, WEI J F, et al. Robust optimization for composite blade of wind turbine based on kriging model [J]. Advanced Composites Letters, 2020, 29: 1-8.

[9] 袁一平，杨华，石亚丽，等. 风力机专用翼型表面微沟槽减阻特性研究[J]. 工程热物理学报，2018，39 (6)：1258-1266.

[10] RICHMOND-NAVARRO G, CALDERÓN-MUNOZ W R, LEBOEUF R, et al. A Magnus wind turbine power model based on direct solutions using the blade element momentum theory and symbolic regression [J]. IEEE Transactions on Sustainable Energy, 2016, 8(1): 425-430.

[11] 靳全，苏春. 基于幂律过程和改进参数估计方法的风电场风能评估[J]. 中国电机工程学报，2010，30(35)：107-111.

[12] 胡燕平，戴巨川，刘德顺. 大型风力机叶片研究现状与发展趋势[J]. 机械工程学

报,2013,49 (20):140-149.

[13] CÁRDENAS D, ESCÁRPITA A A, ELIZALDE H, et al. Numerical validation of a finite element thin-walled beam model of a composite wind turbine blade[J]. Wind Energy, 2012,15:203-223.

第15章　风力发电机叶片动力学分析及疲劳分析

15.1　叶片动力学特征方程

叶片是风力发电机中成本最高的部件，其质量不到风力发电机的16%，但成本却占风力发电机成本的14%～21%。因此，研究风力发电机叶片动力学问题十分重要。动力学研究主要用于研究随时间变化的载荷对叶片结构的影响规律，并据此确定叶片结构承载能力和动力特性等。叶片在实际运转过程中，由于受到外部环境和内部调节机制的共同作用，动力特性会发生一定的变化。

本章重点研究叶片截面各自由度的刚度及阻尼参数的确定方法、截面扭转运动及外形变化的几何模型，并确定相关算法对叶片旋转过程的动态响应规律，进行仿真计算，验证并完善所建模型的性能。首先建立叶片动力学微分方程，采用刚性耦合加载方式研究1.5 MW风力发电机复合材料叶片模态及预应力模态，得到该叶片前八阶固有频率和振型，定量比较叶片固有振动频率对预应力效应的敏感程度及风轮转速对频率的影响程度。在预应力效应下采用刚性耦合加载方式，将叶片所受载荷加载到叶片扭转中心，这种载荷加载方式更加符合实际叶片受载情况。根据叶片运行实际工况研究叶片振动稳定性，研究结果表明叶片前四阶屈曲因子均大于1，额定风速下叶片很难发生整体失稳，满足整体稳定性要求，为解决区域化叶片优化设计和结构强度校核提供一定的参考，证明采用耦合加载方式模拟叶片实际受载问题非常有效。此外，本章通过建立叶片疲劳载荷模型对叶片使用年限进行评估。

叶片可视为一个复杂多自由度系统，可采用弹簧阻力质量系统研究风力发电机组叶片动力学问题。

$$\boldsymbol{M}\ddot{\boldsymbol{x}}+\boldsymbol{C}\dot{\boldsymbol{x}}+\boldsymbol{K}\boldsymbol{x}=\boldsymbol{F} \tag{15-1}$$

式中：$\boldsymbol{M}$、$\boldsymbol{C}$、$\boldsymbol{K}$——叶片整体结构质量矩阵、阻尼矩阵和刚度矩阵；

$\ddot{\boldsymbol{x}}$、$\dot{\boldsymbol{x}}$、$\boldsymbol{x}$——节点加速度向量、速度向量和位移向量；

$\boldsymbol{F}$——外激励载荷向量。

求解结构模态特性时，不考虑外载荷影响，本质上研究的是自由振动系统，其控制方程简化为

$$\boldsymbol{M}\ddot{\boldsymbol{x}}+\boldsymbol{K}\boldsymbol{x}=\boldsymbol{0} \tag{15-2}$$

对于线性结构，任一自由振动都可视为简谐运动，设式(15-2)的解为

$$\boldsymbol{X}(t)=\boldsymbol{\phi}\cos\omega t \tag{15-3}$$

式中：$\boldsymbol{\phi}$——特征向量矩阵，即叶片振型；每个固有频率对应的分向量，在工程上称为振型(mode shape)。

ω——圆频率。

代入式(15-2)，得到广义特征方程为

$$(\boldsymbol{K}-\omega^2\boldsymbol{M})\boldsymbol{\phi}=\boldsymbol{0} \tag{15-4}$$

结构刚度矩阵 $\boldsymbol{K}$ 和结构质量矩阵 $\boldsymbol{M}$ 都是 n 阶方阵，式(15-4)归纳为求解具有 n 个自由度的广义特征值问题。

其特征根方程为

$$|\boldsymbol{K}-\omega^2\boldsymbol{M}|=0 \tag{15-5}$$

由式(15-5)可得 n 个特征根$\{\omega_i\,|\,i=1,2,\cdots,n\}$。

15.2　叶片振动谐响应分析

15.2.1　谐响应分析基本流程

振动谐响应求解方法有完全(full)法、缩减(reduced)法和模态叠加(mode superposition)法三种。完全法采用完整系统矩阵计算谐响应，但计算速度较慢且忽略预应力影响；缩减法通过结合主自由度和缩减矩阵以减少计算过程复杂度，所有外载荷必须施加在定义主自由度上，从而限制叶片所受载荷随机性；模态叠加法通过将预应力模态研究得到的模态振型进行叠加从而计算叶片结构响应，并将其模态分析过程中的施加载荷通过线型比例(LVSCALE)命令传递至振动谐响应中，求解速度最快。本节选用模态叠加法结合有限元法进行叶片振动谐响应分析求解。具体分析流程如下。

(1) 创建谐响应分析流程，导入叶片有限元模型。采用有限元法进行叶片振动谐响应研究时，有限元模型构建精度对求解结果至关重要。振动谐响应分析时采用 6.2 节建立的复合材料叶片有限元模型，通过有限元添加材料模块定义叶片材料属性等参数。

(2) 初始条件设置。复合材料叶片有限元模型建立完成后，将其模态结果作为振动谐响应初始条件，考虑河西地区区域化风资源环境，采用刚性耦合加载方法将计算得到的稳态工况下额定风速为 10.4 m/s 时不同截面处的载荷耦合加载到叶片气动扭转中心上，同时将叶片等效为悬臂梁结构，采用全约束对叶片根部自由度进行完全约束。

(3) 结果求解与可视化。振动谐响应结果计算完成后，进行有限元求解后处理，

其结果主要包括叶片变形分布图、应力分布图、幅值变形及相位角变形频率响应曲线等。

15.2.2 叶片振动谐响应分析

振动谐响应分析是研究位移与时间关系的稳定受载振动过程。由于振动谐响应过程只考虑叶片结构稳态的振动，忽略振动中的瞬态响应，常用于离心载荷作用引起叶片持续性动力学特征研究，进一步验证其结构性能是否能克服共振及疲劳引起的结构破坏。模态分析是振动谐响应分析的基础，求解叶片前十阶模态固有频率，如图15-1所示。

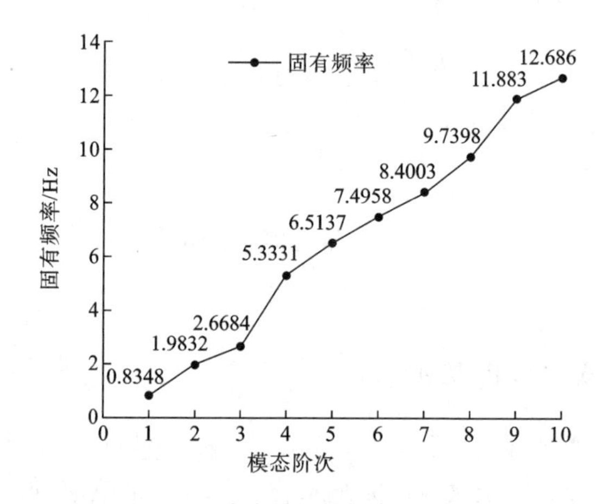

图 15-1 叶片前十阶模态固有频率

由图15-1可知，叶片前十阶模态固有频率呈增大趋势，在低阶次模态下，叶片主要以挥舞和摆振方向振动为主，随着模态阶次不断升高，叶片逐渐发生扭转方向振动及其耦合振动。第一、二阶频模态下，叶片首先在挥舞方向发生振动；第三阶模态振型主要发生在挥舞和摆振方向；第四阶及以上模态，叶片发生扭转方向和挥舞方向振动及其耦合振动，叶片模态振型逐渐复杂化，变形量不断增大，开始发生扭曲变形。

采用模态叠加原理，以本小节模态分析求解结果为基础进行叶片振动谐响应研究。仅考虑叶片在低频模态时振动，根据叶片前十阶模态求解结果，频率范围为0.8348～12.686 Hz，设置谐响应加载频率范围为1～15 Hz，运算次数为15次，即每次求解频率值为1 Hz，施加激振力为150 N，相位角分别为0°和180°。利用有限元法求解并提取得到叶片幅值频率响应曲线，如图15-2所示。

由图15-2可知，叶片在频率1.97 Hz和7.46 Hz时出现超谐波振动，相应振动幅值分别为71.6 mm和47.6 mm，此频率值恰好与叶片在稳态工况下所求得的第二阶和第六阶模态固有频率相对应。该状态下叶片产生共振现象，振幅响应出现超谐波峰值，叶片局部发生较大变形，位移量达到最大值31.592 mm，符合13.1节叶片运动学微分方程特性；同时表明叶片模态固有频率的求解结果较为准确。由于叶片

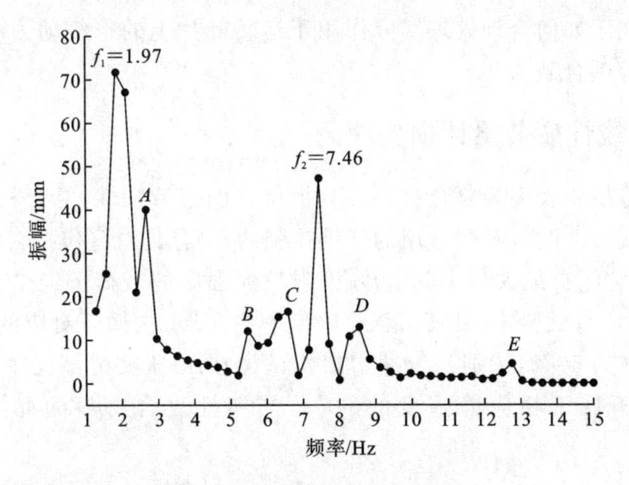

图 15-2　幅值频率响应曲线

相邻两阶模态固有频率值相差较小，容易产生模态混叠现象，因此出现图 15-2 中 A、B、C、D、E 所示次谐波振动。

振动谐响应研究还得到叶片在固有频率 15 Hz 下的等效应力和位移，如表 15-1 所示。

表 15-1　固有频率 15 Hz 下的叶片等效应力和位移

项　目	值
应力/MPa	44.304
位移/mm	31.592

由表 15-1 可知，压力载荷作用下的固有频率为 15 Hz 时，由于频率远高于叶片低阶固有频率，约为第四阶模态频率的三倍，因此叶片局部应力分布发生突变，在叶片中部存在明显的应力集中。此时叶片位移响应最大值为 31.592 mm，发生在叶片最大弦长截面区域尾缘处，对应最大应力为 44.304 MPa，远低于 E-玻璃纤维极限强度平均值 584.467 MPa。因此，叶片结构在正常固有频率下不发生破坏，表明叶片强度符合设计要求。

15.3　叶片疲劳寿命

振动是叶片产生损伤的主要原因，其加速叶片铺层材料疲劳，进而缩短叶片有效使用寿命，甚至直接导致叶片发生断裂损伤，危及运行安全。因此，研究叶片在不同载荷作用下的响应及其与风力发电机组其他结构的耦合作用，是叶片设计中的关键问题。叶片疲劳寿命大小直接决定风力发电机组服役时间的长短，对其疲劳寿命进行研究的关键在于如何合理处理实际作用于运转叶片上的空气动力载荷、离心力载荷及重力载荷等耦合载荷。

15.3.1　线性疲劳累计损失理论

叶片的疲劳主要表现为复合材料层合板结构的疲劳特性，复合材料层压结构一般都有优良的疲劳性能。对于常用的纤维控制的多向层合板（包括含孔试样），在拉-拉疲劳试验中，它能在最大应力为80%极限拉伸强度的载荷下经受10^6次循环，而在拉-压或压-压疲劳试验中，其疲劳强度略低一些。10^6次循环对应的疲劳强度一般约为相应静强度的50%，特别是含冲击损伤试样在压-压疲劳试验中，10^6次循环对应的疲劳强度不低于相应静强度的60%，热塑性复合材料的此项数据更是高达65%。

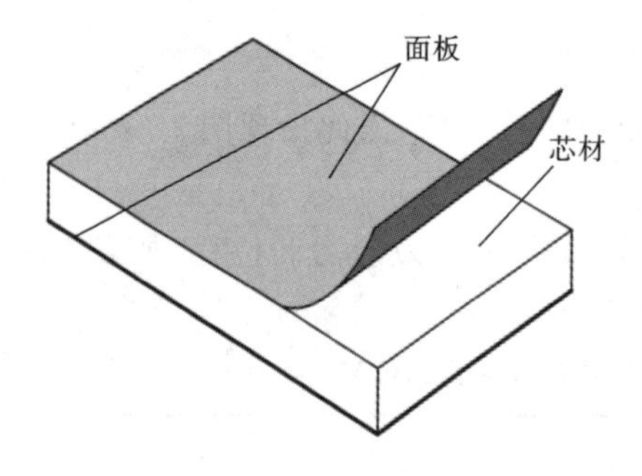

图 15-3　三明治复合材料结构示意图

疲劳是指在循环载荷作用下，叶片由局部损伤到完全断裂的过程。叶片在实际运行中长期受到动态载荷及自然环境条件影响，将不断产生疲劳损伤直至发生疲劳破坏。风力发电机工程中的叶片由三明治复合材料结构组成，典型的对称三明治复合材料结构由两边厚薄相同的面板夹着轻质中间芯材组成，如图15-3所示。

图15-4展示了复合材料结构损伤过程存在的四个阶段：第一阶段是各基体内部开裂，裂纹仅在各单层板内部，没有层合板间相互作用；第二阶段开始发生各铺层间损伤相互作用，使得各裂纹间发生耦合，造成胶层剥离破坏；铺层界面脱胶使得胶接连接件的承载能力明显下降；随着裂纹的进一步扩展，第三阶段被胶接件发生剥离破坏；第四阶段增强材料（E-玻璃纤维）发生断裂，直至造成严重局部断裂。

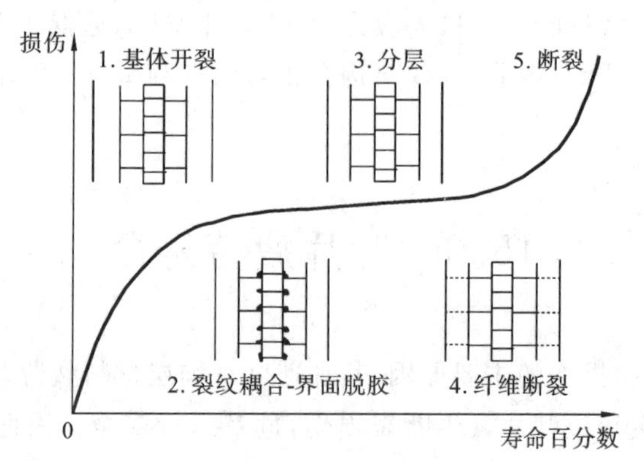

图 15-4　复合材料损伤演变过程

使用线性疲劳损伤累积法时，假设叶片结构在服役期间的疲劳损伤独立进行，在循环载荷作用下的总损伤量可线性累加，当损伤量累积达到某一临界值时，叶片发生疲劳破坏。当叶片受到应力载荷 $S_1, S_2, \cdots, S_i$ 作用时，其发生破坏的载荷循环次数为 $N_1, N_2, \cdots, N_i$，叶片所吸收静功为 W。循环次数为 n_i（$n_i < N_i$）时，叶片吸收静功为 W_i（$i=1,2,\cdots,n$），则有

$$\frac{W_i}{W}=\frac{n_i}{N_i} \quad (i=1,\ 2,\ \cdots,\ n) \tag{15-6}$$

经过 n 次应力作用，叶片发生疲劳破坏，亦有

$$W_1+W_2+\cdots+W_n=W \tag{15-7}$$

此时线性累积损伤可表示为

$$\sum_{i=1}^{k}\frac{n_i}{N_i}=1 \tag{15-8}$$

式中：n_i——应力为 S_i 时的应力循环次数；

N_i——应力为 S_i 时的叶片疲劳破坏载荷循环次数。

在标准载荷作用下叶片发生疲劳累积损伤的应力总循环次数为

$$N=\frac{1}{\sum\frac{\gamma_i}{N_i}} \tag{15-9}$$

式中：γ_i——第 i 应力循环百分数。

可得叶片疲劳寿命为

$$Y=\frac{N}{T\omega\times 60} \tag{15-10}$$

式中：ω——风轮转速；

T——有效风速时间。

利用线性累积损伤理论进行叶片疲劳寿命分析的一般步骤如下：

(1) 确定构件在设计寿命期的载荷谱，选取拟用的设计载荷或应力水平。

(2) 选用适合构件使用的 S-N 曲线（通常需要考虑构件的具体情况，对材料的 S-N 曲线进行修正）。

(3) 再由 S-N 曲线和载荷谱计算叶片的疲劳寿命 Y。

15.3.2　叶片疲劳载荷谱

为求解叶片疲劳载荷谱，需先对叶片稳定性进行定量研究。本小节主要对叶片低阶模态频率及工作风速区间为 3～25 m/s 的风力发电机组的传递效率进行探究。由于叶片振动过程中产生的能量主要集中在低阶频率工况，使得低阶频率工况比高阶频率工况更易产生危险，因此，低阶振动对叶片性能影响较大。本小节仅对叶片前四阶模态频率及振型进行求解。叶片前四阶模态固有频率、振型见表 15-2。

叶片发生振动时，低阶频率以挥舞和摆振方向振动为主，随着模态固有频率不断

表 15-2 叶片前四阶固有频率及振型

模态阶次	固有频率/Hz	模态振型	是否共振
第一阶	0.835	挥舞	否
第二阶	1.983	摆振	否
第三阶	2.668	挥舞	否
第四阶	5.333	挥舞＋扭转	否

增加，叶片逐渐出现沿扭转方向的振动及其耦合振动。由表 15-2 所给出的叶片固有频率及振型可知，叶片首先在挥舞方向发生振动，接着振动发生在叶片摆振方向，前三阶模态振型发生在挥舞和摆振方向。随着模态阶次升高，第四阶模态叶片发生扭转方向振动和挥舞方向振动，模态振型逐渐复杂化，振动变形量不断增大。将叶片根部完全约束，利用有限元法对其进行自由模态求解，叶片前四阶模态振型如图 15-5 所示。

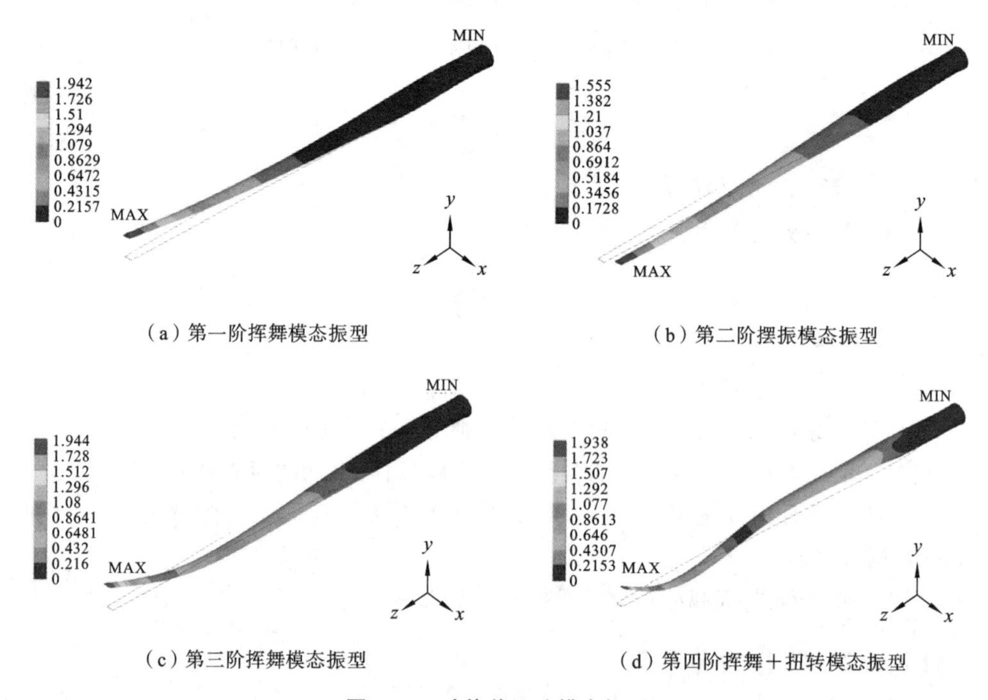

(a) 第一阶挥舞模态振型

(b) 第二阶摆振模态振型

(c) 第三阶挥舞模态振型

(d) 第四阶挥舞＋扭转模态振型

图 15-5 叶片前四阶模态振型

由图 15-5 可知，叶片工作时产生的能量集中在前四阶模态，第一阶挥舞频率为 0.835 Hz，第二阶摆振频率为 1.983 Hz，第三阶挥舞频率为 2.668 Hz，第四阶挥舞＋扭转频率为 5.333 Hz，叶片最大变形发生在叶尖处。风轮在额定转速 17.2 r/min 时，叶片最小自然频率为 0.835 Hz，对应转速为 50.1 r/min，约为风轮额定转速的 2.9 倍。因此，该叶片设计满足动力学设计要求。为保证叶片正常运转过程中不发生共振现象，应避免其前两阶固有频率与风轮 1 倍基频(1P)、3 倍基频(3P)和 6 倍基频(6P)重合。风轮额定转速为 17.2 r/min，其旋转频率为 0.287 Hz。作叶片运行坎贝尔(Campbell)图，如图 15-6 所示。

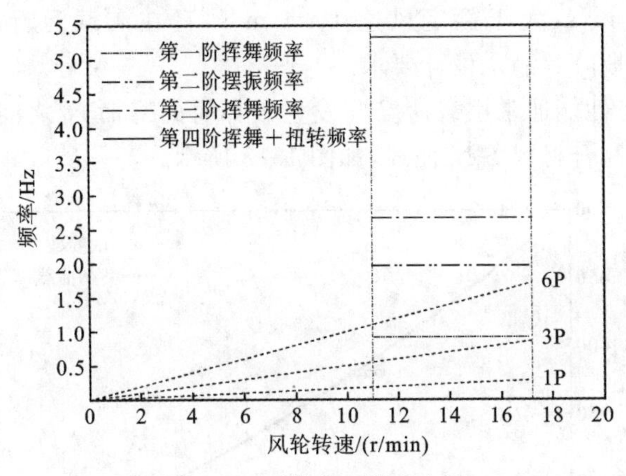

图 15-6　叶片运行坎贝尔图

由图 15-6 可知，叶片第一阶挥舞和第二阶摆振固有频率与风轮额定工作频率 1 倍 基频、3 倍基频及 6 倍基频在数值上至少相差 15%，第三阶和第四阶模态固有频率与风轮额定工作频率 6 倍基频在数值上相差 40%。综上可知，叶片前四阶固有频率与从原点出发的激振力频率在额定风速区间无交点。因此，叶片在实际运行过程中不发生共振现象。

风力发电机组在自然环境工作过程中，实际输出功率值随风速变化而时刻发生改变。功率曲线(power curve)是风力发电机组输出功率-风速曲线，用以描述风力发电机组输出功率与风速的函数关系。为进一步探究风力发电机组实际传递效率能否满足前期叶片稳定性设计要求，作工作风速为 3～25 m/s 时的风力发电机组功率曲线，如图 15-7 所示。

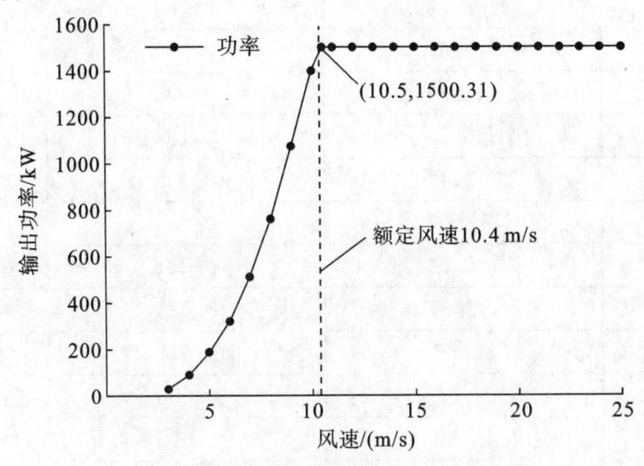

图 15-7　风力发电机组功率曲线

由图 15-7 可知，切入风速为 3 m/s 时，风力发电机组开始运转，此时实际输出功率为 21.78 kW，风速增大到 10.5 m/s 时，实际输出功率上升至 1500.31 kW；随着工作风速不断增大，输出功率一直保持在 1500 kW 左右。风力发电机组实际额定功率对应风速为 10.5 m/s，大于额定风速 10.4 m/s，且在满载运行时的传递效率为 93%，因此满足前期叶片稳定设计要求。

复合材料疲劳性能通常用载荷 S 与发生破坏时的寿命 N 之间的关系描述。玻璃纤维/环氧树脂复合材料 S-N 曲线，如图 15-8 所示。

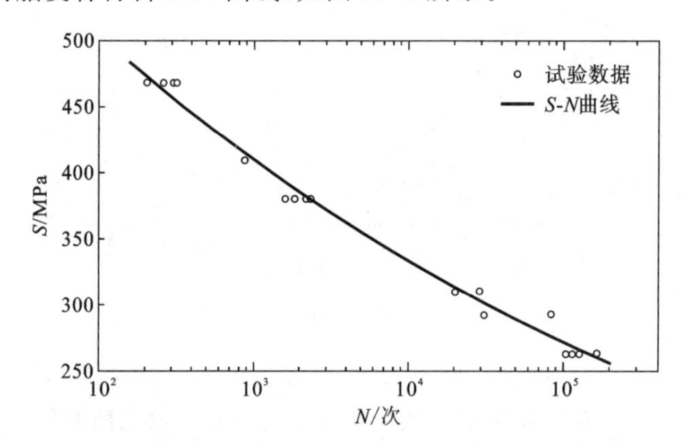

图 15-8　玻璃纤维/环氧树脂复合材料 S-N 曲线

本小节研究假定风力发电机组风轮额定转速 $\omega=17.2$ r/min，工作风速区间为 3～25 m/s，根据材料力学相关理论可知，叶片的疲劳极限为 $\sigma^{-1}=40.3$ MPa。假设叶片应力循环百分数 γ_i 与各风速区间全年分布百分数在数值上一致，则各工作风速下的循环次数，即叶片疲劳载荷谱见表 15-3。

表 15-3　叶片疲劳载荷谱

风速/(m/s)	全年分布时长/h	应力循环百分数 γ_i	疲劳循环总次数 N_i
3	856.52	0.083	小于疲劳极限
5	979.67	0.100	小于疲劳极限
7	915.33	0.096	1.961×10^8
9	858.23	0.187	1.903×10^8
11	765.47	0.103	1.861×10^8
13	373.83	0.083	1.706×10^7
15	175.94	0.031	1.658×10^7
17	114.67	0.025	不产生损伤
19	52.33	0.012	不产生损伤
21	31.84	0.006	不产生损伤
23	19.38	0.002	不产生损伤
25	6.35	0.0001	不产生损伤

根据式(15-9)及表 15-3 所给各风速下的工作循环次数,求解叶片发生疲劳破坏时的总循环次数为

$$N = \frac{1}{\sum \frac{\gamma_i}{N_i}} = 1.141 \times 10^8 \tag{15-11}$$

由表 15-3 可得该风场工作风速区间内的有效风速时间为 $T=5149.56$ h,将疲劳破坏时的总循环次数 N、有效风速时间 T 和风轮转速 ω 代入式(15-10),可得叶片疲劳寿命为

$$Y=\frac{N}{T\omega \times 60}=\frac{1.141\times 10^8}{5149.56\times 17.2\times 60}\approx 21.47(\mathrm{a}) \tag{15-12}$$

叶片设计使用寿命为 20 年,计算结果表明叶片在稳态工况下满足设计要求。

本章参考文献

[1] ABUTUNIS A, HUSSEIN R, CHANDRASHKHARA K. A neural network approach to enhance blade element momentum theory performance for horizontal axis hydrokinetic turbine application[J]. Renewable Energy, 2019, 136:1281-1293.

[2] 吴江海,王同光,王珑,等. 基于工程经济学评估的风力机叶片长度设计[J]. 太阳能学报,2020,41(12):324-329.

[3] BARR S M, JAWORSKI J W. Optimization of tow-steered composite wind turbine blades for static aeroelastic performance[J]. Renewable Energy, 2019, 139:859-872.

[4] 王强,罗坤,吴春雷,等. 耦合风电场参数化模型的天气预报模式对风资源的评估和验证[J]. 浙江大学学报(工学版),2019(8):1572-1581.

[5] ZHENG Y Q, DONG B, LIU Y H, et al. Multistep wind speed forecasting based on a hybrid model of VMD and nonlinear autoregressive neural network[J]. Journal of Mathematics, 2021(32):1-9.

[6] 高建雄. 纤维增强复合材料剩余强度模型及寿命预测方法研究[D]. 兰州:兰州理工大学,2019.

[7] 寇海霞,安宗文,马强. 基于性能退化数据的风力机叶片疲劳可靠性评估[J]. 太阳能学报,2017,38(11):3174-3179.

[8] 石可重,赵晓路,徐建中. 大型风电机组叶片疲劳试验研究[J]. 太阳能学报,2011,32(8):1264-1268.

[9] 张立,缪维跑,闫阳天,等. 考虑自重影响的大型风力机复合材料叶片结构力学特

性分析[J]. 中国电机工程学报,2020,40(19):6272-6284.
[10] 廖高华,乌建中. 风力机叶片摆锤共振疲劳加载系统及控制研究[J]. 太阳能学报,2016,37(11):2785-2791.
[11] ALASKARI M,ABDULLAH O,MAJEED M H. Analysis of wind turbine using QBlade software[J]. IOP Conference Series: Materials Science and Engineering,2019,518(3):032020.
[12] 郭俊凯,郭志文,张建伟,等. 小型风力机新翼型叶片动态结构响应研究[J]. 太阳能学报,2021,42(10):183-188.
[13] 陈安杰,王策,贾娅娅,等. 基于BEM的风力机叶片气动性能计算分析[J]. 工程力学,2021,38(S1):264-268.